油田生产故障 3000 题

大庆油田第四采油厂 编

石油工业出版社

图书在版编目（CIP）数据

油田生产故障 3000 题 / 大庆油田第四采油厂编 .—北京：石油工业出版社，2020.12

ISBN 978–7–5183–4426–0

Ⅰ．①油… Ⅱ．①大… Ⅲ．①石油开采 – 事故处理 – 案例 Ⅳ．① TE35

中国版本图书馆 CIP 数据核字（2020）第 249033 号

出版发行：石油工业出版社

（北京安定门外安华里 2 区 1 号　100011）

网　　址：www.petropub.com

编辑部：（010）64523541

图书营销中心：（010）64523633

经　销：全国新华书店

印　刷：北京中石油彩色印刷有限责任公司

2020 年 12 月第 1 版　2020 年 12 月第 1 次印刷
880×1230 毫米　开本：1/32　印张：12.875
字数：323 千字

定价：52.00 元
（如出现印装质量问题，我社图书营销中心负责调换）
版权所有，翻印必究

《油田生产故障3000题》

编委会

主　　任：杨　野　张建军
副主任：张　祺　宛立军　朱继红
成　　员：于　珊　吴文君　于子祥　董敬宁　盛　迪　严文龙
　　　　　郑　瑜　张云辉　王殿辉　罗　琦　赵玉梅　王冬云
　　　　　李金波

《油田生产故障 3000 题》

编 审 组

编写人员：

采　　油：张春超

采油测试：丁洪涛

井下作业：王克新　胡胜杰

集　　输：王惠玲　段宝昌　刘新丽

油气田水处理：李春丽　宋青春

注 水 站：邓兆玉

注 聚 站：周晓玲

审核人员：

魏显峰	许文会	程　亮	郑海峰	邹宏刚	王冬艳
张　衡	张国红	李雪莲	李春雨	吴洪涛	王长奎
杨永刚	路明亮	王　涛	郑海波	胡道勇	左星梅
贾洪跃	李海波	李　岩	朱　庆	王　健	刘庆久
闫佰刚	朱艳华	吴宝贤	赵　洁	皇甫顺泽
付希庆	李春孝	王　刚	李秀艳	张凤春	刘海玲

PREFACE 前言

为适应油田技术、工艺、设备和材料的发展与更新，进一步提高油田各工种从业人员的基本素质和业务技能水平，满足基层岗位员工切实掌握石油采输过程中现场故障分析、事故处理、应急处置等操作技能，使基层岗位员工能够更加明确"如何避免故障、如何解决故障、如何处理事故"等问题，大庆油田第四采油厂按照"实际、实用、实效"的原则，根据《油田生产故障 500 例》一书，编写《油田生产故障 3000 题》。

本书的编写打破了传统教材学科性编写模式，依托故障分析与处理措施的形式进行编写，试题分选择和判断两种题型，涵盖了采油、采油测试、井下作业、站库系统、集输、油气田水处理、注水、注聚合物等岗位在实际生产中常遇的故障分析和处理为内容，具有突出的实用性、规范性、指导性、可操作性。

本书由大庆油田第四采油厂组织编写，参加编写人员有张春超、丁洪涛、王克新、王惠玲、段宝昌、刘新丽、李春丽、宋青春、邓兆玉、周晓玲等。本书在编写过程中得到了采油厂和油田相关部门领导的大力支持，成稿后经大庆油田第四采油厂管理、技术、操作三个层面相关专家进行了把关审核，并做了可操作性评估。

希望本书能够为基层岗位员工在日常工作中提供借鉴。由于编者水平有限，书中难免有不当之处，敬请广大读者提出宝贵意见。

CONTENTS 目录

第一章　采油……………………………………………………… 1
第二章　采油测试………………………………………………… 56
第三章　井下作业………………………………………………… 101
第四章　站库系统通用机泵故障………………………………… 164
第五章　站库系统通用安全……………………………………… 204
第六章　集输容器………………………………………………… 211
第七章　油气田水处理…………………………………………… 258
第八章　注水站…………………………………………………… 275
第九章　注聚站…………………………………………………… 311
附录　答案………………………………………………………… 328
　附录一　采油…………………………………………………… 328
　附录二　采油测试……………………………………………… 340
　附录三　井下作业……………………………………………… 350
　附录四　站库系统通用机泵故障……………………………… 361
　附录五　站库系统通用安全…………………………………… 371
　附录六　集输容器……………………………………………… 374
　附录七　油气田水处理………………………………………… 386
　附录八　注水站………………………………………………… 391
　附录九　注聚站………………………………………………… 400

第一章 采 油

一、选择题

1. 电源缺相后启机时，抽油机电动机不转动并且发出很大的嗡嗡声，配电箱内保护器（　　）指示灯亮。
   A. 过载　　　B. 延时启动　　C. 复位　　　D. 断相

2. 抽油机电动机轴承损坏、卡死时，启机时电动机无法运转，保护器保护动作后（　　）指示灯亮或空气开关立即保护跳闸。
   A. 延时启动　B. 过载　　　C. 电源　　　D. 断相

3. 抽油机电动机（　　）损坏，启机后交流接触器吸合但空气开关立即保护跳闸。
   A. 绝缘　　　B. 风扇　　　C. 接线盒　　D. 皮带轮

4. 抽油机电动机过载保护动作后没有及时复位，导致电动机无法启动的处理方法是：可以将保护器复位，解除过载保护后启机；还可以将（　　）重新分开，再闭合后启机。
   A. 交流接触器　　　　　　B. 空气开关
   C. 时间继电器　　　　　　D. 延时启动开关

5. 抽油机电动机滑轨的固定螺栓、顶丝松动时，在皮带（　　）的作用下会使滑轨及电动机整体产生位移，皮带发生松弛。
   A. 拉伸力　　B. 剪切力　　C. 收缩力　　D. 扭矩

6. 游梁式抽油机皮带过于松弛，影响（　　）甚至导致皮带无法运转。
   A. 减速箱传动比　　　　　B. 电动机功率
   C. 传动效果　　　　　　　D. 冲程利用率

·1·

7. 游梁式抽油机（　　）固定螺栓松动时，在皮带拉伸力的作用下会发生皮带松弛现象。

A. 减速箱　　B. 电动机　　C. 支架　　D. 中轴承座

8. 处理游梁式抽油机皮带松弛故障，应利用（　　）的推力使皮带拉紧。

A. 中轴承座顶丝　　　　B. 电动机顶丝

C. 尾轴承座顶丝　　　　D."驴头"顶丝

9. 游梁式抽油机皮带具有一定的拉伸性，运转一段时间后会导致（　　）现象。

A. 皮带松弛　　　　　　B. 皮带拉紧

C. 传动比下降　　　　　D. 传动比上升

10. 抽油机的刹车系统是抽油机非常重要的（　　）系统。

A. 动力　　B. 电力　　C. 传动　　D. 操作控制

11. 调整抽油机刹车系统，松开刹车，刹车片与刹车轮（毂）的距离是（　　）为宜。

A. 2～3mm　B. 4～5mm　C. 6～8mm　D. 8～10mm

12. 抽油机松刹车时刹把推不动，是由于刹车（　　）润滑不好，锈死。

A. 刹车片　　　　　　　B. 扇形换向轴

C. 复位弹簧　　　　　　D. 连杆调节螺栓

13. 抽油机刹车片（　　），应更换刹车蹄片。

A. 严重磨损

B. 完好

C. 与刹车轮（毂）间隙过大

D. 与刹车轮（毂）接触面积不够

14. 抽油机刹车片被润滑油污染，应清理刹车轮（毂），保证刹车轮（毂）与（　　）之间无脏物、油污。

A. 刹车蹄轴　B. 复位弹簧　C. 刹车片　D. 刹车拉销

15. 游梁式抽油机井（　　），会导致回油管线内液体流动困难，产量下降。

　　A. 回油压力过低　　　　　B. 回油压力过高

　　C. 掺水压力过高　　　　　D. 掺水温度过高

16. 游梁式抽油机井回油管线结垢后，管径缩小，导致回油压力（　　）。

　　A. 逐渐升高　B. 突然升高　C. 逐渐降低　D. 突然降低

17. 游梁式抽油机井回油温度低，井液黏度大，使原油凝固或原油中的（　　）附着在管线内壁，造成回油压力升高。

　　A. 硫析出　B. 钙析出　C. 蜡析出　D. 水分离

18. 计量间内单井（　　）损坏，造成憋压，使井口回油压力升高。

　　A. 掺水阀门　B. 伴热阀门　C. 计量阀门　D. 回油阀门

19. 游梁式抽油机井回油压力过高，会造成（　　）。

　　A. 产量上升　B. 产量下降　C. 产量不变　D. 深井泵损坏

20. 游梁式抽油机井回油压力升高，处理方法为（　　）。

　　A. 检泵　　　　　　　　B. 调大冲次

　　C. 调大冲程　　　　　　D. 冲洗回油管线

21. 抽油机井防冲距（　　），会导致活塞脱出工作筒。

　　A. 过小　B. 过大　C. 合适　D. 较小

22. 抽油机井活塞脱出工作筒时，抽汲的液体一部分回落到（　　），导致产液量降低，泵效降低。

　　A. 泵筒内　B. 泵筒外　C. 油管外　D. 套管内

23. 抽油机驴头运行至下死点时，抽油泵活塞最下端距离（　　）应有一定的余隙容积。

　　A. 游动阀罩　B. 游动阀　C. 固定阀罩　D. 防蜡器

24. 抽油机井（　　）下滑或防冲距过小，活塞撞击固定阀罩，易造成泵的损坏，导致抽油泵无法正常工作。

A. 游动阀　　B. 固定阀　　C. 泵筒　　D. 光杆

25. 抽油机井发生（　　）故障时，悬绳器会出现轻微摆动，严重时毛辫子出现松驰现象。

　　A. 活塞脱出工作筒　　　　B. 碰泵
　　C. 油管漏失　　　　　　　D. 游动阀漏失

26. 游梁式抽油机冕形螺母防退线错位，原因是（　　）。

　　A. 曲柄销端盖松动　　　　B. 曲柄销退扣
　　C. 曲柄销轴承损坏　　　　D. 输出轴窜轴

27. 游梁式抽油机（　　）紧固不到位会导致曲柄销外移。

　　A. 冕形螺母　　　　　　　B. 连杆定位螺栓
　　C. 曲柄销端盖　　　　　　D. 曲柄拉紧螺栓

28. 游梁式抽油机曲柄销轴和销套的（　　）不当，会导致曲柄销轴和销套磨损。

　　A. 滑动配合　　　　　　　B. 滚动配合
　　C. 粗糙度配合　　　　　　D. 锥度配合

29. 紧固游梁式抽油机曲柄销冕形螺母时，通常两侧螺母（　　）是相反的。

　　A. 螺距　　B. 旋向　　C. 型号　　D. 防退线

30. 游梁式抽油机井减速箱的作用是把电动机的高速旋转通过（　　）齿轮减速，变为抽油机曲柄的低速旋转。

　　A. 三轴二级　　B. 三轴三级　　C. 二轴三级　　D. 二轴二级

31. 游梁式抽油机井减速箱缺油会导致（　　），缩短齿轮的使用寿命。

　　A. 散热和润滑不良　　　　B. 齿轮传动比降低
　　C. 呼吸阀堵塞　　　　　　D. 箱内压力升高

32. 游梁式抽油机井减速箱（　　）堵塞，齿轮油不能回流到油池内，造成油封漏油。

　　A. 呼吸阀　　　　　　　　B. 回油槽油道

C. 观察孔　　　　　　　　D. 轴承间隙

33. 游梁式抽油机井减速箱内齿轮油过多，会引起（　　）。

A. 磨损过大　　　　　　　B. 齿轮油乳化

C. 油温过高　　　　　　　D. 油温过低

34. 游梁式抽油机井减速箱的呼吸阀堵塞，使减速箱内的（　　），从油封处漏油。

A. 齿轮磨损过大　　　　　B. 齿轮油黏度降低

C. 齿轮油乳化　　　　　　D. 压力升高

35. 游梁式抽油机减速箱内齿轮油过多，可打开放油丝堵，放掉箱内多余的齿轮油，静止时箱内的油位应在看窗的（　　）之间。

A. 1/3～2/3　　B. 1/4～2/3　　C. 1/3～4/5　　D. 1/2～4/5

36. 抽油机井（　　）的作用是根据单井出液情况，合理控制掺水量，保证油井集油流程通畅。

A. 洗井阀门　　　　　　　B. 掺水阀门

C. 油套连通阀门　　　　　D. 直通阀门

37. 冬季掺水阀出现冻堵时，会造成抽油机井回油管线井液流动性变差，回油压力（　　），影响油井采出液的正常输送。

A. 升高　　B. 降低　　C. 不变　　D. 为零

38. 对于（　　）的油井，可开大直通阀门冲洗地面管线。

A. 出油温度高　　　　　　B. 套管压力低

C. 回油压力高　　　　　　D. 回油压力低

39. 冬季油井（　　）压力过高，可造成掺水量逐渐降低，最终导致掺水阀冻结。

A. 掺水管线　　B. 回油管线　　C. 套管　　D. 井筒

40. 对于产出液（　　）的油井，应适当提高掺水量。

A. 含水高　　B. 温度高　　C. 黏度大　　D. 黏度小

41. 油管悬挂器顶丝是（　　）重要的安全部件。

A. 抽油泵　　　B. 抽油机　　　C. 抽油杆　　　D. 采油树

42. 油管悬挂器顶丝的主要功能是固定油管悬挂器，防止井内压力过高将（　　）顶出。

A. 套管　　　B. 油管　　　C. 抽油杆　　　D. 采油树

43. 导致油管悬挂器顶丝密封处渗漏的原因是油管悬挂器顶丝密封填料损坏或（　　）未压紧，使填料密封性变差。

A. 顶丝　　　　　　　　　B. 油管悬挂器

C. 顶丝压帽　　　　　　　D. 油管

44. 油井处理油管悬挂器顶丝密封处渗漏时应压井，如果（　　）过高时，应预先放压。

A. 油压　　　B. 套压　　　C. 掺水压力　　　D. 地层压力

45. 处理油井油管悬挂器顶丝密封处渗漏时，倒流程要关闭油管生产阀门、套管阀门，打开（　　）阀门、（　　）阀门泄压。

A. 套管放空；油管放空　　　B. 套压放空；测试

C. 掺水；油管放空　　　　　D. 套管放空；取样

46. 处理油管悬挂器顶丝密封处渗漏时，待余压泄净后，卸下顶丝压帽，取出（　　）。

A. 顶丝　　　B. 新密封圈　　　C. 旧密封圈　　　D. 油管悬挂器

47. 抽油机井胶皮阀门的作用是在更换密封填料时，用来与（　　）配合，切断井底压力，防止井液溢出。

A. 采油树　　　B. 生产阀门　　　C. 总阀门　　　D. 光杆

48. 抽油机井在生产中由于（　　）损坏，关闭胶皮阀门后，无法与光杆形成有效密封。

A. 胶皮阀门芯子　　　　　　B. 胶皮阀门手轮

C. 总阀门　　　　　　　　　D. 密封填料盒

49. 造成抽油机井胶皮阀门芯子损坏的原因之一是，更换密封填料后，启动抽油机时没有及时打开（　　）。

· 6 ·

A. 测试阀门　　B. 胶皮阀门　　C. 回油阀门　　D. 放空阀门

50. 造成抽油机井胶皮阀门无法起到密封作用原因之一是，胶皮阀门芯子的（　　）脱落，使胶皮阀门芯子与胶皮芯子座脱离。

A. 导向螺栓　　B. 丝杠　　C. 固定螺栓　　D. 手轮

51. 处理抽油机井胶皮阀门芯子损坏故障时，倒流程压井，（　　）后，方可进行操作。

A. 充压　　B. 启机　　C. 泄压　　D. 关井

52. 更换抽油机井密封填料后，胶皮阀门开启过小，胶皮阀门芯子与（　　）摩擦，导致有效密封部分被损坏，无法起到密封作用。

A. 抽油杆　　B. 光杆　　C. 光杆接箍　　D. 油管

53. 游梁式抽油机井由于结蜡、结垢堵塞（　　），导致回油压力上升。

A. 油管　　B. 取样阀门　　C. 地面管线　　D. 掺水阀门

54. 油井地层压力低，供液能力下降，导致（　　）。

A. 地层导流能力上升　　　　B. 油压上升

C. 油压下降　　　　　　　　D. 地层渗透率变差

55. 游梁式抽油机井深井泵泵筒严重进气，形成（　　）导致油井不出液。

A. 气锁　　B. 气泡　　C. 雾流　　D. 环流

56. 油井地层压力低，供液能力下降，应通过（　　），提高注水井连通层的注水量。

A. 更换大直径油管　　　　B. 增大注水井泵压

C. 放大生产压差　　　　　D. 测试调配

57. 游梁式抽油机井产气量过高，可在井下加装（　　）。

A. 气举阀　　　　　　　　B. 气锚

C. 油气分离器　　　　　　D. 套管放气阀

58. 游梁式抽油机井油压、套压接近是由于（　　）。
    A. 油管漏失严重　　　　B. 防冲距过小
    C. 套管放气阀冻堵　　　D. 掺水压力低

59. 抽油机井（　　）是为了减少和清除井下泵、管、杆表面吸附的蜡，保证油井稳定生产。
    A. 冲干线　　B. 热洗　　C. 掺水　　D. 扫线

60. 抽油机井热洗时，油管内壁、抽油杆柱上的蜡受热而大面积脱落，大量堆积在抽油杆（　　）及泵筒内，使抽油杆停滞无法下行。
    A. 接箍部位　B. 中间部位　C. 靠上部位　D. 靠下部位

61. 抽油机井热洗时，井口（　　）漏失，导致短时间内计量间热洗井回油温度上升过快。
    A. 热洗阀门　　　　　　B. 掺水阀门
    C. 油套连通阀门　　　　D. 套管阀门

62. 抽油机井热洗过程中，光杆下行发生滞后、不同步现象，应及时（　　）。
    A. 停机检查　　　　　　B. 加大热洗排量
    C. 减小热洗排量　　　　D. 停止热洗

63. 抽油机井热洗时，热洗阀门损坏，洗井液无法进入（　　），导致洗井不通。
    A. 油管　　B. 回油管线　　C. 套管　　D. 掺水管线

64. 当抽油杆停滞遇卡无法下行时，应将（　　）拔出工作筒进行洗井。
    A. 油管　　B. 抽油杆　　C. 光杆　　D. 活塞

65. 游梁式抽油机井运转时，由于中央轴承座固定螺栓、顶丝松动，导致中央轴承座产生（　　）。
    A. 严重磨损　B. 严重位移　C. 润滑不良　D. 轴承损坏

66. 游梁式抽油机井运转时，中轴轴承（　　）造成严重磨损，使轴承损坏。

　　A. 顶丝退扣　　B. 严重位移　　C. 润滑不良　　D. 螺栓松动

　　67. 游梁式抽油机井尾轴承卡瓦螺栓松动，在（　　）的作用下，导致卡瓦断裂，游梁与横梁分离，引起翻机。

　　A. 交变载荷　B. 最大载荷　C. 有效载荷　D. 冲击载荷

　　68. 游梁式抽油机井曲柄销轴和销套（　　），严重磨损，曲柄销带动冕形螺母脱出冲程孔。

　　A. 润滑不合格　　　　B. 内有杂质

　　C. 间隙配合过小　　　D. 接触面积不够

　　69. 游梁式抽油机井曲柄销（　　）未上紧，造成松动退扣脱落，导致翻机。

　　A. 连杆固定螺栓　　　B. 压盖螺栓

　　C. 冕形螺母　　　　　D. 端盖螺栓

　　70. 采用曲柄平衡方式的游梁式抽油机，（　　）会造成严重不平衡。

　　A. 防冲距过大　　　　B. 光杆断

　　C. 四点严重不一线　　D. 平衡块锁块螺栓松动

　　71. 由于游梁式抽油机井套压放气阀控制不当，套压逐渐升高，（　　）下降，使进入泵筒的液量减少，造成油井出液不正常。

　　A. 注水压力　B. 动液面　C. 地层压力　D. 静液面

　　72. 由于抽油机井结蜡，导致（　　）配合不严，产生漏失，造成油井出液不正常或不出液。

　　A. 活塞与油管　　　　B. 深井泵与油管

　　C. 阀球与阀座　　　　D. 油管挂与大法兰

　　73. 油井卡封、改层作业后，（　　）会导致出液不正常或不出液。

　　A. 接替层油层厚度大　　B. 接替层含油饱和度高

C. 接替层渗透率高　　　　D. 接替层供液能力弱

74. 油井油层受到伤害后，产量下降，井底附近地层压力（　　）。

A. 上升　　　B. 下降　　　C. 突然下降　　　D. 基本不变

75. 油井取样阀门长期关闭，阀芯与阀座锈蚀或结垢，造成阀门（　　）。

A. 关不上　　　B. 打不开　　　C. 常开　　　D. 断裂

76. 油井取样阀门打不开时可用柴油浸泡，用（　　）振动或使用力矩较大的工具进行旋转将其打开。

A. 扳手　　　B. 管钳　　　C. 大锤　　　D. 手锤

77. 油井（　　）导致取样阀门关闭不严，可反复多次的开关阀门，如无效则更换阀门。

A. 供液不足　　　B. 出砂　　　C. 含水过高　　　D. 产液量过高

78. 抽油机井结蜡严重，上行电流（　　），电动机声音不正常等现象。

A. 下降　　　B. 不变　　　C. 增加　　　D. 无法确定

79. 油井结蜡严重或热洗周期不合理，导致蜡凝结在（　　）上造成卡泵即蜡卡。

A. 套管　　　B. 封隔器　　　C. 配水器　　　D. 油管

80. 抽油机井下落物，如（　　）破碎后，将油管与抽油杆之间卡死，造成卡泵即异物卡泵，这种卡泵往往比较严重，伴随杆断同时发生。

A. 刮蜡片、扶正器　　　　B. 油管接箍

C. 抽油杆接箍　　　　　　D. 泵头

81. 由于抽油机井下落物造成卡泵，应进行（　　）。

A. 碰泵　　　B. 作业打捞　　　C. 调防冲距　　　D. 调参

82. 不属于抽油机井口采油树连接方式的是（　　）。

A. 法兰　　　B. 卡箍　　　C. 螺纹连接　　　D. 焊接

第一章 采油

83. 紧固抽油机井井口法兰螺栓的要领是（　　）。

A. 先紧固靠近身体的两条　　B. 先紧固远离身体的两条

C. 对角均匀紧固　　D. 对角非对称紧固

84. 处理抽油机井口设备渗漏时正确的做法是（　　）。

A. 若渗漏量较小则可直接进行紧固

B. 要倒流程并放空后方可操作

C. 压力表降压到 1.6MPa 以下为低压时方可操作

D. 无特殊要求

85. 抽油机热洗过程中发生光杆下行受限，光杆运动与"驴头"运动不同步是（　　）引起的。

A. 气影响　　B. 供液不足　　C. 蜡影响　　D. 泵漏失

86. 油井热洗时，来水温度不得低于（　　）。

A. 70℃　　B. 75℃　　C. 80℃　　D. 90℃

87. 抽油机井热洗时排量调节不合理，无法将蜡块完全融化并排出，易导致（　　）。

A. 断杆　　B. 砂卡　　C. 碰泵　　D. 蜡卡

88. 抽油机井热洗的过程中，抽油机运行状态是（　　）。

A. 上死点停机状态　　B. 下死点停机状态

C. 启机状态　　D. 水平位置停机状态

89. 固定阀或游动阀失灵或卡死，造成抽油泵失效的处理方法是（　　）。

A. 调防冲距　　B. 调冲程

C. 调冲次　　D. 热洗、碰泵或作业检泵

90. 抽油泵柱塞未进入泵筒造成抽油泵失效的处理方法是（　　）。

A. 下调防冲距　　B. 热洗

C. 碰泵　　D. 检泵

91. 抽油杆或油管断脱造成抽油泵失效的处理方法是（　　）。

A. 下调防冲距　　　　　　B. 上提防冲距

C. 作业打捞抽油杆、油管　D. 热洗

92. 大泵径抽油机井，井下带有脱卡器，由于（　　）调整不当会造成抽油泵失效。

A. 冲程　　B. 防冲距　　C. 平衡度　　D. 底座水平

93. 紧固抽油机井口法兰阀门螺栓的正确顺序是（　　）。

A. 按螺栓排列的顺时针顺序紧固

B. 按螺栓排列的逆时针顺序紧固

C. 按螺栓排列的对角顺序均匀紧固

D. 便于操作的顺序紧固

94. 抽油机运行时憋压是抽油机井口阀门刺漏的原因之一，（　　）不会造成井口阀门刺漏。

A. 单井回油阀门关闭　　B. 计量间回油阀门关闭

C. 回油管线堵塞　　　　D. 掺水管线堵塞

95. 抽油机两侧曲柄销的螺纹旋向为（　　）。

A. 均为左旋　　　　　　B. 一侧左旋另一侧右旋

C. 均为右旋　　　　　　D. 无法确定

96. 抽油机曲柄销轴与销套接触面积应大于（　　）以上为合格。

A. 50%　　B. 55%　　C. 60%　　D. 65%

97. 下列不会造成抽油机曲柄销子退扣的是（　　）。

A. 曲柄销套安装不到位　B. 曲柄销轴与销套不匹配

C. 曲柄销止退螺栓松动　D. 曲柄销端盖螺栓松动

98. 抽油机更换曲柄销时应根据（　　）确认好两侧销子的旋向。

A. 抽油机曲柄旋转方向　B. 平衡度的数值

C. 产液量　　　　　　　D. 结构不平衡重

99. 抽油机曲柄在（　　）上出现外移，从后面看抽油机连杆不是垂直而是下部向外,严重时掉曲柄,造成翻机事故。

A. 输入轴　　　B. 输出轴　　　C. 中间轴　　　D. 电机轴

100. 抽油机输出轴上有（　　）键槽。

A. 1 套　　　B. 2 套　　　C. 3 套　　　D. 4 套

101. 要使抽油机曲柄键与键槽结合紧密,需要将（　　）紧固。

A. 曲柄销冕形螺母　　　　B. 连杆护环螺栓

C. 减速箱螺栓　　　　　　D. 曲柄拉紧螺栓

102. 下列不能造成抽油机曲柄在输出轴上外移的是（　　）。

A. 曲柄限位齿损坏　　　　B. 曲柄键不合格

C. 输出轴键槽损坏　　　　D. 曲柄键槽损坏

103. 抽油机井油管、套管窜通会使油井动液面（　　）。

A. 升高　　　B. 降低　　　C. 不变　　　D. 无法确定

104. 下列与抽油机井油管悬挂器损坏故障现象相同的是（　　）。

A. 供液不足　　　　　　　B. 抽油杆断脱

C. 油管漏失　　　　　　　D. 气体影响

105. 抽油机井油管、套管窜通故障,在热洗时热洗液在井口返回温度的变化是（　　）。

A. 温度下降

B. 温度上升,然后下降,再上升

C. 迅速上升,短时间达到进出口温度接近

D. 迅速上升,短时间超过进口温度

106. 油井油管悬挂器与油管的连接方式为（　　）。

A. 法兰连接　　B. 卡箍连接　　C. 焊接连接　　D. 螺纹连接

107. 油井更换大法兰钢圈时,在压井、放空后,应将抽油杆（　　）。

A. 提出工作筒　　　　　　B. 下放到底

C. 上提 30cm　　　　　　D. 下放 30cm

108. 油井、水井更换完大法兰钢圈后，紧固螺栓的顺序是（　　）紧固。

　　A. 按螺栓排列的顺时针顺序　　B. 按螺栓排列的逆时针顺序

　　C. 按螺栓排列的对角顺序　　　D. 便于操作的顺序

109. 油井更换大法兰钢圈时，必须关闭的阀门是（　　）。

　　A. 掺水阀门　　　　　　　　　B. 油套连通阀门

　　C. 直通阀门　　　　　　　　　D. 生产阀门

110. 造成抽油机采油树卡箍刺漏的原因是（　　）。

　　A. 套压低　　　　　　　　　　B. 套压高

　　C. 卡箍螺栓未上紧　　　　　　D. 管线对中

111. 由管线不对中引起的采油树卡箍刺漏，正确的处理方法是（　　）。

　　A. 大力紧固螺栓

　　B. 靠外力使管线对中或用电火焊重新连接对中

　　C. 更换配套的卡箍

　　D. 更换卡箍钢圈

112. 抽油机运转过程中基础不牢固能造成整机振动，可能造成基础不牢固的原因有（　　）。

　　A. 基墩连接件开焊　　　　　　B. 冲次过慢

　　C. 冲程过大　　　　　　　　　D. 防冲距过大

113. 基础基墩与底座的连接部位不牢，底座随抽油机负荷的变化发生振动的原因是（　　）。

　　A. 基墩连接件开焊

　　B. 三脚架螺栓松动

　　C. 支架底板与底座接触不实

　　D. 地脚螺栓松动或垫铁开焊松动

114. 悬点载荷（　　）而使用的机型过（　　），导致抽油机严重超载，整机运行时稳定性变差，造成振动。

A. 过大；大　　B. 过大；小　　C. 过小；大　　D. 过小；小

115. 冲次过快会造成整机振动的原因是（　　）。

A. 结构不平衡重变大　　　B. 结构不平衡重变小

C. 惯性变大　　　　　　　D. 惯性变小

116. 抽油机发生碰泵故障或井下抽油杆有刮、卡时，（　　）瞬间的变化导致抽油机整机振动。

A. 负荷　　　B. 防冲距　　　C. 冲程　　　D. 冲次

117. 处理基础与底座的接触部位有空隙造成的整机振动，可加垫铁，重新找平，垫铁总数量不能超过（　　）块。

A. 3　　　　B. 4　　　　C. 5　　　　D. 6

118. 抽油机平衡度的标准范围是（　　）。

A. 65% 以上　　　　　　B. 70% 以上

C. 85%～100%　　　　　D. 85%～120%

119. 抽油机减速箱齿轮油黏度不合适，如夏季使用冬季的齿轮油，油品黏度（　　），润滑效果变差。

A. 过大　　　B. 过高　　　C. 合适　　　D. 过稀

120. 抽油机减速箱内齿轮油油量过多，造成减速箱内（　　）。

A. 油温升高　　　　　　B. 油温降低

C. 齿轮油液面降低　　　D. 温度不变

121. 抽油机减速箱内齿轮油应在看窗的（　　）之间为宜。

A. 1/3～1/2　　B. 1/3～2/3　　C. 1/2～2/3　　D. 2/3～3/4

122. 巡回检查及保养过程中，一旦发现抽油机齿轮油有乳化、变质现象，应（　　）。

A. 填加齿轮油　　　　　B. 加强巡回检查

C. 立即更换　　　　　　D. 密切关注

123. 抽油机减速箱轴与齿轮安装不正，配合不好，产生（　　），造成窜轴。

A. 径向推力　　B. 径向拉力　　C. 轴向推力　　D. 轴向拉力

124. 抽油机减速箱窜轴的故障原因有（　　）。

　　A. 轴与齿轮安装不正　　　　B. 齿轮打齿

　　C. 油封失效　　　　　　　　D. 减程比低

125. 抽油机减速箱出现窜轴现象应（　　）。

　　A. 更换机型　B. 更换尾轴　C. 更换中轴　D. 更换减速箱

126. 抽油机减速箱采用三轴两级减速，（　　）不属于三轴。

　　A. 输入轴　　B. 输出轴　　C. 中间轴　　D. 电动机轴

127. 抽油机运转时大皮带轮晃动，有异常声响，四点一线无法调整，皮带频繁断裂，严重时大皮带轮掉落是（　　）引起的。

　　A. 曲柄销脱出　　　　　　　B. 减速箱大皮带轮松动、滚键

　　C. 电动机滑轨螺栓松动　　　D. 抽油机不平衡

128. 抽油机输入轴键槽损坏的处理方法是（　　）。

　　A. 更换轮键　　　　　　　　B. 重新安装大皮带轮

　　C. 紧固螺栓　　　　　　　　D. 更换输入轴

129. 抽油机与大皮带轮连接的轴是（　　）。

　　A. 输入轴　　B. 中间轴　　C. 输出轴　　D. 尾轴

130. 不会造成抽油机减速箱大皮带轮松动、滚键的原因是（　　）。

　　A. 大皮带轮端头的固定螺栓松动

　　B. 冕型螺母松动

　　C. 大皮带轮键不合适

　　D. 输入轴键槽不合适

131. 抽油机巡回检查时发现上、下冲程各有一次有规律的声响是（　　）故障引起的。

　　A. 四点不一线　　　　　　　B. 平衡块螺栓松动

　　C. 管线堵塞　　　　　　　　D. 活塞脱出工作筒

132. 平衡块固定螺栓及锁块螺栓松动，严重时会造成（　　）

与曲柄限位齿撞击，限位齿损坏，平衡块掉落。

A. 平衡块　　B. 连杆　　C. 锁块　　D. 备帽

133. 抽油机曲柄是铸造件，曲柄上（　　）铸有限位齿。

A. 一面　　B. 两面　　C. 三面　　D. 没有

134. 抽油机平衡块移位后需重新紧固螺栓，紧固平衡块固定螺栓正确的顺序是（　　）紧固。

A. 先高后低　　　　　　B. 先低后高

C. 高低同时　　　　　　D. 便于操作的顺序

135. 抽油机连杆刮碰平衡块时，当运转到（　　）时会发出异响。

A. 上死点　　B. 下死点　　C. 特定位置　　D. 上、下死点

136. 抽油机（　　）安装不正，运转时会出现连杆与曲柄或平衡块摩擦。

A. 平衡块　　B. 曲柄　　C. 井口　　D. 游梁

137. 游梁式抽油机校正游梁是通过（　　）进行调整的。

A. 中轴顶丝　　　　　　B. "驴头"顶丝

C. 滑轨顶丝　　　　　　D. 拉紧螺栓

138. 游梁式抽油机调整"驴头"与井口对中过程中，如用调中轴的方法需谨慎，注意调整幅度，防止出现（　　）。

A. 碰泵　　　　　　　　B. 连杆刮碰平衡块

C. 曲柄销退扣　　　　　D. 过载停机

139. 抽油机（　　）过大，使两侧连杆在运转时受力不均匀，在应力的作用下连杆被拉断。

A. 防冲距　　B. 泵径　　C. 冲程　　D. 剪刀差

140. 抽油机连杆拉断大多是由于单边受力造成的，如不及时发现极易造成（　　）。

A. 抽油机翻机　　　　　B. 抽油泵卡泵

C. 油管断脱　　　　　　D. 电动机烧毁

141. 抽油机曲柄销脱出后，会造成（　　）单边受力，造成翻机。

　　A. 中轴　　　B. 连杆　　　C. 基础　　　D. "驴头"

142. 抽油机连杆上部与（　　）连接，下部通过曲柄销子与曲柄连接。

　　A. 游梁　　　B. 中轴　　　C. 横梁　　　D. 输出轴

143. 抽油机游梁上焊接的止板与（　　）之间有间隙，这种情况会使螺栓无法有效紧固。

　　A. 游梁　　　B. 尾轴承座　　C. 横梁　　　D. 曲柄

144. 抽油机尾轴承座与游梁连接的固定螺栓有（　　）条。

　　A. 2　　　　B. 3　　　　C. 4　　　　D. 5

145. 预防抽油机尾轴承座螺栓松动无效的方法是（　　）。

　　A. 安装止退螺帽　　　　B. 画防退线

　　C. 加密检查　　　　　　D. 间抽

146. 抽油机光杆未对正井口中心，运行时"驴头"顶着光杆前移的原因是（　　）。

　　A. "驴头"顶丝未上紧

　　B. 游梁顺着"驴头"方向前移

　　C. 游梁顺着"驴头"方向后移

　　D. 井口安装偏斜

147. 处理抽油机游梁顺着驴头方向前移时，卸掉负荷，使抽油机停在（　　）位置附近，游梁可回到原位置。

　　A. 上死点　　B. 下死点　　C. 水平　　　D. 任意

148. 抽油机游梁歪不会导致（　　）。

　　A. 驴头歪　　　　　　　B. 支架轴承有异响

　　C. 驴头井口不对中　　　D. 碰泵

149. 抽油机悬绳器钢丝绳是抽油机（　　）之间的软连接装置。

A."驴头"与井口　　　　　B."驴头"与光杆

C."驴头"与井口密封器　　D."驴头"与密封盒

150. 抽油机悬绳器钢丝绳将井内（　　）及液柱的负荷挂接在"驴头"上。

A. 抽油泵　　B. 油管　　C. 抽油杆　　D. 配产器

151. 抽油机不对中，钢丝绳在运行中产生偏斜，与（　　）边沿偏磨后损伤，承载能力下降导致拉断。

A. 光杆　　B. 悬绳器　　C. 方卡子　　D."驴头"

152. 油井发生卡泵故障，光杆与"驴头"运行不同步，（　　）过程中钢丝绳瞬间猛烈（　　），导致强行拉断。

A. 上行；卸载　　　　　B. 上行；加载

C. 下行；卸载　　　　　D. 下行；加载

153. 抽油机钢丝绳头与绳帽灌注强度不够，导致承载力不足，在运转过程中会出现（　　）。

A. 钢丝绳拔丝　　　　　B. 钢丝绳破股

C. 钢丝绳断裂　　　　　D. 钢丝绳头从绳帽中脱出

154. 油井发生碰泵故障，（　　）时钢丝绳瞬间（　　），导致强行拉断。

A. 上行；卸载　　　　　B. 上行；加载

C. 下行；卸载　　　　　D. 下行；加载

155. 抽油机悬绳器和钢丝绳安装质量要求中，安装后钢丝绳悬绳轨迹应在"驴头"弧面两侧的均匀位置运行，不得偏离，产生偏磨，允许误差为（　　）。

A. 20mm　　B. 40mm　　C. 60mm　　D. 80mm

156. 抽油机悬绳器和钢丝绳安装质量要求中，上死点时，悬绳器上片的上平面距离"驴头"下方（　　）为宜。

A. 250～300mm　　　　　B. 450～500mm

C. 650～700mm　　　　　D. 850～900mm

157. 双"驴头"游梁式抽油机后驱动钢丝绳一套是（　　）根。

　　A. 1　　　　B. 2　　　　C. 4　　　　D. 5

158. 下列不会造成双"驴头"游梁式抽油机后驱动钢丝绳断裂的原因是（　　）。

　　A. 后驱动绳辫子长度不一致，受力不均

　　B. 悬绳器与光杆不同步，产生冲击载荷

　　C. 抽油机载荷过大，长期运行疲劳断股

　　D. "驴头"与井口不对中

159. 抽油机"驴头"与井口中心不对中不会造成的现象是（　　）。

　　A. 光杆与密封盒压帽偏磨　　B. 光杆密封器失效

　　C. 密封填料密封效果差　　　D. 光杆磨细

160. 抽油机曲柄剪刀差是指抽油机两曲柄侧平面（　　），形成像"剪刀"一样的错开。

　　A. 不重合　　B. 重合　　C. 不平行　　D. 平行

161. 下列不是抽油机曲柄剪刀差过大造成的危害是（　　）。

　　A. 连杆拉断　　　　　　B. 尾轴螺栓断裂

　　C. 游梁扭曲变形　　　　D. 含水上升

162. 如果抽油机"驴头"方向定为前侧，那么紧固电动机滑轨固定螺栓时正确的顺序是（　　）。

　　A. 对角紧固　　　　　　B. 依次紧固

　　C. 先紧前侧再紧后侧　　D. 先紧后侧再紧前侧

163. 抽油机皮带"四点一线"未调整好，也会引起电动机振动过大，所谓四点一线是指（　　）。

　　A. 大皮带轮外边沿的4个点，在一条直线上

　　B. 电动机皮带轮外边沿的4个点，在一条直线上

　　C. 大皮带轮和电动机皮带轮边沿拉一条通过两轮中心的线，

4个点在一条直线上

D. 大皮带轮和电动机轴边沿4个点，在一条直线上

164. 抽油机运转时，井口密封盒内加满密封填料与（   ）配合密封。

A. 抽油杆　　B. 光杆　　　C. 油管　　　D. 光杆密封器

165. 抽油机井口密封盒渗、漏故障造成的危害有（   ）。

A. 火灾、中毒及环境污染　　B. 中毒、触电及环境污染

C. 火灾、中毒及坠落　　　　D. 火灾、中毒及爆炸

166. 抽油机密封盒内压紧密封填料的部件是（   ）。

A. 光杆密封器　　　　　　B. 格兰

C. 胶皮芯子　　　　　　　D. 导向螺栓

167. 下列不会造成抽油机密封盒渗漏的是（   ）。

A. 光杆与密封填料偏磨　　B. 管线回压过高

C. 集油流程阀门损坏憋压　D. 油井产量过高

168. 抽油机光杆腐蚀磨损无法保证与填料的密封性时，最佳的处理方法是（   ）。

A. 用锉刀打磨光杆　　　　B. 上提光杆

C. 更换光杆　　　　　　　D. 下放光杆

169. 油井结蜡是指随着（   ），蜡从原油中析出并凝结的现象。

A. 压力升高，温度降低　　B. 压力降低，温度升高

C. 压力和温度的降低　　　D. 压力和温度的升高

170. 油井结蜡会使抽油机（   ），产量下降，严重影响生产。

A. 上电流、下电流均上升　　B. 上电流、下电流均下降

C. 上电流上升，下电流下降　D. 上电流下降，下电流上升

171. 油井的结蜡周期（   ）。

A. 大致相同　　　　　　　B. 各不相同

C. 取决于泵径的大小　　　D. 无法摸索

172. 对油井防蜡无效的措施是（　　）。

A. 加装井下防蜡器　　　B. 选用防蜡效果好的井下管柱

C. 降低地层压力　　　　D. 制订合理的热洗周期

173. 注水井在注水过程中，由于（　　）磨损后松脱，导致水表出现时走时停的现象。

A. 水表外壳　　B. 调节板　　C. 磁钢　　D. 叶轮轴套

174. 当注水井水表表芯（　　）有脏物进入，阻挡部分流通孔道，但不影响叶轮转动，水流速度加快，水表转速加快。

A. 进液孔　　B. 出液孔　　C. 叶轮轴套　　D. 中心轴

175. 注水井水表转动异常时，（　　）值显示为时走、时停、时快、时慢，影响注水井录取资料的准确性。

A. 日注水量　　　　　　B. 全井注水量

C. 瞬时水量　　　　　　D. 分层注水量

176. 注水井因（　　）引起的水表转动异常，应清洗水表进行处理。

A. 叶轮损坏　　B. 轴套磨损　　C. 脏物堵塞　　D. 顶尖磨损

177. 注水井法兰密封钢圈未安装好或（　　）未均匀紧固，导致法兰处渗漏。

A. 卡箍螺栓　　B. 法兰钢圈　　C. 法兰螺栓　　D. 卡箍钢圈

178. 注水井测试阀门、放空阀门闸板与（　　）不能严密接触，有水从阀门漏出，导致阀门渗漏。

A. 阀体　　　　　　　　B. 阀体密封圈

C. 卡箍　　　　　　　　D. 卡箍密封圈

179. 注水井 250 型阀门由于长时间使用，（　　）磨损，导致阀门阀杆处漏水。

A. 卡箍钢圈　　　　　　B. 阀门手轮

C. 阀杆密封圈　　　　　D. 阀门铜套子

180. 注水井注水时发现套管四通法兰钢圈密封处渗水，正确倒流程，（   ）放净后，重新安装法兰钢圈，均匀对称紧固法兰螺栓。

A. 来水压力   B. 干线压力

C. 静压   D. 油管与套管压力

181. 注水井在正常注水过程中，水表（   ）应匀速运转，准确反映注水量。

A. 壳体   B. 顶针   C. 表芯   D. 调节板

182. 当注水井水表表芯出现停走故障时，无法反映注水井（   ）。

A. 注水压力   B. 实际注水量

C. 分层压力   D. 配注水量

183. 新投产注水井管线内未充满水或操作不稳，（   ）受冲击而损坏，注水井正常注水后，计数器不计数。

A. 水表壳体   B. 水表叶轮   C. 计数器   D. 调节板

184. 注水井由于注入水水质问题，硬物卡住（   ），导致其不转，计数器不计数。

A. 计数器   B. 减速机构   C. 磁钢   D. 叶轮

185. 注水井水表在长期使用过程中叶轮顶尖和（   ）磨损严重，导致转动时不同心，水表出现停走现象。

A. 叶轮   B. 磁钢   C. 轴套   D. 水表壳

186. 注水井下流阀门以下流程管线穿孔，（   ），水表流量增加。

A. 泵压上升   B. 套压上升   C. 油压上升   D. 油压下降

187. 当注水井上流阀门以上流程管线穿孔，泵压下降，油压也相应下降、水表流量（   ）。

A. 增加   B. 下降   C. 平稳   D. 为零

188. 注水井由于管线内流体介质（   ），使管线受腐蚀造成砂眼和穿孔。

  A. 含铅   B. 含铁

  C. 含腐蚀性物质   D. 含气体

189. 注水井由于管线有砂眼造成的较小渗漏，处理时（　　）。

  A. 可在渗漏处打卡子封堵   B. 倒流程泄压后进行补焊

  C. 倒流程泄压后铆接   D. 不需倒流程直接补焊

190. 注水井在生产过程中，当（　　）高于最高允许注入压力时，会增加套损机率。

  A. 泵压   B. 油压   C. 套压   D. 流压

191. 注水井由于注入水中含有杂质，易造成井下滤网或水嘴堵塞，使注入水流动阻力增大，导致注水井油压（　　）。

  A. 升高   B. 降低   C. 不变   D. 归零

192. 注水井由于注入水水质不合格，油层被脏物堵塞，（　　），导致注水井油压上升。

  A. 渗透性变好   B. 渗透性变差

  C. 渗透性不变   D. 孔隙度大

193. 注水井油层压力上升，导致油层的吸水能力下降，使注水井（　　）。

  A. 油压升高   B. 油压下降   C. 套压升高   D. 套压下降

194. 当注水井注水水质不合格导致（　　），使油压升高时，要及时洗井，若洗井无效则采取酸化措施处理。

  A. 油管堵塞   B. 封隔器失效

  C. 油层堵塞   D. 水嘴脱落

195. 注入水水质不合格，堵塞油层孔道，造成油层（　　）。

  A. 吸水能力上升   B. 吸水能力下降

  C. 吸水指数上升   D. 渗流阻力减小

196. 注水井在正常生产过程中，由于油层压力升高，导致

（　　），使注水井注水量下降。

A. 注水压差减小　　　　　B. 注水压差增大

C. 总压差减小　　　　　　D. 总压差不变

197. 影响注水井油压下降的井下设备因素有：井下水嘴刺大或脱落、油管刺漏或油管脱落、（　　）、封隔器失效、管外水泥窜槽。

A. 底部挡球卡死　　　　　B. 井下滤网堵

C. 底部挡球密封不严　　　D. 筛管堵

198. 与注水井相连通的机采井采取压裂措施后，（　　）导致注水压力下降。

A. 地层压力升高　　　　　B. 地层压力下降

C. 泵压升高　　　　　　　D. 套压升高

199. 由于注水井封隔器胶筒破裂、变形等原因导致封隔器失效，造成（　　）。

A. 套压下降　B. 泵压上升　C. 油压下降　D. 油压上升

200. 注水井地面管线在水表下流方向穿孔，会导致（　　）。

A. 注水量上升　　　　　　B. 套压升高

C. 油压升高　　　　　　　D. 泵压升高

201. 与注水井连通油井采取（　　）后，使油层压力下降，减少了注入阻力，导致注水量上升。

A. 堵水措施　　　　　　　B. 换小泵措施

C. 调小冲次　　　　　　　D. 增产措施

202. 可能导致注水井油压、套压平衡的原因是（　　）。

A. 油管放空阀门不严　　　B. 套管放空阀门不严

C. 第一级封隔器失效　　　D. 测试阀门不严

203. 不能导致注水井油压、套压平衡的原因是（　　）。

A. 油管漏失　　　　　　　B. 超破裂压力注水

C. 套管阀门不严　　　　　D. 油管悬挂器密封圈破损

204. 当注水井洗井不通时，会出现井口（　　）、水表停转、洗井压力显示异常等现象。

　　A. 洗井水量多　　　　　　B. 返出液量多

　　C. 返出液量少　　　　　　D. 泵压降低

205. 注水井套管阀门（　　），造成洗井液不能进入套管，导致注水井洗井不通。

　　A. 闸板刺漏　　　　　　　B. 闸板脱落，无法打开

　　C. 严重漏失　　　　　　　D. 丝杆生锈

206. 注水井筛管堵塞造成（　　）打不开，洗井液无法进入油管，导致洗井不通。

　　A. 堵塞器　　B. 配水器　　C. 底部挡球　　D. 投捞器

207. 注水井反洗井过程中，洗井液由（　　）进入，从油管返出，进入洗井液回收罐车。

　　A. 套管　　　B. 油管　　　C. 配水器　　　D. 总阀门

208. 注水井资料录取时，需要通过（　　）提取水井管道中介质样品。

　　A. 取样阀门　B. 上流阀门　C. 下流阀门　D. 套管阀门

209. 注水井取样阀门应定期（　　），对于锈蚀、堵塞严重或阀瓣脱落无法修复的阀门应及时更换。

　　A. 开关活动　B. 维护保养　C. 紧固　　　D. 敲打

210. 计量间分离器（　　）漏失严重，使液流进到分离器后直接进入汇管。

　　A. 进口阀门　　　　　　　B. 出口阀门

　　C. 单井计量阀门　　　　　D. 单井掺水阀门

211. 计量间分离器严重缺底水，凝结油堵塞液位计（　　），造成玻璃管内无液面。

　　A. 上部进口　B. 下部进口　C. 上部出口　D. 下部出口

212. 量油时单井计量阀门、单井回油阀门或分离器进口阀门

损坏，导致（　　）不通，井液无法进入分离器，玻璃管内无液面上升。

A. 生产流程　　B. 掺水流程　　C. 热洗流程　　D. 计量流程

213. 根据连通器平衡原理，采用定容积计算方法，计算油井产液量的是（　　）。

A. 玻璃管量油　　　　　　B. 储油罐量油

C. 量油池量油　　　　　　D. 流量计量油

214. 计量间分离器主要是用来计量单井（　　）、产气量，是反映油井生产动态的基础数据。

A. 产油量　　B. 产水量　　C. 产液量　　D. 掺水量

215. 计量间量油的关键是倒对流程，分离器进口阀门、（　　）应处于打开状态，分离器出口阀门、单井回油阀门应处于关闭状态。

A. 单井掺水阀门　　　　　B. 单井计量阀门

C. 单井热洗阀门　　　　　D. 单井直通阀门

216. 计量分离器技术规范参数主要有：设计压力、工作压力、最大流量、（　　）、适用量油高度、测气能力等。

A. 分离器高度　　　　　　B. 分离器直径

C. 分离器容量　　　　　　D. 分离器面积

217. 计量间分离器进口阀门未打开或阀门闸板脱落，油井计量时，使井液无法进入分离器，使分离器液面（　　）。

A. 上升　　B. 下降　　C. 不上升　　D. 上升缓慢

218. 正常量油时，气平衡阀门没有打开，分离器内压力不断上升，这时分离器内液面（　　）。

A. 迅速上升　　　　　　　B. 迅速下降

C. 下降缓慢或不下降　　　D. 上升缓慢或不上升

219. 计量分离器是计量间最主要的油气计量设备，是一种（　　）容器设备。

A. 高压　　　B. 低压　　　C. 中压　　　D. 真空

220. 安全阀是当设备或管道内的介质压力升高超过规定值时，自动开启泄压，保护设备的安全，应（　　）安装。

A. 水平　　　B. 垂直　　　C. 倾斜　　　D. 平行

221. 正常生产时，单井混合液通过回油管线进入计量间（　　），再进入转油站。

A. 集油汇管　B. 掺水汇管　C. 热洗汇管　D. 计量汇管

222. 计量间内分离器在未量油状态时，分离器内部伴热管线穿孔，分离器内液位、压力（　　），导致安全阀开启，发生冒罐事故。

A. 逐渐下降　B. 迅速下降　C. 逐渐上升　D. 稳定

223. 量油操作时，由于油井产液量过高，分离器内液面上升过快，超过一定高度后，未及时将（　　）打开，造成分离器憋压，使分离器发生冒罐事故。

A. 分离器进口阀门　　　　B. 单井计量阀门
C. 气平衡阀门　　　　　　D. 分离器出口阀门

224. 当发现计量间分离器伴热管线穿孔时，应立即（　　）。

A. 关闭分离器进口、出口阀门
B. 关闭单井回油阀门
C. 关闭伴热管线进口、出口阀门
D. 关闭单井计量阀门

225. 量油结束排液时，分离器（　　）闸板脱落，使分离器内液体不能及时排出，使分离器发生冒罐事故。

A. 进口阀门　　　　　　　B. 计量阀门
C. 气平衡阀门　　　　　　D. 出口阀门

226. 计量间分离器量油系统管线出现冻堵故障时，采用（　　）方法进行解堵。

A. 明火烧　　B. 热水浇　　C. 热油浇　　D. 回压疏通

第一章 采油

227. 冬季生产时，（　　）未打开，造成分离器出油管线冻堵。

A. 分离器进口阀门　　　　B. 分离器出口阀门
C. 气平衡阀门　　　　　　D. 分离器伴热阀门

228. 计量间分离器量油系统管线出现冻、堵的主要原因是（　　）。

A. 室内温度高，原油含蜡低　B. 原油凝固点低
C. 室内温度低，原油凝固　　D. 原油含水高

229. 冬季计量间室内温度低、原油凝固，使（　　）进液管线冻堵，导致量油时无法进液。

A. 二合一　　B. 分离器　　C. 三合一　　D. 采暖炉

230. 冬季生产时，计量间分离器出油管线冻堵，导致（　　）后分离器内液面无法排出。

A. 热洗　　B. 量掺水　　C. 量油　　D. 取样

231. 计量间是油气计量、（　　）、热洗的处理中心。

A. 注水　　B. 取样　　C. 加药　　D. 掺水

232. 计量间在生产运行过程中，出现渗漏现象，不及时处理易引起火灾、爆炸、（　　）等安全事故。

A. 物体打击　　B. 中毒　　C. 冻伤　　D. 机械伤害

233. 计量间法兰垫片损坏，使法兰垫片（　　）变差，导致液体从法兰间隙刺漏。

A. 连接性　　B. 润滑性　　C. 密封性　　D. 牢固性

234. 计量间更换法兰垫片，紧固螺栓时，要对角均匀紧固，保证（　　）一致，确保密封良好。

A. 管线间隙　　B. 螺栓长度　　C. 阀门间隙　　D. 法兰间隙

235. 计量间发生穿孔后，要倒流程泄压，由（　　）对泄漏点进行补焊或者更换管线。

A. 班组长　　　　　　　　B. 安全负责人

C. 岗位员工　　　　　　　D. 专业焊接人员

236. 计量间内（　　）或焊接质量不合格，容易造成管线穿孔，就会有油、气、水泄漏，造成事故。

A. 管线降压　　　　　　　B. 管线输送液量小

C. 管线输送液量大　　　　D. 管线腐蚀

237. 油、水井口和计量间动火均为（　　）动火，由施工单位制订出措施，填写动火报告书，报矿安全组批准后方可动火。

A. 一级　　B. 二级　　C. 三级　　D. 四级

238. 压力表在正常使用时，介质通过传压孔进入（　　），导致其自由端伸展，拉动连杆，带动扇形齿轮及中心轴旋转，带动指针转动。

A. 扁曲弹簧管　　　　　　B. 压缩缸

C. 伸缩缸　　　　　　　　D. 缓冲缸

239. 压力表（　　），导致取压时指针不动。

A. 量程过小　　　　　　　B. 传压孔堵塞

C. 介质黏度大　　　　　　D. 控制阀门开大

240. 压力表扇形齿轮和（　　）脱节，扇形齿轮无法带动中心轴转动，指针无法摆动。

A. 扁曲弹簧管　　　　　　B. 游丝弹簧

C. 中心齿轮　　　　　　　D. 连杆

241. 压力表的传动件夹有异物，会导致弹簧管形变后连杆动，扇形齿轮和中心齿轮不动，导致（　　）。

A. 指针跳动　　B. 指针不动　　C. 指针变形　　D. 指针脱落

242. 压力表游丝弹簧失效，游丝无法拉紧，导致（　　），指针跳动。

A. 连杆失效　　　　　　　B. 回程误差增大

C. 中间齿轮跳动　　　　　D. 扇形齿轮跳动

243. 新压力表在使用时（　　）。

A. 无需校验 B. 可使用后再校验
C. 可直接使用 D. 须校验合格

244. 电动潜油泵井过载电流的设定值为额定电流的（　　）。
A. 80% B. 100% C. 120% D. 140%

245. 潜油电泵井测量机组对地绝缘必须用到的仪表是（　　）。
A. 钳型电流表 B. 500 型万用表
C. 2500V 兆欧表 D. 压力表

246. 潜油电泵井测量机组对地绝缘时，如测量的电阻低或为零时说明（　　）。
A. 绝缘良好 B. 绝缘损坏或击穿
C. 相间短路 D. 断相

247. 电动潜油泵机组下入套变井段，使潜油电动机、电动机保护器、油气分离器、潜油离心泵不同轴导致（　　），发生过载停机。
A. 启动电流大 B. 启动电流小
C. 额定电流大 D. 设计电流大

248. 电动潜油泵属于（　　）。
A. 单级离心泵 B. 多级离心泵
C. 柱塞泵 D. 射流泵

249. 电动潜油泵井井下防喷工具安装在（　　）。
A. 套管外 B. 套管内 C. 油管内 D. 井口

250. 下列情况不能导致电动潜油泵井欠载停机的是（　　）。
A. 井下供液不足 B. 欠载电流值设定不合理
C. 井下防喷开关未打开 D. 油井产液量过高

251. 电动潜油泵机组空载运行会（　　）。
A. 欠载停机 B. 过载停机 C. 油管断脱 D. 烧电缆

252. 电动潜油泵井运行电流偏高，洗井后没有任何缓解，其可能的原因是（　　）。

A. 蜡影响　　B. 泥沙影响　　C. 杂质影响　　D. 机械磨损

253. 电动潜油泵运行电流变化，反映的是（　　）的负载变化情况。

A. 潜油电泵　　　　　　　B. 油气分离器

C. 潜油电动机　　　　　　D. 电动机保护器

254. 潜油电泵的特点是（　　）。

A. 排量大，扬程低　　　　B. 排量大，扬程高

C. 排量小，扬程高　　　　D. 排量小，扬程低

255. 下列不属于电动潜油泵机组的组成部分的是（　　）。

A. 泄油器　　　　　　　　B. 潜油电动机

C. 电动机保护器　　　　　D. 潜油离心泵

256. 不会导致电动潜油泵井运行电流不平衡的是（　　）。

A. 控制柜内电气元件故障　B. 产量过高

C. 井下电气故障　　　　　D. 高压变压器或供电线路故障

257. 用（　　）测量三相电流值，若与中心控制器三相电流不一致，则为电动潜油泵井控制柜内电气元件故障。

A. 1000V 兆欧表　　　　　B. 2500V 兆欧表

C. 钳型电流表　　　　　　D. 电压表

258. 电动潜油泵井机械清蜡时，清蜡钢丝打扭的原因是（　　）。

A. 刮蜡器下行速度高于清蜡钢丝下放速度

B. 刮蜡器下行速度低于清蜡钢丝下放速度

C. 刮蜡器均速下行

D. 刮蜡器均速上行

259. 电动潜油泵井清蜡时的刮蜡器顶钻指的是（　　）。

A. 井液上顶刮蜡器迅速上行

B. 井液压迫刮蜡器迅速下行

C. 刮蜡器靠自重迅速下行

D. 上提清蜡钢丝过快，刮蜡器迅速上行

260. 电动潜油泵井机械清蜡时，刮蜡器顶钻易造成清蜡钢丝打扭，发生顶钻现象是由于（　　）。

A. 井内压力降低　　　　　B. 井内无压力

C. 井内压力升高　　　　　D. 清蜡钢丝跳槽

261. 防喷管是（　　）清蜡时必须用到的。

A. 抽油机井　　　　　　　B. 注水井

C. 螺杆泵井　　　　　　　D. 电动潜油泵井

262. 潜油电泵井控制屏可以显示机组运行的三种状态，下列不属于电泵井运行状态的是（　　）。

A. 正常　　B. 间抽　　C. 过载停机　　D. 欠载停机

263. 电动潜油泵井的供电流程为（　　）。

A. 电源→变压器→潜油电动机→潜油电缆

B. 变压器→电源→潜油电动机→潜油电缆

C. 电源→变压器→潜油电缆→潜油电动机

D. 电源→潜油电缆→变压器→潜油电动机

264. 电动潜油泵机组自下而上依次由（　　）组成。

A. 潜油电泵→油气分离器→电动机保护器→潜油电动机

B. 潜油电动机→电动机保护器→油气分离器→潜油电泵

C. 潜油电动机→油气分离器→电动机保护器→潜油电泵

D. 潜油电动机→电动机保护器→潜油电泵→油气分离器

265. 雷击会使电动潜油泵井电压波动，有效的防雷方法是（　　）。

A. 雷雨天气停止生产　　　B. 安装避雷器

C. 加密检查　　　　　　　D. 周围种植树木

266. 不会造成电动潜油泵井电压突然波动的原因是（　　）。

A. 供电线路上大功率柱塞泵突然启动而引起的电压瞬时下降

B. 附近多口油井同时启动

C. 雷击现象

D. 注水井大面积开井

267. 造成电动潜油泵井下机组不能启动的原因有（　　）。

A. 油稠黏度大，死油过多　　B. 轻微结蜡

C. 过载保护值设计过高　　　D. 油管漏失

268. 电动潜油泵井（　　）会使井下机组不能启动。

A. 对地绝缘电阻过大　　　　B. 相间绝缘电阻过大

C. 地面电压低　　　　　　　D. 井下电缆卡子松动

269. 如果井液侵入电动潜油泵井电动机或电缆就容易造成绝缘破坏（　　）。

A. 电压升高　B. 电压降低　C. 电阻升高　D. 电阻降低

270. 潜油电动机依靠润滑油冷却、润滑轴承，并通过（　　）带走热量。

A. 井液的流动　　　　　　　B. 分离器

C. 单流阀　　　　　　　　　D. 离心泵

271. 电动潜油泵井投产初期就造成抽空的原因是（　　）。

A. 泵的排量过小　　　　　　B. 油嘴过小

C. 生产压差过小　　　　　　D. 泵的排量过大

272. 电动潜油泵井生产一段时间后造成抽空的原因是（　　）。

A. 泵的排量过小　　　　　　B. 油嘴过小

C. 生产压差过小　　　　　　D. 油井供液不足

273. 电动潜油泵井缩小油嘴生产后，液面依然很低的处理方法是（　　）。

A. 更换大油嘴生产

B. 更换大排量泵生产

C. 换小排量泵或转为抽油机生产

D. 作业检泵

274. 导致电动潜油泵井产液量下降的原因是（　　）。
A. 调大油嘴　　　　　　　B. 油管漏失
C. 堵水失效　　　　　　　D. 压裂压开高含水层

275. 不会导致电动潜油泵井产量下降的原因是（　　）。
A. 调大油嘴　　　　　　　B. 油管漏失
C. 泵转向不对　　　　　　D. 油管堵塞

276. 电动潜油泵井地面管线堵塞，动液面应该（　　）。
A. 上升　　B. 下降　　C. 不变　　D. 无法确定

277. 电动潜油泵的转向不对可导致产量下降甚至无产量，处理方法是（　　）。
A. 作业检泵
B. 洗井
C. 调大油嘴
D. 从地面接线盒处调换任意两根导线的接头，再试转

278. 电动潜油泵井泄油阀损坏，泵内排出的液体一部分从泄油阀倒流回（　　）。
A. 油管　　　　　　　　　B. 井口
C. 油套管环形空间　　　　D. 回油管线

279. 电动潜油泵机组断脱，但油井依然有产量说明（　　）。
A. 泵没完全失效　　　　　B. 油井有自喷能力
C. 泵质量好　　　　　　　D. 量油不准

280. 电动潜油泵井供液正常，如果油管漏失那么沉没度应该（　　）。
A. 上升　　B. 下降　　C. 不变　　D. 无法确定

281. 大量气体进入电动潜油泵导致泵无法排液被称作（　　）。
A. 供液不足　　B. 断脱　　C. 气锁　　D. 漏失

282. 油层供液不足，电动潜油泵内（　　）导致憋压时油压上升缓慢。

A. 充满程度增加　　　　　B. 充满程度不够

C. 翼轮转速增加　　　　　D. 翼轮停止转动

283. 电动潜油泵井油嘴前所测得的压力叫（　　），油嘴后所测得的压力叫（　　）。

A. 油压；泵压　　　　　　B. 泵压；油压

C. 油压；回压　　　　　　D. 管压；油压

284. 电动潜油泵井产量高，管线直径小，产出液回流困难，使（　　）高于正常值。

A. 套压　　B. 回压　　C. 泵压　　D. 静压

285. 以下原因不能导致电动潜油泵井回压高于正常值的原因是（　　）。

A. 回油管线冻结　　　　　B. 回油管线结垢

C. 回油管线结蜡　　　　　D. 回油管线酸洗

286. 电动潜油泵井的清蜡周期（　　）。

A. 大致相同　　　　　　　B. 各不相同

C. 可随意制订　　　　　　D. 无法制订

287. 电动潜油泵井机械清蜡时若刮蜡片卡死，则（　　）解卡。

A. 加大绞车力度拔出

B. 匀速拔出

C. 灌入热油或轻质油，将蜡融化

D. 放弃

288. 电动潜油泵井清蜡周期的制订原则是（　　）。

A. 半个月　　　　　　　　B. 一个月

C. 三个月　　　　　　　　D. 根据单井实际结蜡情况制订

289. 电动潜油泵井遇到硬卡故障时正确的做法是（　　）。

A. 硬拔

B. 用力冲击

C. 用力振动

D. 改变钢丝上提方向慢慢活动解卡

290. 处理螺杆泵井驱动装置故障时，要确保（　　），卡紧封井器后方可操作。

  A. 驱动装置完好　　　　B. 杆柱无断脱

  C. 杆柱扭矩完全释放　　D. 油管无漏失

291. 处理螺杆泵井电路故障时，应至少有（　　）名专业维修电工操作，做好安全监护。

  A. 1　　　B. 2　　　C. 3　　　D. 4

292. 不属于螺杆泵井配电箱内电气设备的是（　　）。

  A. 空气开关　　　　B. 交流接触器

  C. 启动开关　　　　D. 变压器

293. 螺杆泵井驱动装置（　　）与轴承箱卡死或电动机定子与转子卡死，造成启机时电动机无法转动。

  A. 滚动轴承　　B. 滑动轴承　　C. 推力轴承　　D. 方卡子

294. 以下几种井口漏油现象只有在螺杆泵井会出现的是（　　）。

  A. 井口法兰处漏油　　　B. 井口卡箍漏油

  C. 油管挂顶丝漏油　　　D. 驱动装置漏油

295. 螺杆泵井驱动装置多采用（　　）。

  A. 迷宫密封　　　　B. 机械密封

  C. 浮动环密封　　　D. 填料密封

296. 螺杆泵井正常运转时，对转子旋转方向的要求是（　　）。

  A. 顺时针旋转　　　B. 逆时针旋转

  C. 根据需要调整　　D. 无转向要求

297. 下列对螺杆泵伤害最大的是（　　）。

A. 油稠　　　　　　　　B. 井液含泥沙量大

C. 液面过低导致泵抽空　D. 杂质影响

298. 螺杆泵井由于法兰钢圈未装好或损伤引起的渗漏须由（　　）。

A. 采油工处理　　　　　B. 采油队维修班处理

C. 矿维修队处理　　　　D. 上报作业队处理

299. 处理螺杆泵轴承箱看窗漏油故障时须（　　）。

A. 清洗看窗

B. 在看窗处涂抹密封胶

C. 更换看窗密封垫或重新紧固看窗

D. 摘除看窗

300. 由于螺杆泵井抽油杆断脱，井底及油管内压力不断上升，当压力超过杆柱自重时，光杆及方卡子向上移动脱出（　　），造成光杆不随电动机转动。

A. 密封帽　　B. 密封盒　　C. 密封圈　　D. 填料密封

301. 直驱螺杆泵井运转过程中，出现方卡子固定螺栓松动造成（　　）不随方卡子转动。

A. 电动机　　B. 光杆　　C. 定子　　D. 油管

302. 螺杆泵井减速箱内齿轮油油位应在（　　）为宜。

A. 1/3～2/3　B. 1/2～2/3　C. 1/2～3/4　D. 加满

303. 螺杆泵井停机后，油管中液体回流会冲击转子，如果防反转装置失灵就易造成（　　）。

A. 杆柱正转脱扣　　　　B. 管柱正转脱扣

C. 杆柱反转脱扣　　　　D. 管柱反转脱扣

304. 若直驱螺杆泵井的扭矩增大，则工作电流会（　　）。

A. 减小　　B. 增大　　C. 不变　　D. 不确定

305. 下列不会造成直驱螺杆泵井扭矩增大的原因是（　　）。

A. 转速调小　　　　　　　　B. 结蜡严重
C. 转子结垢　　　　　　　　D. 定子橡胶溶胀

306. 直驱螺杆泵井电动机内转子磁钢脱落或退磁会导致运转时电流（　　）。

A. 升高　　B. 较低　　C. 不变　　D. 波动小

307. 螺杆泵井驱动装置轴承箱内推力轴承损毁，运转时（　　），造成电流升高。

A. 拉力增大　　　　　　　　B. 推力增大
C. 摩擦阻力增大　　　　　　D. 摩擦阻力减小

308. 直驱螺杆泵井轴承箱（　　）缺失或变质，会引起轴承箱内出现异响、振动。

A. 锂基脂黄油　　　　　　　B. 齿轮油
C. 二硫化钼　　　　　　　　D. 汽油

309. 直驱螺杆泵井驱动装置内部扶正轴承磨损，造成空心轴（　　）旋转，产生异响。

A. 同心　　B. 不同心　　C. 低速　　D. 快速

310. 直驱螺杆泵井电动机内部（　　）磁钢脱落与（　　）摩擦，产生噪声。

A. 定子；转子　　　　　　　B. 定子；线圈
C. 线圈；定子　　　　　　　D. 转子；定子

311. 直驱螺杆泵井驱动装置轴承箱内齿轮油缺失或变质，造成推力轴承摩擦力（　　），导致轴承箱温度（　　）。

A. 增大；升高　　　　　　　B. 增大；降低
C. 减小；升高　　　　　　　D. 减小；降低

312. 直驱螺杆泵井井下杆柱（　　）过大，导致运行电流上升，电动机过热。

A. 质量　　B. 重量　　C. 弹性　　D. 扭矩

313. 直驱螺杆泵井驱动装置与井下泵匹配不合理，配置电动机功率（　　），造成运行电流高，电动机壳体过热。

A. 偏大　　　B. 偏小　　　C. 合适　　　D. 不断变化

314. 导致直驱螺杆泵井井下杆柱扭矩增大的原因有（　　）。

A. 调小参数　B. 杆断　　　C. 结蜡　　　D. 动液面高

315. 直驱螺杆泵井停机后，（　　）会造成杆柱继续转动。

A. 油井连抽带喷　　　　B. 气体影响

C. 结蜡　　　　　　　　D. 动液面高

316. 螺杆泵井反转制动装置出现故障，对光杆反转不能起到制动作用，停机后光杆快速（　　）转动。

A. 正向　　　B. 反向　　　C. 停止　　　D. 双向

317. 螺杆泵井连抽带喷，应该（　　），达到供排合理。

A. 调小转数　B. 换小泵　　C. 调大冲程　D. 调大转数

318. 螺杆泵井连抽带喷，为了达到供排合理，可采用调大转数和（　　）措施。

A. 调小转数　B. 换小泵　　C. 调大冲程　D. 换大泵

319. 直驱螺杆泵井井筒结蜡严重，电动机无法带动井下泵正常工作，造成（　　）。

A. 启动困难　　　　　　B. 转数增大

C. 启动电流减小　　　　D. 欠载停机

320. 螺杆泵定子脱落，定子与转子卡死会造成启动困难，制作定子的材质是（　　）。

A. 铜　　　　B. 铝　　　　C. 丁腈橡胶　D. 铅

321. 螺杆泵井回油管线堵塞，井口压力上升，易导致（　　）。

A. 欠载停机　B. 过载停机　C. 正常运行　D. 动液面降低

322. 螺杆泵井如出现严重供液不足，应调小参数或间抽，提高泵沉没度，建议加大（　　），保证油层供液能力。

A. 相连通抽油机井产量　　B. 相连通电动潜油泵井产量

C. 相连通自喷井产量　　　D. 相连通注水井注水量

323. 采用皮带传动的螺杆泵井，皮带由于长时间使用，出现磨损、（　　），导致皮带打滑或断裂。

A. 松弛　　　B. 拉紧　　　C. 四点一线　　　D. 绷紧

324. 采用皮带传动的螺杆泵井在运转过程中，由于振动传导使皮带护罩螺栓松动，产生噪声的原因是（　　）。

A. 皮带打滑

B. 护罩振动或护罩与皮带轮摩擦

C. 皮带断裂

D. 电动机轴断

325. 下列不会造成螺杆泵井泵效降低或不出液的原因是（　　）。

A. 井下泵漏失　　　　　B. 转数调得过快

C. 杆柱断脱　　　　　　D. 油管漏失

326. 螺杆泵井结蜡时，应热洗清蜡，清蜡后电流和扭矩的变化应是（　　）。

A. 电流和扭矩升高　　　B. 电流和扭矩降低

C. 电流升高，扭矩降低　D. 电流降低，扭矩升高

327. 若螺杆泵井供液不足，应及时调小转数或采取间抽方式生产，并监测（　　）变化。

A. 油压　　　B. 回压　　　C. 动液面　　　D. 泵压

328. 螺杆泵井套压过高会造成沉没度（　　），导致泵效降低。

A. 升高　　　B. 下降　　　C. 不变　　　D. 无法确定

329. 判断螺杆泵井下故障的方法是电流法和（　　）。

A. 示功图法　　　　　　B. 平衡法

C. 憋压法　　　　　　　D. 井口呼吸观察法

二、判断题

1. 电动机是抽油机的动力来源，它将电能转换为机械能带动抽油机运转。（ ）

2. 电动机绝缘损坏是指电动机绕组相间或相对地绝缘损坏。
（ ）

3. 游梁式抽油机皮带拉长时，应及时更换。（ ）

4. 游梁式抽油机皮带松弛时，会影响皮带的使用寿命。
（ ）

5. 抽油机刹车行程应合理，最佳刹车行程应在牙盘的 1/3～2/3 之间。（ ）

6. 抽油机刹车扇形换向轴锈死，处理时应将扇形换向轴拆开，轴套内加注润滑脂，调整好两个摇臂位置，不得有刮卡现象。（ ）

7. 游梁式抽油机井工艺流程设计不合理，输油管线管径细，输油距离长，直角弯过多也是导致抽油机井回油压力高的原因。
（ ）

8. 游梁式抽油机井回油压力过低时，需降低掺水温度，冲洗地面管线。（ ）

9. 抽油机防冲距过大，会导致活塞脱出工作筒，所测示功图左上角有缺失。（ ）

10. 抽油机井发生碰泵故障时，应根据油井下泵深度和泵径具体情况重新调整防冲距。（ ）

11. 游梁式抽油机巡检时，出现冕形螺母防退线错位，地面有铁屑，或有异常声响，发现上述情况之一可继续运转观察。
（ ）

12. 游梁式抽油机紧固冕形螺母后，要画好防退线。（ ）

13. 游梁式抽油机减速箱易发生漏油的部位有观察口、合箱

面、轴的油封处、丝堵、油位看窗。（   ）

14. 游梁式抽油机减速箱呼吸阀堵塞造成漏油，应拆卸、清洗呼吸阀。（   ）

15. 冬季掺水阀发生冻堵时，要立即用火将掺水阀解冻，以免影响油井采出液的正常输送。（   ）

16. 油井掺水阀冻堵处理完成后，应将掺水量开到最大。（   ）

17. 油管悬挂器顶丝处有油、气、水渗出时，易造成设备结垢、锈蚀，严重时污染环境。（   ）

18. 处理油管悬挂器顶丝密封处渗漏时，倒流程放空后才可进行操作。（   ）

19. 胶皮阀门芯子由于长期使用，导致老化破裂或损坏，起不到密封作用。（   ）

20. 紧固油井胶皮阀门芯子固定螺栓时，一定要大力上紧，以防松动。（   ）

21. 抽油机井油管悬挂器密封圈损坏，应进行作业更换。（   ）

22. 油压和套压可以直接反映油井生产情况，当压力值发生异常超出合理范围，就要对其进行分析，找出变化异常原因。（   ）

23. 对于带脱卡器的抽油泵，可采用活塞拔出工作筒洗井的方法进行解卡。（   ）

24. 抽油机井热洗过程中，如井口油套连通阀门漏失严重，要及时维修或更换阀门。（   ）

25. 游梁式抽油机运转时，尾轴承座固定螺栓其中一条松动，导致其他三条螺栓负荷增大，受力不均匀相继断裂造成翻机。（   ）

26. 游梁式抽油机曲柄销存在制造缺陷，使用中应力分布不

均匀而疲劳断裂,在一侧连杆带动下继续运转,连杆单边受力,使抽油机失去平衡造成翻机。（　）

27. 游梁式抽油机井发生油管漏失、抽油杆断及抽油泵磨损等故障,应热洗处理。（　）

28. 游梁式抽油机井出液不正常是指产液量明显下降,严重时井口无出液声,取样不出液。（　）

29. 柴油浸泡、手锤振动都是处理阀门打不开的常用方法。
（　）

30. 抽油机光杆断、钢丝绳断等现象有时是因为卡泵引起的。
（　）

31. 油井结蜡可以造成卡泵,出砂则不会造成卡泵。（　）

32. 油井卡箍钢圈损坏造成的渗漏,损伤轻微的也可在钢圈表面缠绕聚乙烯胶带增强密封性,若损伤严重则更换新钢圈。
（　）

33. 处理油井井口装置的渗漏故障时,需要倒流程后即可操作。（　）

34. 抽油机热洗阀门损坏。热洗液无法进入套管,导致洗井不通。（　）

35. 热洗时应分阶段增加热洗排量,均衡熔蜡,保证油井有足够的熔蜡与排蜡时间,热洗中不准停抽。（　）

36. 大泵径油井,脱卡器与活塞脱接或脱卡器损坏,都会使抽油杆和活塞失去连接。（　）

37. 抽油机井憋压时,油压表指针不上升,且光杆发热,油井不出油是抽油泵失效的故障现象。（　）

38. 更换法兰垫子时,阀门水纹线必须清理干净,否则影响密封效果。（　）

39. 曲柄上的圆锥孔内脏,会造成曲柄销套安装不到位。
（　）

第一章 采油

40. 安装曲柄销时只要用大锤用力砸紧,即使装反也不会出现退扣现象。（　　）

41. 抽油机输出轴键槽损坏只能换输出轴。（　　）

42. 抽油机曲柄在输出轴上向外移,严重时能发生掉曲柄,造成翻机事故。（　　）

43. 油井油管悬挂器密封圈损坏时采油队无法更换,需报作业小修更换。（　　）

44. 油井油管、套管窜通会造成油井产量下降。（　　）

45. 油井更换上法兰钢圈时,压井后,停止抽油机、断电,关套管阀门,将油管压力放净。（　　）

46. 采油树大法兰钢圈刺漏时常有油污渗出,水井有漏水现象或成雾状喷射。（　　）

47. 紧固井口采油树卡箍螺栓时须对称紧固。（　　）

48. 管线不对中会造成采油树大法兰钢圈刺漏。（　　）

49. 抽油机运转过程中振动应在合理范围内,整机振动过大会导致抽油机机件使用寿命缩短,还会造成各部紧固螺栓退扣、断裂。（　　）

50. 抽油机冲次过慢,惯性过大,会导致抽油机整机振动。（　　）

51. 抽油机减速箱如果在夏季使用冬季的齿轮油,会造成油品黏度过稠,润滑效果变差。（　　）

52. 抽油机减速箱内齿轮油有乳化、变质等现象,润滑及散热效果变差,导致油温升高。（　　）

53. 抽油机减速箱轴与齿轮安装不正,配合不好,会产生轴向推力,造成窜轴。（　　）

54. 抽油机减速箱齿轮为单向斜齿时,在运行过程中会产生径向推力造成窜轴。（　　）

55. 抽油机运转大皮带轮出现晃动时,可及时调整皮带四点

· 45 ·

一线，防止皮带断裂。　　　　　　　　　　　　（　　）

56.抽油机减速箱大皮带轮松动滚键故障，严重时会造成大皮带轮掉落。　　　　　　　　　　　　　　　　　（　　）

57.抽油机巡回检查时，发现平衡块固定螺栓部位有水锈痕迹，很可能是固定螺栓松动了。　　　　　　　　（　　）

58.平衡块移位导致曲柄限位齿损坏，无论抽油机采取单组平衡块还是两组平衡块都应更换新曲柄。　　　（　　）

59.抽油机连杆刮碰平衡块时，摩擦的部位有明显的痕迹。
　　　　　　　　　　　　　　　　　　　　　　（　　）

60.平衡块铸造不符合标准，凹入部分过低，会造成连杆与平衡块摩擦。　　　　　　　　　　　　　　　　（　　）

61.剪刀差过小，使抽油机两侧连杆在运转时受力不均匀，在应力的作用下连杆被拉断。　　　　　　　　　（　　）

62.减速箱输出轴键子安装不合格，造成使用中曲柄键与键槽配合不紧密，导致键子从键槽中移出，对连杆产生切割，随着切割部位深度增加，连杆也会发生断裂。　　　　（　　）

63.抽油机尾轴承座螺栓松动的故障现象是尾轴承固定螺栓弯曲、螺栓剪断，尾部有异常声响，轴承座产生位移。（　　）

64.抽油机装机时要清理好支座表面以保证固定螺栓可以紧固到位。　　　　　　　　　　　　　　　　　　（　　）

65.抽油机基础不均匀下沉，使整个机体偏转运行，尾轴承座螺栓受到不均衡力易导致断裂。　　　　　　　（　　）

66.抽油机超负荷工作，对电动机损伤较大，对各部螺栓等固件无影响。　　　　　　　　　　　　　　　　（　　）

67.抽油机中央轴承座前部的两条顶丝未顶紧中央轴承座，使游梁向"驴头"方向位移。　　　　　　　　　（　　）

68.抽油机两连杆长度不一致会导致游梁不正。　（　　）

69.抽油机卡泵引起的钢丝绳断裂，应在更换钢丝绳后立即

启抽恢复油井生产。( )

70. 抽油机出现碰泵故障引起的钢丝绳拉断更换完毕后应调整防冲距。( )

71. 抽油机"驴头"与钢丝绳偏磨造成的钢丝绳断裂更换完毕后应调整驴头对中。( )

72. 更换钢丝绳操作时，应将抽油机"驴头"停在上死点的位置。( )

73. 双"驴头"游梁式抽油机后驱动钢丝绳长度不一致会造成受力不均，从而导致断裂。( )

74. 抽油机日常卸载操作不平稳，卸载卡子与井口密封盒压帽强烈撞击，会造成"驴头"与井口不对中。( )

75. 利用中央轴承座固定螺栓可以调整抽油机"驴头"与井口对中。( )

76. 抽油机基础倾斜或修井过程中操作不当，造成采油树不正也会造成"驴头"与井口不对中。( )

77. 曲柄剪刀差过大对抽油机影响很大，严重时造成翻机。( )

78. 抽油机剪刀差是指，两曲柄侧平面不重合形成像"剪刀"一样的叉开。( )

79. 抽油机电动机轴弯曲会造成"驴头"与井口不对中。( )

80. 皮带"两点一线"未调整好会造成抽油机电动机振动。( )

81. 电动机滑轨固定螺栓松动或不水平，有悬空现象会导致抽油机电动机振动。( )

82. 抽油机密封盒内密封填料与光杆之间的密封性变差时，就会出现井内的液体或气体从密封盒压帽处溢出。( )

83. 抽油机密封盒压帽过紧或密封填料填加量多，格兰无法

将密封填料压紧，影响密封性造成渗漏。　　　　　　（　　）

84. 抽油机光杆受到腐蚀或磨损，表面粗糙，加剧对密封填料的磨损，密封性变差造成密封盒渗漏。　　　　（　　）

85. 抽油机井泵况问题引起密封盒渗漏是由于油井出水量增加，密封填料对水的密封性不好导致井口密封盒渗漏。（　　）

86. 抽油机井管线回压过高或集油流程阀门损坏，都会对密封盒造成憋压引起渗漏。　　　　　　　　　　（　　）

87. 油井结蜡严重时，抽油机上行、下行电流会明显增加。
　　　　　　　　　　　　　　　　　　　　　　　（　　）

88. 油井结蜡严重会使产量大幅下降，会造成蜡卡或套管堵塞，直接导致油井停产。　　　　　　　　　　（　　）

89. 地面清蜡是作业施工中的重要步骤，要求清得彻底，防止管柱带蜡下井。　　　　　　　　　　　　　（　　）

90. 根据不同油井摸索制订出合理的加药周期及热洗周期，同时提高热洗质量，是减少结蜡的有效管理措施。（　　）

91. 注水井水表表芯顶尖磨损，导致摩擦力增大，水表指针转速变快。　　　　　　　　　　　　　　　　（　　）

92. 注水井当水表表芯各零部件损坏时，更换校验合格的水表。　　　　　　　　　　　　　　　　　　（　　）

93. 当注水井水表表芯出液孔有脏物进入，阻挡部分流通孔道，但不影响叶轮转动，水流速度加快，水表指针转速加快。
　　　　　　　　　　　　　　　　　　　　　　　（　　）

94. 注水井井口取压装置密封圈损坏或取压装置安装不密封，取压时出现渗漏，造成取压值偏高。　　　　（　　）

95. 注水井井口装置出现渗漏，会影响正常注水，且造成环境污染并带来安全隐患。　　　　　　　　　（　　）

96. 注水井处理油管悬挂器顶丝渗漏故障时，应先进行倒流程、泄压，方可操作。　　　　　　　　　　（　　）

第一章 采油

97. 注水井卡箍钢圈损伤造成渗漏时要及时更换,紧固卡箍螺栓时应依次紧固。（　　）

98. 注水井水表表芯被硬物卡住时,应先倒流程、泄压后,再拆卸水表,清除硬物,清洗水表表芯。（　　）

99. 发现注水井水表表芯损坏或叶轮顶尖、轴套磨损严重时,应按操作规程及时更换水表。（　　）

100. 注水井由于管线内流体介质具有抗腐蚀性物质,使管线受腐蚀造成砂眼和穿孔。（　　）

101. 注水井处理管线穿孔故障时,应倒流程泄压后补焊、修复穿孔管线。（　　）

102. 注水井泵压上升,会导致注水井油压降低。（　　）

103. 与注水井相连通油井采取降产措施,导致注水井油压降低。（　　）

104. 由于注入水中脏物堵塞了油层孔道,造成注水井注水量上升。应采取酸化措施,酸化无效后,进行压裂。（　　）

105. 注水井因注入水水质不合格,导致注水量下降,应严把注入水质关,提高注入水质量。（　　）

106. 注水井固井质量不合格导致管外水泥窜槽,造成油压上升。（　　）

107. 注水井配水器水嘴刺大或脱落时,进行洗井冲洗配水器水嘴。（　　）

108. 注水井第一级封隔器失效,导致注水井套压升高,最终造成油套压平衡。（　　）

109. 注水井处理故障时,应先进行倒流程、泄压,方可操作。（　　）

110. 由于地面管线堵塞或冻结,导致注水井洗井不通。要及时对管线进行解堵,并用火将管线解冻。（　　）

111. 当套管阀门闸板脱落,导致注水井洗井不通时,要及时

· 49 ·

维修、更换阀门。（   ）

112. 注水井取样阀门阀杆与阀杆螺母之间锈蚀，阀门压盖格兰与阀杆锈死，都可导致取样阀门无法打开。（   ）

113. 注水井取样阀门冻结时，应先进行倒流程、泄压后，用火烧对阀门进行解冻。（   ）

114. 玻璃管量油设备正常的情况下，玻璃管内无液位，分离器内有液位。（   ）

115. 计量间量油时，玻璃管上部控制阀门、下部控制阀门没开或下部控制阀门堵塞，分离器内无液位，但是玻璃管内有液面。（   ）

116. 油井无产量时，可以通过电流法、憋压法、示功图法等进行核实验证。（   ）

117. 计量间量油倒流程时，一定要先关后开，分离器不能憋压。（   ）

118. 量油时计量间单井掺水阀门未关严，使分离器内液面上升慢，导致计量不准。（   ）

119. 计量间分离器底水不够时造成液位计进口堵塞，应倒热水进分离器进行解堵。（   ）

120. 计量间量油时，分离器液位计上部、下部控制阀门堵塞，液体无法进入液位计，虽然分离器内液面上升，但是液位计内液面不上升。（   ）

121. 计量间安全阀设定压力过高，量油时安全阀动作易发生冒罐事故。（   ）

122. 更换计量间分离器进口与出口阀门时，应倒流程泄压后，方可以更换相同型号的阀门。（   ）

123. 量油操作，当产液量过高超出分离器处理量时，容易引起计量间分离器冒罐。（   ）

124. 计量间量油油操作时，液位计进口堵塞或浮子卡，造成

液位计指示液位与分离器内液位不一致,使分离器内液位过高,造成气管线进液,发生冒罐事故。( )

125. 计量间冻堵处理完成后,恢复热洗流程,开始进行量油。( )

126. 计量间分离器量油系统管线易冻堵的部位有分离器进口、分离器出口、气出口等。( )

127. 更换新垫片或法兰阀门时,应先检查清理法兰密封面及垫片,然后对称均匀紧固螺栓。( )

128. 法兰螺栓松动,使法兰密封面和垫片不能形成有效密封,导致液体从法兰阀门丝杆处刺漏。( )

129. 油气集输生产中,管线穿孔油、气、水泄漏,会污染环境并带来安全隐患。( )

130. 管线腐蚀,承压能力升高,造成管线穿孔。( )

131. 管线焊接质量不合格,焊道有砂眼,液体从砂眼刺出,造成管线穿孔。( )

132. 油气集输采用敞开式工艺流程,生产中一旦发生穿孔现象就会造成油、气、水泄漏。( )

133. 压力表出现故障,不能准确指示压力时,要及时进行更换。( )

134. 压力表中心轴因温度变化或超量程使用产生过量变形,压力值显示不准。( )

135. 压力表的指针和中心轴松动,指针与中心轴转动不同步,导致指示压力值不准。( )

136. 电动潜油泵机组下入套变井段,将会发生过载停机且无法排除。( )

137. 电动潜油泵井泥浆卡泵时,需要进行小排量洗井,同时调整接线盒内任意两根导线相序,做潜油离心泵正向运转处理。( )

138. 电动潜油泵井套管防喷工具下移时，小修作业下放油管捅开防喷开关。（　　）

139. 潜油电泵机组轴断后，潜油电动机空载运行导致过载停机。（　　）

140. 电动潜油泵井受泥沙、杂质影响时，洗井处理后电流曲线回归正常则维持生产；若该现象反复出现，则应用防砂机组或转为其他举升方式。（　　）

141. 潜油电泵机组机械磨损用洗井的方法可以排除。（　　）

142. 电动潜油泵井井下电气故障应报专业电工处理。（　　）

143. 电动潜油泵井控制柜内电气元件损坏时，应由专业电工及时维修或更换电气元件。（　　）

144. 电动潜油泵井清蜡时，刮蜡器在井筒内突然遇阻，清蜡钢丝在井口防喷管堵头处积聚脱开滑轮槽，此时刮蜡器突然解卡下行，造成防喷管坠落。（　　）

145. 电动潜油泵井清蜡时，清蜡钢丝跳槽，应立刻停止清蜡操作，拧紧清蜡堵头密封圈压帽，将钢丝重新放入滑轮槽内。（　　）

146. 变压器故障、主开关熔断丝熔断、过载继电器触头松动或断开等多种原因都会造成电动潜油泵井控制屏不工作。（　　）

147. 油井结蜡对电动潜油泵井影响不大，不影响井下机组的正常启动。（　　）

148. 电动潜油泵井井下机械故障只能通过作业检泵来排除。（　　）

149. 泵排不出液体，潜油电动机周围液体停止流动，散热条件变好。（　　）

150. 潜油电动机长期在超负荷下运转，使电动机电流增加温度升高，降低绝缘性。（　　）

151. 加深泵挂不是解决电动潜油泵抽空的方法。（　　）

152. 电动潜油泵井加深泵挂生产一段时间仍为供液不足，更换小排量机组。如无效，则转为其他机械采油方式。（   ）

153. 电动潜油泵吸入口堵塞，反转起不到解堵的作用。
（   ）

154. 由于电动潜油泵排量大、扬程低，地面管线堵塞会对电动潜油泵井产生影响。（   ）

155. 电动潜油泵的吸入口如果发生堵塞，电泵机组将失效无法排出井液。（   ）

156. 电动潜油泵井油管螺纹漏失或油管破裂，产出液回流到油管中，造成泵效降低。（   ）

157. 计量间单井回油阀门未开大是造成回压低于正常值的原因。（   ）

158. 如电动潜油泵井排量过大而管线直径小，可更换大直径管线以降低回压。（   ）

159. 电动潜油泵井起刮蜡片时被蜡卡住的现象叫蜡卡，也叫硬卡。（   ）

160. 电动潜油泵井在机械清蜡时，刮蜡片卡在油管内的某种金属物上的现象叫软卡。（   ）

161. 电动潜油泵井在机械清蜡时遇硬卡不能硬拔，更不要用振动、冲击等办法解卡，只能改变钢丝上提方向慢慢活动解卡。
（   ）

162. 螺杆泵井电控箱内交流接触器故障，启动时吸合，造成电动机无反应。（   ）

163. 螺杆泵井电动机内部绕组击穿，会造成电动机不能启动。（   ）

164. 处理螺杆泵井井口漏油故障时，对于带压设备进行操作，如果压力不超过1MPa，可以带压进行操作。（   ）

165. 对于卡箍钢圈损伤引起的螺杆泵井井口漏油故障，应清

理卡箍钢圈槽并对称紧固卡箍螺栓。（   ）

166. 螺杆泵井光杆与卡子滑脱，会造成光杆不随电动机转动。（   ）

167. 螺杆泵井转子结垢或定子橡胶溶胀，导致电流异常变化，应及时上报检泵作业。（   ）

168. 螺杆泵井电动机轴承损毁或轴损坏，导致工作电流升高或波动大，同时伴随电动机有异响现象。（   ）

169. 螺杆泵井电动机上、下轴承磨损，导致运行噪声增大。（   ）

170. 螺杆泵井运转中电动机的定子磁钢脱落，与转子摩擦生热，造成壳体过热。（   ）

171. 螺杆泵井电动机内部绕组发生匝间短路故障后应立即密切注意，加密巡检。（   ）

172. 螺杆泵井井底压力低，连抽带喷生产，停机后井液自喷推动杆柱继续转动。（   ）

173. 螺杆泵井变频器启动模块故障不会对转数产生影响。（   ）

174. 螺杆泵井油层严重供液不足，甚至无井液进泵，泵筒内定子与转子干磨，造成温度升高、定子溶胀，杆柱扭矩增大，造成螺杆泵井地面驱动装置启动困难。（   ）

175. 螺杆泵井减速箱机械密封的底座油封严重磨损，井液进入减速箱内，当井液灌满减速箱时，混合液从呼吸阀漏出。（   ）

176. 采用皮带传动的螺杆泵井，由于皮带具有一定的拉伸性，长时间运转会被拉长，导致皮带抖动、打滑、产生噪声，这时需立即更换皮带。（   ）

177. 采用皮带传动的螺杆泵井，减速箱内齿轮因长期运转磨损，出现打齿、断裂，掉落的铁渣、铁块导致齿轮卡死，造成启

动困难。 (   )

178. 螺杆泵井的定子是由橡胶制成,橡胶脱落后与转子卡死,造成地面驱动装置启动困难,应及时上报作业处理。(   )

179. 处理螺杆泵井结蜡应进行热洗清蜡,并观察电控箱内电流和扭矩变化情况。 (   )

180. 螺杆泵井口放气流程冻堵或放气阀损坏,套压过高,沉没度上升,导致泵效降低。 (   )

第二章 采油测试

一、选择题

1.测试过程中压力表受到振动,压力表(　　)松动或压力表固定螺栓松动,导致压力表示值不准确。

　　A. 游丝、铅封、指针　　　　B. 游丝、表盘、弹簧管
　　C. 铅封、表盘、指针　　　　D. 游丝、表盘、指针

2.测试时井口压力表在使用时,传压介质脏,压力表(　　),会出现打开阀门后指针不动的情况。

　　A. 传压孔堵塞　　　　　　　B. 游丝损坏
　　C. 游丝松动　　　　　　　　D. 压力表固定螺栓松动

3.测试过程中压力表受到振动致使压力表游丝、表盘、指针松动或压力表固定螺栓松动,(　　)使用。

　　A. 可继续　　　　　　　　　B. 紧固后
　　C. 用落零法校对确认归零　　D. 紧固并重新校验

4.测试时井口压力表保护不当,溢流污水进入压力表壳体,易造成(　　)卡死。

　　A. 指针　　　　　　　　　　B. 齿轮
　　C. 扁曲弹簧管　　　　　　　D. 游丝

5.当井口压力表传压孔堵塞时,卸下压力表,用通针清理传压孔后,(　　)。

　　A. 可直接使用　　　　　　　B. 不能继续使用
　　C. 必须进行校验后使用　　　D. 检查无堵塞后可继续使用

6.测试时井口生产阀门闸板脱落或未全部打开造成憋压,注水井油压与井下测试仪器(　　)不符。

　　A. 温度　　　B. 压力　　　C. 流量　　　D. 产量

7. 测试时，井口过滤器或地面管线堵塞、穿孔，导致注水井（　　）与井下仪器压力不符。

A. 静压　　　B. 油压　　　C. 温度　　　D. 泵压

8. 注水井测试时，取压装置油缸缺油，造成油压表示值（　　）测试仪器压力。

A. 高于　　　B. 低于　　　C. 等于　　　D. 不确定

9. 冬季测试过程中，防冻装置（　　）失效，造成油压表冻堵。

A. 密封圈　　B. 螺纹　　　C. 阀门　　　D. 接头

10. 冬季防冻装置密封圈失效，造成油压表冻堵取值不准确时，需更换活塞密封圈，并应加注（　　）。

A. 黄油　　　B. 防冻液　　C. 清水　　　D. 防冻油

11. 测试时井口（　　）闸板脱落或未全部打开造成憋压，注水井油压与井下仪器测试压力不符。

A. 上流阀门　B. 下流阀门　C. 套管阀门　D. 生产阀门

12. 测试仪器（　　）出现故障，会导致注水井油压与井下仪器测试压力不符。

A. 流量传感器　　　　　B. 载荷传感器
C. 电磁传感器　　　　　D. 压力、温度传感器

13. 测试仪器（　　），导致所测压力不准确与注水井油压不符。

A. 传压通道堵塞　　　　B. 超声波探头脏
C. 电磁传感器损坏　　　D. 电池无电

14. 注水井进行电缆测试时电缆头（　　），导致测试压力不准确。

A. 电流过低　B. 电压过低　C. 电阻过大　D. 以上都对

15. 注水井进行电缆测试时，吊测对比注水压力时仪器不宜下得过深，在水平位置上应尽可能接近（　　）。

A. 井口油压表 B. 系统压力表
C. 井口套压 D. 井口泵压表

16. 使用电缆测试时应按仪器要求调整电缆头（　　），保证仪器正常工作。

A. 电阻　　B. 电容　　C. 电流　　D. 电压

17. 注入水质脏，会造成水表（　　）转动不灵活导致水表计量水量与井下流量计测量水量不符。

A. 调节松动　　　　B. 计数机构损坏
C. 下部翼轮卡阻、损坏　　D. 磁钢损坏

18. 注水井水表翼轮盒下部被污物堵塞，会造成过流面积（　　），流速（　　）。

A. 变大；增加　　　　B. 变大；变慢
C. 变小；变慢　　　　D. 变小；加快

19. 注水井测试时导致井下流量计测量水量低于水表计量水量的因素是（　　）。

A. 未安装水表底部密封垫　B. 水表下部直管段管径过大
C. 水表下部直管段过长　　D. 水表下部直管段管径过小

20. 水表未安装下部（　　），部分流体从翼轮盒外部注入井下，导致水表计量水量低于井下流量计测量水量。

A. 过滤器　　　　B. 密封胶垫
C. O形密封圈　　　D. 密封填料

21. 注水井水表上部计数器（　　）发卡，导致水表计数不准确。

A. 齿条　　B. 齿轮　　C. 扇型齿轮　　D. 表盘

22. 水表下部直管段管线结垢使直径（　　），导致水表计量水量（　　）井下流量计测量水量。

A. 变大；高于　　　　B. 变大；低于
C. 变小；高于　　　　D. 变小；低于

23. 测试时（　　）段地面管线有漏失，导致水表计量水量高于井下流量计测量水量。

A. 水表至来水阀门　　　　B. 水表至井口

C. 水表至注水干线　　　　D. 水表至直管段

24. 测试时防喷管堵头（　　），导致水表水量计量高于井下流量计水量计量。

A. 密封过严　　　　　　　B. 密封填料过紧

C. 溢流量过大　　　　　　D. 溢流量过小

25. 分层流量测试时注水井（　　）不严，部分水经油套环空注入井下，导致水表计量水量高于井下流量计测量水量。

A. 套管阀门　　B. 生产阀门　　C. 总阀门　　D. 测试阀门

26. 井下流量计（　　）上有油污，导致测试水量低于注水井水表计量水量。

A. 上扶正器　　　　　　　B. 下扶正器

C. 压力、温度传感器　　　D. 探头

27. 井下流量计扶正器损坏，测试仪器偏离（　　）中心位置，导致测量水量不准确。

A. 井筒　　B. 封隔器　　C. 扶正器　　D. 配水器

28. 维修更换井下流量计扶正器的目的是保证（　　）处于井筒中心。

A. 仪器电池　　　　　　　B. 仪器压力传感器

C. 导向体　　　　　　　　D. 仪器上、下探头

29. 井下流量计电池（　　）或使用电缆测试时，电缆头（　　）过低，导致测量水量不准确。

A. 电压；电阻　　　　　　B. 电压；电流

C. 电流；电流　　　　　　D. 电压；电压

30. 井下（　　），导致井下流量计测试流量增多，注水井水表计量水量与井下流量计测量水量不符。

A. 尾管漏失　　　　　　B. 封隔器失效
C. 管柱结垢严重直径变小　D. 挡球漏失

31. 井内油管头漏，部分水从（　　）注入井下，导致注水井水表计量水量高于井下流量计测量水量计量。

A. 防喷管　B. 尾管　　C. 套管　　D. 油管

32. 井下流量计在偏（　　）层位测试时，停测位置以上到井口处管柱有漏失，导致井下流量计测量水量低于注水井水表计量水量。

A. Ⅰ　　　B. Ⅱ　　　C. Ⅲ　　　D. Ⅳ

33. 偏Ⅰ层位停测位置以上到井口处管柱有漏失，导致井下流量计测量水量（　　）注水井水表计量水量。

A. 高于　　B. 低于　　C. 等于　　D. 不确定

34. 调整层段注水量后，稳定时间不少于（　　），仪器再下井进行流量测试，避免注水量发生变化。

A. 5min　　B. 10min　　C. 15min　　D. 20min

35. 非集流式测试时，停测在最上一层（　　）位置测试，不会产生因停测位置不当，导致井下流量计测量水量与注水井水表计量水量不符。

A. 油管　　B. 套管　　C. 配水器　　D. 封隔器

36. 集流式测试时，测试仪器（　　）尺寸不合适，仪器上部加重不足未坐严，均能导致井下流量计测量水量计量低于水表计量水量。

A. 定位爪　　　　　　B. 导向爪
C. 凸轮　　　　　　　D. 密封圈或皮碗

37. 采用非集流流量计测试时应将绞车（　　）避免出现溜车现象，导致井下流量计测量水量低于注水井水表计量水量。

A. 挡位挂合　B. 刹车刹死　C. 刹车松开　D. 挡位分离

38. 注水泵站启、停注水泵，（　　）不稳定，导致注水量异常变化。

A. 静压　　　B. 套压　　　C. 回压　　　D. 注水压力

39. 测试时（　　）的注水井网大面积关井，导致测试井注水压力升高，注水量异常变化。

A. 相近　　　B. 相同　　　C. 相连通　　　D. 相邻

40. 测试时来水阀门跳闸板自动开关，导致注水量（　　）。

A. 异常变化　　B. 变大　　　C. 变小　　　D. 不变

41. 注水环境差，水质不合格，管柱结垢严重，测试时造成（　　）注水井注水量减少。

A. 井下水嘴或滤网堵塞　　　B. 井下水嘴刺大
C. 配水器失效　　　　　　　D. 封隔器失效

42. 测试时，井下水嘴刺大、脱落，造成注水井注水量（　　）。

A. 与地面水表计不符　　　B. 与井下流量计不符
C. 增加　　　　　　　　　D. 减少

43. 井底挡球腐蚀或（　　）被脏物卡住，造成漏失，测试时最下层段注水量增加。

A. 井下堵塞器　　　B. 井下流量计
C. 井底挡球　　　　D. 井底筛管

44. 分层注水井（　　）会导致层段间相互窜通，注水井注水量增加。

A. 封隔器失效　　　B. 配水器失效
C. 堵塞器失效　　　D. 水嘴损坏

45. 注入水质不合格或管柱结垢的井，井下水嘴易堵塞时，首先应彻底洗井，拔出水嘴清除堵塞，可适当（　　）水嘴，进行（　　）测试。

A. 缩小、提高压力　　　B. 放大、提高压力测试
C. 缩小、降低压力　　　D. 放大、降低压力

46. 注水井井口测试阀门长时间未加注润滑油，致使阀门（　　）损坏，阀门锈死无法打开。

A. 密封圈　　B. 轴承　　C. 压盖　　D. 闸板

47. 开关阀门时闸板与（　　）脱离，导致测试阀门无法打开。

A. 阀体　　B. 手轮　　C. 丝杠　　D. 铜套

48. 测试阀门闸板或（　　）损坏，闸板槽有杂质造成阀门闸板关闭不严。

A. 丝杠密封圈　　　　　B. 压盖密封圈
C. 阀体密封圈　　　　　D. 卡箍钢圈

49. 测试阀门（　　）密封圈损坏，导致注入水从（　　）处漏出。

A. 压盖；丝杠　　　　　B. 丝杠；压盖
C. 丝杠；丝杠　　　　　D. 阀体；压盖

50. 分层注水井作业修井后，（　　）未释放开，无法起到密封作用。

A. 配水器　　B. 堵塞器　　C. 水嘴　　D. 封隔器

51. 分层注水井井下封隔器（　　）破裂，导致封隔器失效。

A. 尾管　　　　　　　　B. 胶皮筒
C. 导向体　　　　　　　D. 堵塞器密封圈

52. 作业时，管柱下入位置不准确，封隔器卡封在（　　）位置，失去密封作用。

A. 油层　　B. 夹层　　C. 隔层　　D. 配水器

53. 分层注水井井下（　　）导致封隔器失效。

A. 管柱结垢　　　　　　B. 管柱变形
C. 堵塞器变形　　　　　D. 挡球漏失

54. 在判断（　　）封隔器是否失效时，可在注水情况下打开套管放空阀门观察出液情况。

· 62 ·

A. 第一层段　　B. 第二层段　　C. 最上一级　　D. 最下一级

55. 分层测试时，在油压稳定，注入量稳定，井口50m的井下流量计测量水量和地面水表计量水量一致条件下，而停测（　　）地面水表计量水量，我们初步判断为油管漏失。

A. 偏Ⅰ注水量小于　　　　B. 偏Ⅰ注水量大于
C. 最下层注水量小于　　　D. 最下层注水量大于

56. 测试时判断油管漏失位置时，可用（　　）从偏Ⅰ开始往上，以每100m为一个测试点一直吊测到井口，就可以找到油管漏失的大概位置。

A. 验封压力计　　　　　　B. 井下压力计
C. 集流式流量计　　　　　D. 非集流式流量计

57. 测试时注水井油管漏失，可用（　　）封堵偏心通道（桥式偏心除外），井口放大注水压力，水表转动说明油管有漏失。

A. 堵塞器　　　　　　　　B. 井下流量计
C. 验封密封段　　　　　　D. 流量计密封段

58. 测试时注水井油管漏失，可采用（　　）投入死嘴后，观察地面水表转动情况，若水表转动说明管柱漏失。

A. 偏Ⅰ层段　　B. 偏Ⅱ层段　　C. 最下一层　　D. 全井

59. 地面注水管线（　　）或分层注水井水质不合格导致水嘴堵塞。

A. 堵塞　　B. 渗漏　　C. 穿孔　　D. 结垢

60. 地面更换注水管线或水表时，脏物经注水管线进入（　　）堵塞水嘴。

A. 井下　　B. 套管　　C. 水表　　D. 仪器

61. 分层注水井进行井下流量测试时（　　）未清理，携带脏物进入井内易堵塞水嘴。

A. 钢丝　　　　　　　　　B. 电缆

C. 下井、仪器工具　　　　D. 水表

62. 井下管柱结垢，测试起下仪器过程中（　　）掉落，堵塞井下水嘴。

　　A. 仪器　　　B. 钢丝　　　C. 滤网　　　D. 垢片

63. 偏心堵塞器（　　）过盈量太大，导致偏心堵塞器投不进去。

　　A. 压盖密封圈　　　　　B. O形密封圈
　　C. 打捞杆　　　　　　　D. 水嘴

64. 偏心堵塞器加工不规则、弯曲变形或（　　）内有堵塞器，导致偏心堵塞器投不进去。

　　A. 挡球　　　B. 筛管　　　C. 封隔器　　　D. 偏心工作筒

65. 测试投捞时（　　）内有泥沙、铁锈等脏物或偏心工作筒加工不规则，导致偏心堵塞器投不进去。

　　A. 配水器偏心孔　　　　B. 堵塞器出液孔
　　C. 流量计过水通道　　　D. 封隔器

66. 投捞器（　　）不合适或投捞爪弹簧弹性不足，投送时无法对正配水器偏心孔，导致偏心堵塞器投不进去。

　　A. 投捞爪角度　　　　　B. 投捞爪方向
　　C. 投捞爪位置　　　　　D. 密封圈过盈量

67. 投捞井下堵塞器时（　　），造成偏心堵塞器打捞杆弯曲。

　　A. 上提仪器过猛　　　　B. 下放仪器过猛
　　C. 上提仪器过缓　　　　D. 下放仪器过缓

68. 测试工作中，打印模时一般应打（　　）次，以免造成印模无法辨认。

　　A. 2　　　　B. 4　　　　C. 6　　　　D. 8

69. 使用扶正转向工具对打捞杆弯曲的井下堵塞器进行试探打捞时，一定要按印模所探方向分（　　）方向使用不同工具，不能装错。

A. 上、下　　B. 左、右　　C. 前、后　　D. 相反

70. 使用投捞器打印模时，投捞器过工作筒后上提不要过（　　），不要猛下，以免造成印模无法辨认。

A. 快　　　　B. 慢　　　　C. 高　　　　D. 低

71. 打捞堵塞器时，井下偏心堵塞器O形密封圈（　　），偏心堵塞器拔不出来，导致投捞器遇卡。

A. 损坏　　　B. 缺失　　　C. 过盈量大　D. 过盈量小

72. 偏心堵塞器在井下时间过长，造成腐蚀生锈与（　　）成为一体。

A. 封隔器　　　　　　　　B. 配水器偏心孔
C. 投捞器　　　　　　　　D. 导向体

73. 井下偏心堵塞器（　　）无法收回，卡死在偏孔中。

A. 凸轮失灵　B. 无密封圈　C. 打捞杆断　D. 打捞杆弹簧

74. 对于捞住后，偏心堵塞器拔不出来的故障，可采用反洗井的办法，但反洗井时间，一般不要超过（　　）。

A. 10min　　B. 20min　　C. 30min　　D. 40min

75. 工作筒内腐蚀严重，偏心堵塞器（　　）有铁锈、泥沙等脏物使投捞爪抓不住堵塞器打捞杆。

A. 上部　　　B. 中部　　　C. 下部　　　D. 尾端

76. 工作筒质量有问题，（　　）开口槽与偏心孔不同心，投捞器打捞爪无法对正偏心堵塞器打捞杆。

A. 投捞器　　B. 封隔器　　C. 导向体　　D. 扶正器

77. 投捞器（　　）损坏或组装不合格，导致无法捞住堵塞器打捞杆。

A. 打捞头卡瓦　　　　　　B. 压送头
C. 压送头弹簧　　　　　　D. 绳帽

78. 配水器内偏心堵塞器的（　　）弯曲或伞形台阶断裂，

导致打捞头无法捞住堵塞器。

A.弹簧　　　　B.扭簧　　　　C.凸轮　　　　D.打捞杆

79.注水井挡球磨损，挡球表面不光滑、有泥砂、死油或（　　）损坏使挡球坐不严。

A.测试阀　　　B.密封段　　　C.配水器　　　D.挡球座

80.使用井下超声波流量计测试时，测试卡片只测出压力而未测出流量的原因是（　　）。

A.封隔器不密封　　　　　　B.挡球漏失

C.油管断脱　　　　　　　　D.流量计过水通道堵死

81.压力传感器损坏会导致测试卡片只有（　　）台阶而未测出（　　）。

A.压力；温度　　　　　　　B.压力；流量

C.流量；压力　　　　　　　D.流量；流量

82.使用井下超声波流量计测试时，仪器（　　）会导致测试资料不完整。

A.电池没电或虚接　　　　　B.扶正器损坏

C.测试位置不当　　　　　　D.流量计探头有油污

83.使用井下超声波流量计测试时，流量计停测位置不合适或（　　）导致井下流量计测量水量不准。

A.挡球漏失　　　　　　　　B.封隔器不密封

C.扶正器损坏　　　　　　　D.压力传感器损坏

84.存储式井下流量计通信口或（　　）断、接触不良，无法进行数据回放及参数设置。

A.探头　　　　　　　　　　B.扶正器

C.仪器电池无电　　　　　　D.数据回放仪通信电缆

85.导致存储式井下流量计数据回放仪打开电源后，显示屏无显示的原因是（　　）。

A.电池电压过高　　　　　　B.灰度调节不当

C. 回放仪通信端口损坏　　　D. 打印机无墨

86. 存储式井下流量计回放仪打印时，打印机（　　）或有异物卡阻，造成打印出纸不连续。

A. 色带损坏　　　　　　　B. 排线松动

C. 开关未开　　　　　　　D. 驱纸机构磨损

87. 存储式井下流量计回放仪打印机字迹不清晰时应检查更换（　　）。

A. 打印机排线　　　　　　B. 打印纸

C. 打印机色带　　　　　　D. 打印机驱纸机构

88. 联动测试仪在井下测试时电缆头进水，造成短路，导致地面控制箱显示（　　）突然（　　）无法正常工作。

A. 电阻；增大　　　　　　B. 电阻；变小

C. 电流；变小　　　　　　D. 电流；增大

89. 测试时电缆绞车（　　）接头处短路，导致下放仪器过程中地面控制箱电流突然增大。

A. 滑环　　B. 计量轮　　C. 滚筒　　D. 排丝装置

90. 联动测试仪对井下堵塞器调整时，由于井下可调堵塞器（　　），导致地面控制箱电流增大。

A. 转动部件卡死　　　　　B. 与仪器未对接

C. 对接头磨损　　　　　　D. 滤网损坏

91. 联动测试仪在井下测试时，（　　）可能导致启动联动测试仪时，地面控制箱电流增大。

A. 电缆滑环断路　　　　　B. 测调仪电子线路有故障

C. 测调仪电缆头接触不良　D. 测调仪地面控制箱电压过低

92. 联动测试时，（　　）损坏可造成联动测试仪在井下对分层流量进行调整时，地面仪显示层段流量无变化。

A. 堵塞器　　　　　　　　B. 可调堵塞器

C. 水嘴　　　　　　　　　D. 计量装置

93.联动测试时,(　　)损坏,导致调整时层段流量无变化。

　　A.测试仪电动机　　　　　B.电缆外铠

　　C.逆变器　　　　　　　　D.压力传感器

94.联动测试仪机械(　　)传动部件磨损,导致调整时层段流量无变化。

　　A.电缆头　　B.扶正器　　C.定向爪　　D.调节臂

95.联动测试仪传动离合器(　　)处油污过多,导致调整时出现打滑、跳动无法完成流量调整。

　　A.齿轮啮合　　　　　　　B.与电动机连接

　　C.与传动万向轴连接　　　D.与对接头连接

96.注水井联动测调仪电缆头出现(　　)故障时,地面仪发出指令后,井下仪不工作,地面设备无反映。

　　A.接线端子短路　　　　　B.断路

　　C.密封圈失效造成短路　　D.调节臂损坏

97.注水井联动测调仪电缆头出现(　　)故障地面仪发出操作指令后,地面控制箱显示电流值增大。

　　A.接线端子虚接　　　　　B.断路

　　C.密封圈失效造成短路　　D.对接头磨损

98.注水井联动测调仪测试时,超出电动机的额定电流,导致(　　)损坏,地面控制系统发出调整指令后,井下联动测调仪无动作。

　　A.调节臂　　B.电动机　　C.流量探头　　D.调节头

99.注水井联动测调仪调节臂内(　　)弹性不足,导致张开角度不够,测试仪无法与层段可调堵塞器对接。

　　A.对接头卡簧　　　　　　B.对接头压簧

　　C.对接头磨损　　　　　　D.支撑弹簧

100.注水井联动测调仪(　　)导致调节臂无法张开。

A. 对接头卡簧 B. 对接头压紧弹簧
C. 离合器损坏 D. 定向爪

101.存储式井下流量计回放仪打印机（　　），打印操作时，打印机不工作。

A. 打印纸未安装好 B. 连接排线松脱
C. 色带损坏 D. 驱纸胶筒有污物

102.存储式井下流量计回放仪打印机（　　），打印测试卡片时，打印纸不能自动卷出或打印一部分就停止。

A. 色带损坏 B. 色带缺墨
C. 连接排线松脱 D. 驱纸胶筒有污物

103.存储式井下流量计回放仪打印机，打印测试卡片时，打印一部分就停止，应检查维修（　　）。

A. 驱纸机构 B. 打印机色带
C. 通信端口 D. 回放仪开关

104.直读式井下流量计测试时没有数据，应检查井下流量计电流是否正常，电缆头电压是否在正常范围内，如不正常应调节供电（　　）设置。

A. 电压 B. 电流
C. 电压、频率 D. 电压、电流

105.直读式井下流量计没有流量信号主要是由于超声波发射电路、（　　）或单片机电路出现故障。

A. 调制解调单元 B. 时钟电路
C. 超声波信号处理电路 D. 压力温度传感器电路

106.直读式井下流量计不能配接遥测仪主要是由于单片机非正常工作或（　　）不正常。

A. 调制解调单元 B. 时钟电路
C. 超声波信号处理电路 D. 总线通信电路

107.直读式井下流量计地面控制系统发出指令后井下仪器无

动作时，可用（　　）检查总线通信电路工作是否正常，如有损坏，更换相应器件。

A.滤波器　　B.示波器　　C.阻波器　　D.微波器

108.井下流量计电子元件损坏，（　　）、单片机电路有故障，测试曲线显示时间比正常测试时间短，台阶正常。

A.时钟电路　　　　　　B.通信电缆虚接

C.通讯电缆开焊　　　　D.电池无电

109.井下流量计（　　），测试曲线显示时间比正常测试时间短，台阶不正常，中间有断点。

A.电池电压不足　　　　B.电池无电

C.时钟电路有故障　　　D.通信电缆虚接、开焊

110.井下流量计（　　）有故障，导致井下流量计测试时间不准。

A.电子管　　　　　　　B.超声波发射电路

C.调制解调单元　　　　D.晶振

111.分层注水井验封密封段胶筒过盈尺寸调整（　　），在井下坐封时无法实现密封。

A.过大　　B.过小　　C.适中　　D.无法确定

112.分层注水井验封密封段（　　）失效，导致在井下无法坐封。

A.投捞爪　　B.主副爪　　C.定向爪　　D.定位爪

113.在地面调整分层注水井验封密封段胶筒过盈尺寸时，靠仪器自重压缩后胶筒最大外径应不小于（　　）。

A.44.5mm　　B.45.5mm　　C.46mm　　D.46.5mm

114.更换验封密封段胶筒后，应调整密封段胶筒，拉伸后最大外径应不大于（　　）。

A.46mm　　B.48mm　　C.50mm　　D.52mm

115.弹簧管式压力表游丝太松、转矩太小或中心轮未装

（　　），导致压力表回程误差超差。

A. 拉杆　　　　B. 弹簧管　　　C. 指针　　　　D. 游丝

116.弹簧管式压力表（　　）产生了残余变形,则会导致压力表指针不落零。

A. 铅封　　　　B. 螺纹　　　　C. 弹簧　　　　D. 弹簧管

117. 弹簧管式压力表游丝（　　）,则应旋紧游丝、（　　）游丝力矩。

A. 太松；调小　　　　　　　　B. 太松；加大

C. 太紧；调小　　　　　　　　D. 太紧；加大

118. 若弹簧管式压力表（　　）调整不合适,则会导致压力表示值误差大。

A. 传动比　　　B. 转动比　　　C. 齿数比　　　D. 齿轮比

119. 井下电子压力计（　　）,导致井下电子压力计内部进液无法工作,不采集数据。

A. 电池没电　　　　　　　　　B. 未定期校验

C. 回放仪损坏　　　　　　　　D. 密封圈损坏

120. 井下电子压力计（　　）或未定期校验,导致测试压力不准。

A. 回放仪损坏　　　　　　　　B. 密封圈损坏

C. 通信口有故障　　　　　　　D. 传感器有故障

121. 井下电子压力计（　　）有故障或电子压力计（　　）有故障时,回放时不能正常通信。

A. 传感器、回放仪　　　　　　B. 传感器、通信口

C. 回放仪、通信口　　　　　　D. 传感器、电池

122. 电子压力计出现压力示值超差故障,应检查仪器电池电压是否高于（　　）,应更换电池。

A. 最高电压　　B. 最低电压　　C. 实验电压　　D. 工作电压

123.电子压力计压力示值超差故障,重新标定仍超差,应更

换（　　）并再次标定仪器。

A. 电路板　　B. 电池　　C. 仪器　　D. 晶振

124. 电子压力计（　　），导致电子压力计压力示值超差故障。

A. 电池无电　　　　　B. 晶振损坏
C. 超声波发射器　　　D. 传感器损坏

125. 活塞压力计（　　）破裂或与阀座连接处开焊，导致活塞式压力计工作时不起压。

A. 真空管　　B. 玻璃管　　C. 导压管　　D. 液压软管

126. 活塞压力计各控制阀门或导压管连接处的（　　）老化或松动，导致活塞式压力计工作时不起压。

A. 垫圈、压紧螺栓　　　B. 密封填料、压紧螺帽
C. 垫圈、压紧螺帽　　　D. 密封填料、压紧螺栓

127. 活塞压力计油杯（　　）或阀孔锈蚀损伤，导致活塞式压力计工作时不起压。

A. 活塞　　B. 丝杆　　C. 阀针　　D. 手轮

128. 活塞压力计（　　）的皮碗或垫圈磨损严重，导致活塞式压力计工作时不起压。

A. 手摇泵　　B. 活塞　　C. 砝码　　D. 油杯

129. 直读式井下电子压力计出现内部进液故障时，应及时更换（　　）。

A. 密封填料　　B. 密封胶圈　　C. 密封胶垫　　D. 密封皮碗

130. 直读式井下电子压力计在（　　）井更换专用密封胶圈的同时，应改变压力计的密封结构，防止泄漏。

A. 低温、出气　　　　B. 低温、含硫
C. 高温、含硫　　　　D. 高温、含蜡

131. 直读式井下电子压力计存储容量（　　），导致压力数据未采全。

A. 过大　　　B. 过小　　　C. 适当　　　D. 以上都对

132. 导致存储式井下电子压力计所测压力卡片不完整或仪器未采点的原因是（　　）。

　　A. 电池电压过高　　　　B. 电池电量不足
　　C. 仪器探头损坏　　　　D. 通信端口损坏

133. 导致存储式井下电子压力计所测压力不准或压力台阶异常原因是（　　）。

　　A. 压力传感器损坏　　　B. 通信电缆损坏
　　C. 密封圈损坏　　　　　D. 电池电量充足

134. 回放仪无电或（　　）、通信电缆损坏，导致存储式井下电子压力计回放仪与压力计不能通信。

　　A. 井下仪器电池电量不足　B. 传感器
　　C. 密封圈　　　　　　　　D. 通信端口

135. 测试过程中，地层（　　），超过了电池的额定指标，易引起仪器电池爆炸。

　　A. 压力太高　B. 温度太高　C. 压力太低　D. 温度太低

136. 电子压力计控制程序的加密区（　　），使工作电流所产生的持续高温在地层中来不及散发，易导致电池发生爆炸。

　　A. 设置太长　B. 设置过短　C. 未设置　D. 损坏

137. 仪器工作时，电池供电（　　）所产生的热量由于采点过于频繁而无法散发，易导致爆炸。

　　A. 电阻　　　B. 电容　　　C. 电压　　　D. 电流

138. 下井仪器要仔细检查电池筒的密封圈和（　　），一旦有问题应立即更换。

　　A. 支承环　B. 密封环　C. 开口环　D. 液压环

139. 上卸仪器时未使用（　　），用（　　）上卸而把仪器损坏。

　　A. 管钳；螺丝刀　　　　B. 管钳；专用扳手

C. 专用扳手；螺丝刀　　　　　D. 专用扳手；管钳

140. 测试时弄清井下管柱情况，一般不得下出（　　）。

　　A. 最下一级配水器　　　　　B. 最下一级封隔器
　　C. 油管鞋　　　　　　　　　D. 油管头

141. 仪器提到井口时没有减速，撞击井口（　　）导致测试仪器损坏。

　　A. 油管头　　B. 总阀门　　C. 测试阀门　　D. 防喷盒

142. 仪器起到距井口（　　）时由人工手摇，使仪器慢慢进入防喷管。

　　A. 5m　　　　B. 10m　　　　C. 20m　　　　D. 30m

143. 测试时用仪器探（　　）或进行分层测试坐封过猛，导致测试仪器损坏。

　　A. 堵头　　　B. 阀门　　　C. 闸板　　　D. 砂面

144. 综合测试仪在录取功图时，（　　）电源开关损坏或通信线脱落，无法测取示功图。

　　A. 微音器　　　　　　　　　B. 载荷位移传感器
　　C. 套压传感器　　　　　　　D. 井口连接器

145. 综合测试仪（　　），产生位移漂移大，应更换后并重新标定。

　　A. 井口连接器损坏　　　　　B. 载荷传感器损坏
　　C. 微音器损坏　　　　　　　D. 位移齿轮掉齿

146. 油井液面测试时，（　　）连接线有断路、短路现象，综合测试仪无法测取液面资料。

　　A. 微音器　　　　　　　　　B. 位移传感器
　　C. 载荷传感器　　　　　　　D. 套压传感器

147. 综合测试仪测试增益调整不合理，微音器脏或微音器损坏，在测试（　　）资料显示异常或无法显示。

　　A. 声音　　　B. 功图　　　C. 套压　　　D. 液面

第二章 采油测试

148. 综合测试仪主机与井口连接的（　　）损坏或插头接触不良，综合测试仪测液面时无信号波。

　　A. 螺纹　　　　B. 电源线　　　C. 通信线　　　D. 位移线

149. 液面自动监测仪测不出液面曲线时，应检查（　　），如传感器坏则更换。

　　A. 井口连接器或载荷传感器　　B. 井口连接器或位移传感器
　　C. 信号电缆或套压传感器　　　D. 信号电缆或载荷传感器

150. 液面自动监测仪（　　）控制信号线断裂或虚接，导致控制仪下达击发命令后，井口没有明显的击发声响。

　　A. 放气阀　　　B. 电磁阀　　　C. 控制阀　　　D. 测试阀

151. 液面自动监测仪测试时，控制仪内的逆变电压器存在故障，不能逆变产生所需的高（　　），导致电磁阀不能产生击发所需的磁信号。

　　A. 电压　　　　B. 电流　　　　C. 电容　　　　D. 频率

152. 井口连接器（　　）松动、卡死或击发弹簧弹性不足，液面自动监测仪不击发。

　　A. 放气阀　　　　　　　　　　B. 与井口连接
　　C. 击发部件　　　　　　　　　D. 电磁阀

153. 检查测量液面自动监测仪磁信号时，两根信号线在待击发状态下的电压是否达到（　　）左右，如果电压低或者没有电压，则须维修更换逆变电压器。

　　A. 40V　　　　B. 50V　　　　C. 60V　　　　D. 70V

154. 打捞井下落物时，（　　）选择不当或井下落物状况不清，导致打捞工具在井下遇卡。

　　A. 加重杆　　　B. 振荡器　　　C. 绳帽　　　　D. 打捞工具

155. 打捞过程中，下井工具加重（　　）或下放（　　），造成打捞工具或井下落物变形。

　　A. 过小；过猛　　　　　　　　B. 过大；过猛

C. 过小；过缓　　　　　　D. 过大；过缓

156. 打捞过程中，防喷管未用绷绳固定或未使用（　　），导致防喷管断裂，钢丝从井口拉断。

A. 测试滑轮　B. 导向滑轮　C. 天滑轮　D. 压紧轮

157. 打捞过程中，（　　），导致打捞工具或井下落物窜入钢丝内卡死。

A. 上提速度过缓　　　　　B. 上提速度过
C. 放空泄压过猛　　　　　D. 放空泄压过缓

158. 注水井打捞井下落物前应组织相关人员分析故障原因，了解落物井生产状况及井下管柱结构。核实井下落物结构及外形特征，选择合适打捞工具，必须绘制（　　），注明尺寸。

A. 落物草图　　　　　　　B. 零件图
C. 效果图　　　　　　　　D. 打捞工具草图

159. 在打捞过程中，如果一次或多次未捞上，不要一味猛顿，防止损坏（　　），给下次打捞造成困难。

A. 加重杆　B. 打捞筒　C. 振荡器　D. 鱼顶形状

160. 打捞时如需使用加长防喷管时，必须使用导向滑轮，并应用（　　）加固。

A. 支架　　B. 绷绳　　C. 棕绳　　D. 钢丝

161. 使用井下打捞矛时，如选择（　　）尺寸过大，下不到目的深度，则无法打捞。

A. 打捞矛　B. 振荡器　C. 钢丝　　D. 加重杆

162. 使用井下打捞矛时，选择打捞矛（　　），在井内打捞时，无法与井下绳类落物形成有效缠绕。

A. 尺寸过小　B. 尺寸过大　C. 长度过小　D. 重量过大

163. 自制焊接打捞矛时，钩齿的尖角应为30°，钩齿与主体角度也应保持（　　）为宜。

A. 10°　　　B. 15°　　　C. 20°　　　D. 30°

164. 自制打捞矛时，所选材料的（　　）应能满足打捞要求。

　　A. 直径、塑性、强度　　　　B. 直径、弹性、强度

　　C. 硬度、弹性、强度　　　　D. 直径、塑性、硬度

165. 打捞矛放入防喷管或下入井内时应缓慢，防止（　　）变形。

　　A. 钢丝　　　B. 钩齿　　　C. 螺纹　　　D. 绳帽

166. 钢丝质量有问题，钢丝有（　　）、长期磨损、裂痕、硬伤，钢丝绳结没有打好，钢丝跳槽等原因造成钢丝断，导致打捞工具掉入井内。

　　A. 水锈　　　B. 油污　　　C. 弯曲　　　D. 砂眼

167. 打捞时绞车计数器不转或跳字，造成计量（　　）不准，而撞击堵头，导致打捞工具掉入井内。

　　A. 深度　　　B. 拉力　　　C. 系统压力　　　D. 位置

168. 打捞工具的连接部位未上紧，造成打捞工具（　　），导致打捞工具掉入井内。

　　A. 钢丝拉断　　B. 绳结拉脱　　C. 脱扣　　　D. 遇卡

169. 测试仪器掉入井内，打捞时（　　），未安装地滑轮，造成滑轮、防喷管折断而将钢丝拉断。

　　A. 振荡过多　　B. 下入过深　　C. 负荷过轻　　D. 负荷过重

170. 使用卡瓦打捞筒打捞井下落物时，落物被脏物填埋，（　　）的鱼顶变形，导致卡瓦打捞筒捞不到落物。

　　A. 打捞筒　　　B. 卡瓦　　　C. 钢丝　　　D. 落物

171. 打捞井下落物时，落物在井下卡钻严重或（　　），导致捞到落物后拔不动。

　　A. 管柱变形　　　　　　　B. 打捞卡瓦损坏

　　C. 加重过小　　　　　　　D. 落物重量过小

172. 使用卡瓦打捞筒打捞井下落物时，打捞筒（　　）损

坏，导致卡瓦打捞筒捞不到落物。

  A. 螺纹黏扣 B. 密封圈 C. 卡瓦片 D. 压紧接头

  173. 测试仪器各部位未上紧或（ ）破损，导致测试过程中仪器螺纹脱扣故障。

  A. 外壳 B. 密封填料 C. 密封圈 D. 打捞台阶

  174. 测试仪器螺纹磨损或错扣，导致测试过程中仪器出现（ ）故障。

  A. 遇卡 B. 螺纹脱扣 C. 失灵 D. 损坏

  175. 测试时，下井前要检查绳结在绳帽内的（ ）情况，防止绳结不合格，造成仪器退扣。

  A. 上下活动 B. 扭转 C. 转动 D. 安装

  176. 测试使用新钢丝时，下井之前应先预松（ ），防止造成仪器退扣。

  A. 扭力 B. 拉力 C. 动力 D. 重力

  177. 打捞螺纹脱扣落物时，打捞工具严禁猛顿、猛放，防止落物（ ），导致无法打捞。

  A. 绳帽损坏   B. 下落

  C. 井管柱损坏   D. 螺纹损坏

  178. 打捞仪器螺纹脱扣落物选择（ ）时，应与落物螺纹类型相匹配，并应在地面试验后方可下井打捞。

  A. 打捞矛 B. 钢丝 C. 绳帽 D. 打捞工具

  179. 测试仪器螺纹脱扣落物打捞时，打捞工具（ ），导致在井下无法与落物对接。

  A. 加重不足 B. 加重过大 C. 下入过深 D. 上提过慢

  180. 测试时发现钢丝从井口滑轮跳槽后绞车岗应（ ）下放钢丝，（ ）刹车。

  A. 继续；不能   B. 停止；刹紧

  C. 停止；立即   D. 继续；刹紧

181. 测试时发现钢丝从井口滑轮跳槽后，（　　）立即紧死堵头，然后将钢丝扶入滑轮槽，并查明跳槽原因。

A. 绞车岗　　B. 井口岗　　C. 中间岗　　D. 司机岗

182. 测试时仪器下放（　　），突然遇阻，导致测试钢丝从井口滑轮处跳槽。

A. 深度大　　B. 深度小　　C. 速度快　　D. 速度慢

183. 测试时，滑轮不正，未对准绞车或（　　）有缺口，导致测试钢丝从井口滑轮处跳槽。

A. 支架　　B. 轴承　　C. 轮边　　D. 底座

184. 测试时，操作不平稳，（　　）猛烈跳动，导致测试钢丝从井口滑轮处跳槽。

A. 测试滑轮　　B. 绞车　　C. 计量轮　　D. 钢丝

185. 测试时下放、上提仪器接近工作筒或斜井中上提仪器时，速度不超过（　　）。

A. 60m/min　　B. 80m/min　　C. 100m/min　　D. 150m/min

186. 打捞钢丝时，捞住落物后，上提时要慢，操作人员一定要随时注意（　　）的变化情况。

A. 井口压力　　B. 滚筒速度　　C. 井口溢流　　D. 指重器

187. 打捞钢丝落物前，要估算出钢丝大概位置，打捞工具在下井打捞时，一定要（　　）并进行试捞。

A. 加速下放　　　　　　B. 逐级下放
C. 逐步加深下放　　　　D. 尽可能下放得深一些

188. 仪器在起下过程中突然遇卡，未及时（　　）或卸掉负荷，导致测试钢丝拉断。

A. 停车　　B. 刹车　　C. 减速　　D. 加速

189. 测试过程中井下仪器发生（　　）故障时，仪器工具上提过程中，指重器负荷增大，仪器不能上提。

A. 顶钻　　B. 卡钻　　C. 断钢丝　　D. 脱扣

190. 测试时下井工具不合格，工作筒有毛刺，工具、仪器（　　）退扣，导致测试仪器遇卡。

A. 连接螺纹　B. 绳帽　　　C. 加重杆　　D. 螺钉

191. 测试时（　　），仪器长，别劲大，导致测试仪器无法上提、下放。

A. 井斜度大　B. 压力高　　C. 流量小　　D. 井深度大

192. 仪器在上提或下放过程中如有遇卡现象，应（　　），勤活动，（　　）起下来进行解卡。

A. 增加上提拉力；缓　　　B. 增加上提拉力；快
C. 不硬拔不硬下；慢　　　D. 不硬拔不硬下；快

193. 测试时仪器起到井口，既没有听到仪器进入防喷管的声音，又未进行试探闸板，而关死（　　）导致钢丝关断。

A. 脱皮阀门　B. 生产阀门　C. 测试阀门　D. 放空阀门

194. 测试时井口即没有挂牌也没用钢丝绑住（　　），试井人员离开后，采油工关阀门，把钢丝关断，造成钢丝和仪器落入井内。

A. 上流阀门与下流阀门　　B. 生产阀门与套管阀门
C. 生产阀门与放空阀门　　D. 清蜡阀门与总阀门

195. 测试时仪器起到井口，一定要听到声音，（　　）后，确认仪器进入防喷管，方可关闭测试阀门。

A. 检查计数器　　　　　　B. 试探堵头
C. 试探闸板　　　　　　　D. 试探井口

196. 测试时仪器起到井口，关闭测试阀门应先将丝杆旋入（　　）后，试探闸板，确认测试仪器全部进入防喷管后再关严测试阀门。

A. 1/2　　　B. 1/3　　　C. 2/3　　　D. 1/4

197. 环空测试时，当发生缠井故障时，先把仪器从遇卡处（　　）后，转动井口，手摇上提。

A. 上起 3～5m B. 下放 3～5m

C. 上起 10～20m D. 下放 10～20m

198. 处理环空测试缠井故障时，向一个方向转动（ ）后，若不能上提，说明转动方向不对，再下放 10～20m 向相反方向转动（ ），上提仪器，反复多次直到将仪器解除缠绕为止。

A. 井口；井口 B. 套管阀门；井口

C. 偏心小井口；偏心小井口 D. 清蜡阀门；偏心小井口

199. 进行环空测试时，仪器在未过（ ）时上起速度过快，造成仪器缠井故障。

A. 筛管 B. 尾管 C. 导锥 D. 配产器

200. 进行环空测试时，绞车摆放位置与（ ）方向不一致，造成仪器缠井故障。

A. 偏心小井口 B. 清蜡阀门

C. 偏心防喷管 D. 井口井斜

201. 环空测试时当转动井口无法解除缠绕时，可采取压井后（ ）处理的方法。

A. 抬井口 B. 拆卸井口

C. 拆卸防喷管 D. 拆卸套管阀门

202. 由于清蜡制度不合理，油管壁结蜡严重，电泵井（ ）堵塞，电泵井测压时，回放曲线，曲线无明显压差变化。

A. 油嘴 B. 井筒 C. 测压阀 D. 管线

203. 井底出砂、井内有胶皮等杂物堵塞测压阀，导致电泵井测压曲线压差（ ）。

A. 变大 B. 明显变化

C. 无明显变化 D. 不能确定

204. 电泵井测压阀堵塞，起出仪器后回放曲线，曲线无明显压差变化时，应（ ）重新测试。

A. 开井生产一定时间后

B. 进行热洗、清蜡后停留足够时间

C. 关井稳定一定时间后

D. 进行热洗、清蜡后立即

205. 油水井测试时严格控制好仪器上起速度,未出工作筒时控制在（　　）。

  A. 60m/min B. 70m/min C. 80m/min D. 100m/min

206. 油水井测试时,仪器上起时出工作筒后速度控制在（　　）。

  A. 150m/min B. 200m/min C. 220m/min D. 240m/min

207. 测试前应提前设定好绞车拉力,上提仪器时随时观察绞车压力变化情况,若负荷急剧增大,应立即（　　）。

  A. 刹车 B. 减速 C. 加载 D. 卸载

208. 油井脱气严重,测试仪器（　　）,易发生顶钻事故。

  A. 重量小 B. 重量大 C. 直径小 D. 长度小

209. 油水井测试时,不管是下仪器还是起仪器,发现顶钻时,一般采用控制或关闭（　　）的方法来减缓或消除仪器顶钻现象。

  A. 测试阀门 B. 总阀门 C. 套管阀门 D. 生产阀门

210. 油井测试,若下仪器时发现顶钻,一定要（　　）后,将仪器起出加重后再下。

  A. 加快下放速度   B. 减缓下放速度

  C. 绷紧钢丝   D. 放松钢丝

211. 注水井处理故障放空时,要缓慢泄压,绞车岗应密切关注（　　）情况,做好随时上起的准备。

  A. 压紧轮 B. 钢丝拉力 C. 井口压力 D. 井口溢流

212. 测试绞车机械计数器,（　　）未复位,易导致测试时计数器失灵。

  A. 电子计数 B. 调节阀 C. 清零按钮 D. 电源开关

213. 测试时，机械计数器出现故障时，应重新清零，并按测试（　　）重新设置计数深度。

A. 钢丝直径　　　　　　　B. 钢丝长度

C. 绞车型号　　　　　　　D. 仪器下入深度

214. 电子计数装置（　　）或线路出现断路，导致计数装置显示屏无显示。

A. 齿轮卡死　　　　　　　B. 传动软轴断

C. 电源未接通　　　　　　D. 以上都是

215. 测试起下仪器过程中，电子计数装置数字时走时停，应及时（　　），并且要查看机械计数深度，重新设置电子计数深度。

A. 更换计量轮测量头　　　B. 检查更换通信线、重新插接

C. 更换计数装置电源开关　D. 更换传动部件

216. 电子计数装置（　　），导致电子计数与机械计数误差大。

A. 电源开关损坏　　　　　B. 传动部件损坏

C. 传动齿轮损坏　　　　　D. 参数设置不当

217. 电子计数装置（　　）损坏，电子计数装置显示数字无变化。

A. 测量头　　　　　　　　B. 传动部件

C. 计数装置电源开关　　　D. 齿轮

218. 冬季测试施工时，绞车温度过低会造成（　　）冰卡或打滑，导致机械及电子计数器同时失灵。

A. 绞车滚筒　B. 传动软轴　C. 压紧轮　　D. 计量轮

219. 录井钢丝在绞车滚筒上缠绕（　　），出现弯曲，导致下放时录井钢丝从计量轮处跳槽。

A. 过多　　　B. 过少　　　C. 过紧　　　D. 过松

220. 测试绞车未对正（　　），别劲大，录井钢丝从计量轮

处跳槽。

A. 滚筒　　　B. 井口　　　C. 计量轮　　　D. 传动轮

221. 测试绞车深度计量装置保养不到位,(　　)和计量轮咬合不适宜,导致录井钢丝从计量轮处跳槽。

A. 传动轮　　B. 导向轮　　C. 压紧轮　　　D. 滑轮

222. 联动测试时,液压电缆绞车的液压油箱开关未打开或(　　),拉动操作手柄,控制压力不发生变化。

A. 液压油变质　　　　　B. 液压油温度过高

C. 液压油过多　　　　　D. 滤油器堵塞

223. 联动测试液压电缆绞车,液压马达或液压油泵磨损严重,造成(　　)效率下降,液压马达转速低。

A. 转动　　B. 容积　　C. 压缩　　　D. 动力

224. 联动测试时,液压电缆绞车液压油(　　),导致液压油呈现白色或乳白色。

A. 温度低　　B. 温度高　　C. 有空气　　D. 有水

225. 联动测试时,液压电缆绞车的吸油管内(　　),导致液压油内有泡沫或气泡。

A. 温度低　　B. 温度高　　C. 进空气　　D. 进水

226. 联动测试时,液压电缆绞车,溢流阀及其他元件失灵,内泄过大,导致液压马达(　　)。

A. 油温低　　B. 油温高　　C. 转速低　　D. 转速高

227. 联动测试时,液压电缆绞车(　　),应检查旋紧管连接情况,检查过滤器顶盖上的密封圈是否完好,检查液压马达固定螺栓紧固情况。

A. 液压马达转速低　　　B. 系统噪声过高

C. 液压油内有泡沫或气泡　D. 油量过大、升温过快

228. 联动测试时,车载逆变电源稳压功能不正常时,导致(　　)不稳定。

A. 输入电压　　B. 输出电压　　C. 输入频率　　D. 输出频率

229. 联动测试时，车载逆变电源出现（　　）现象时，应检查接线柱，如有松动及时紧固。

A. 打开电源无反映　　　　　B. 电压不稳

C. 供电不足　　　　　　　　D. 时断时续

230. 测试绞车（　　）损坏，麻花轴损坏，排丝器不工作，导致电缆或钢丝排列不整齐。

A. 轴承　　B. 压紧轮　　C. 计量轮　　D. 滑块

231. 测试绞车液压油路堵塞、液压油位过低或控制阀调试不当时会导致（　　）。

A. 刹车失灵　　　　　　　　B. 液压系统动力不足

C. 滚筒转动不平稳　　　　　D. 电缆或钢丝排列不整齐

232. 测试绞车动力不足时，应清除油路堵塞或加注相同型号液压油，重新调试（　　）。

A. 滚筒　　B. 麻花轴　　C. 排丝器　　D. 控制阀

233. 试井绞车排丝机构（　　）出现故障时，导致麻花轴停止运动，排丝机构运转不正常。

A. 传动齿轮　　B. 压紧轮　　C. 计量轮　　D. 滑块

234. 试井绞车钢丝排列不整齐，偏向一侧时应调整麻花轴及滑杠与（　　）的间隙，调整计量轮支架位置。

A. 传动齿轮　　B. 轴承　　C. 滚筒　　D. 支架

235. 试井绞车刹车带与滚筒间隙过大，导致绞车刹车失灵时，应（　　），使刹车间隙合适。

A. 调整刹车连杆　　　　　　B. 紧固固定螺栓

C. 清理刹车带　　　　　　　D. 更换刹车联动杆

236. 操作台控制电源未打开或出现断路故障，拉动（　　）时，液压试井绞车滚筒不转动。

A. 气动开关　　B. 转换开关　　C. 电控手柄　　D. 油门

237.液压试井绞车（　　）开关处于接通状态,操控绞车时,滚筒不转动。

A.电源　　　　B.气动　　　　C.逆变器　　　　D.紧急卸载

238.测试时,液压试井车（　　）未挂合,操控绞车时,滚筒不转动。

A.传感器　　　B.挡位　　　　C.离合器　　　　D.取力器

239.测试时,液压试井车（　　）继电器出现故障,操控绞车,滚筒不转动。

A.张力　　　　B.动力　　　　C.感应　　　　D.时间

240.试井绞车液压系统（　　）未全部打开,试井绞车液压系统无动力输出。

A.气动开关　　B.转换开关　　C.电控手柄　　D.油箱开关

241.试井绞车液压系统无动力输出时,会出现油泵不转动且（　　）没有指示。

A.气压表　　　B.电压表　　　C.电流表　　　D.压力表

242.试井绞车（　　）堵塞、软管堵塞或不通,导致试井绞车辅助压力过低。

A.液压油滤油器　　　　　　B.空气过滤器

C.机油过滤器　　　　　　　D.以上都可能

243.试井绞车液压系统无动力输出时,液压油泵未转动且（　　）没有指示。

A.定压阀　　　B.气压　　　　C.转数　　　　D.温度

244.由于液压油箱（　　）,油箱透气孔堵塞,导致液压试井绞车运转时振动噪声大、压力失常。

A.液面过高　　B.进水　　　　C.液面过低　　D.开关未开

245.由于液压油泵轴漏气,吸入管或（　　）,系统内有空气,导致液压试井绞车运转时振动噪声大、压力失常。

A.液压油含水　　　　　　　B.系统内泄

C. 气动阀损坏　　　　　　D. 接头漏气

246. 液压油温过高产生蒸气，液压试井绞车运转时导致（　　）。

A. 液压油黏度增大　　　　B. 溢流阀卸载
C. 软管堵塞　　　　　　　D. 振动噪声大、压力失常

247. 试井绞车储气筒有冻堵或储气筒（　　）损坏造成压力过低，操作气动控制切换阀时气缸无动作。

A. 气压表　B. 定压阀　C. 开关　D. 气压阀

248. 液压试井绞车（　　）密封件或连接管线有漏气现象，操作气动控制切换阀时，气缸无动作或动作过小，绞车无法正常工作。

A. 气动系统　B. 液压系统　C. 动力系统　D. 传动系统

249. 气缸活塞（　　）过小，操作气动控制切换阀时，试井绞车无法完成控制切换功能。

A. 长度　　B. 面积　　C. 直径　　D. 行程

250. 抽油机井动液面测试时，因仪器本身问题或井筒不干净，易导致无法分辨出（　　）位置。

A. 井口波　B. 接箍波　C. 液面波　D. 干扰波

251. 抽油机井动液面测试时（　　）或套管阀门没开到位，井口波会出现严重脱挡现象。

A. 灵敏度挡位调节过小　　B. 灵敏度挡位调节过大
C. 灰度开关调节过小　　　D. 灰度开关调节过大

252. 套压低于（　　）或无套管气，液面曲线上只有井口波，其余部分均为直线。

A. 0.2MPa　B. 0.4MPa　C. 0.6MPa　D. 0.8MPa

253. 因仪器本身引起的液面测试资料有自激现象的问题，应检修、标定（　　）。

A. 动力仪　B. 回声仪　C. 压力计　D. 温度计

254. 在套压过低或无套管气的井进行液面测试时，可采取在井口连接器上安装（　　）进行测试。

A. 氧气瓶　　B. 氨气瓶　　C. 氮气瓶　　D. 氢气瓶

255. 抽油机井所测试示功图与前次所测示功图对比，变化（　　），如（　　）合理解释原因的井必须进行复测。

A. 小；有　　B. 小；无　　C. 大；无　　D. 大；有

256. 连续两次测试的动液面波动大于±（　　），而且没有原因的井必须进行复测。

A. 50m　　B. 100m　　C. 150m　　D. 200m

257. 验封压力计传压孔或密封段中心孔堵塞，导致分层注水井验封资料异常，应检查清理压力计（　　）传压孔及密封段中心孔后重新测试。

A. 上部　　B. 下部　　C. 中部　　D. 上、下部

258. 分层注水井验封压力计压力传感器故障，导致上、下压力曲线不同步，应更换压力传感器重新（　　）后再使用。

A. 试验　　B. 标定　　C. 安装　　D. 下井检查

259. 分层注水井验封压力计电池电压不足或仪器进液，导致测试曲线（　　）。

A. 不完整　　　　　　　B. 下压力线过高

C. 上压力线过高　　　　D. 上、下压力重合

260. 分层注水井验封时，应正确设置仪器采样时间，每次关开井时间应不少于（　　）。

A. 3min　　B. 5min　　C. 10min　　D. 15min

261. 注水井进行分层流量测试时，应检查对比流量计与水表误差应不大于±（　　）。

A. 7%　　B. 8%　　C. 9%　　D. 10%

262. 注水井分层测试时停测位置不当，测试卡片会出现（　　）现象，因此要根据管柱情况确定好停测位置。

A. 倒台阶　　B. 压力增高　　C. 压力降低　　D. 压力反值

263. 油水井进行关井测压时，（　　）不严，导致测试资料不合格。

A. 清蜡阀门　　B. 测试阀门　　C. 总阀门　　D. 生产阀门

二、判断题

1. 选择压力表时应保证录取压力在量程的 1/3～2/3，否则影响测量结果。（　　）

2. 测试时注意做好压力表防护工作，冬天一定要给压力表采取防冻措施。（　　）

3. 测试时井口压力表指针松动或掉落时，安装牢固后检查落零情况后可继续使用。（　　）

4. 测试时，取压阀门全部打开，会造成油压表取值不准确。
（　　）

5. 测试时由于井口过滤器或地面管线堵塞，导致注水井油压与井下仪器压力不符，可采取倒流程洗井的方法处理。（　　）

6. 测试仪器压力、温度传感器出现故障，必须更换压力、温度传感器，并重新校验后方可使用。（　　）

7. 吊测对比注水压力时，测试仪器下入井内应尽可能深一些，避免测试仪器与井口压力表在同一水平位置上。（　　）

8. 测试仪器传压部位有堵塞，导致所测压力不准确时，应做到使用前后及时清洗仪器传压部分，保障畅通。（　　）

9. 水表未按时检定，造成水表与井下流量计量误差过小。
（　　）

10. 测试时水井注水量与水表量程不匹配，导致水表计量水量与井下流量计测量水量不符。（　　）

11. 分层流量测试时，地面管线漏失量不大，可适当降低注水压力，减少漏失后再进行测试。（　　）

12. 测试堵头溢流量过大应及时更换堵头密封填料。（　　）

13. 测试时，发现套管阀门不严应在测试完成后及时核实注水量。（　　）

14. 井下流量计应按时检定，发现问题及时送检。（　　）

15. 注水井井下管柱油污过多时，应进行洗井或上报作业除垢后再测试。（　　）

16. 井内油管头漏，部分水从套管注入，导致注水井水表计量水量高于井下流量计测量水量，应作业清理管柱或更换油管。（　　）

17. 偏Ⅰ停测位置到井口处管柱有漏失，利用吊测法查找确定漏点位置。（　　）

18. 采用非集流式流量计测试时应避开封隔器等位置。（　　）

19. 集流式流量计测试时，调整密封圈或皮碗过盈尺寸，若损坏应及时更换，加重后应在井下进行试验，保证密封皮碗充分坐封。（　　）

20. 测试时来水阀门，跳闸板自动开关，引起注水井测试水量异常变化，应重新控制水量、压力，稳定 10min 后重新测试。（　　）

21. 停注层堵塞器密封圈损坏或堵塞器未投严，导致测试停注层时出现流量台阶。（　　）

22. 注水井管柱漏失、管柱脱节，导致测试时井下流量计测量水量略有增加。（　　）

23. 分层注水井井下水嘴刺大、脱落，造成测试该层段时，井下流量水量增加时，应拔出堵塞器检查更换密封圈重新投入。（　　）

24. 管柱漏失、管柱脱节，导致测试时，井下流量计测量水量猛增，可通过逐级吊测检查漏点、投死嘴或井下管柱验封判断是否漏失，确定漏失后上报作业处理。（　　）

·90·

25. 注水井测试阀门压盖安装偏斜、压盖开裂或压盖密封圈损坏，导致注入水从闸板处漏出。（ ）

26. 注水井测试时操作过猛或铜套质量问题，导致铜套断裂，测试阀门打开后无法关闭。（ ）

27. 注水井井口采油树，注入水从阀门丝杆处渗漏时，应更换压盖密封圈。（ ）

28. 注水井井口采油树阀门压盖偏斜、开裂应停止使用，立即更换。压盖密封圈损坏时更换压盖密封圈。（ ）

29. 注水井封隔器失效后，应重新释放封隔器，再次验封根据验封资料判断是否失效。（ ）

30. 根据分层注水井同位素测井资料，无法判断停注层是否吸水。（ ）

31. 井下油管使用时间过长或受注入介质腐蚀，产生漏失。（ ）

32. 验封测试时，操作不当或未涂高压密封脂，导致油管螺纹漏失。（ ）

33. 注水井套管变形严重，造成油管破裂或错断，产生漏失。（ ）

34. 测试前，做好仪器工具下井前的检查与清理工作。（ ）

35. 井下管柱结垢时，可下工具清理管柱后再洗井，管柱结垢严重时应及时更换。（ ）

36. 打捞堵塞器时，当多次无法捞出堵塞器时，应打印模验证配水器偏心孔内有无堵塞器。（ ）

37. 投送井下堵塞器时，操作要平稳，起下速度不能过快，井筒内不大于150m/min，接近工作筒或未出工作筒时不大于60m/min。（ ）

38. 使用偏心投捞器投捞时，投捞爪角度不合适，无法对正堵塞器打捞杆，易造成偏心堵塞器无法正常投捞。（ ）

39. 根据印模判断井下堵塞器打捞杆弯曲方向及弯曲程度时，打印模时应高提、快速下放，以免造成印模无法辨认。（　　）

40. 偏心堵塞器或偏心孔加工不规则，有毛刺变形等质量问题导致偏心堵塞器卡死在中心孔中。（　　）

41. 如采用反复振荡或洗井等办法仍不能将偏心堵塞器捞出或使投捞器脱卡，可将钢丝在投捞器绳帽处拔断，改用较粗的钢丝或钢丝绳下入打捞器进行打捞。（　　）

42. 工作筒有问题时修井作业解决，并加强工具下井前的检查。（　　）

43. 多次无法捞到堵塞器时，应打印模验证工作筒内是否有偏心堵塞器。（　　）

44. 注水井井下管柱挡球漏失时，应进行大排量洗井，如无效果则需进行作业修井处理。（　　）

45. 测试过程中因操作不当，测试仪器受到猛烈撞击，流量计损坏，造成测试数据异常。（　　）

46. 使用井下超声波流量计测试时，测试仪器停测在封隔器、配水器等管径较小部位时流量减少。（　　）

47. 存储式井下流量数据回放仪电池电量过低，打印机无法工作。（　　）

48. 存储式井下流量计数据回放仪打印字迹不清，应检查驱纸机构，重新安装打印纸。（　　）

49. 联动测试过程中，电缆绝缘层损坏或电缆质量问题，造成短路，导致地面控制箱显示电流突然增大。（　　）

50. 使用联动测试仪测试时，电缆绝缘层损坏，造成短路，导致地面控制箱显示电流突然增大，找出电缆短路点视情况切除或更换电缆。（　　）

51. 联动测试时，测调仪加重过大，造成调节头和可调堵塞器结合不紧密，导致调整时层段流量无变化。（　　）

52. 如可调堵塞器损坏，应下入投捞器将损坏的堵塞器捞出，重新投送可调堵塞器后，进行调配。（　　）

53. 注水井联动测调仪调节臂内部零件损坏，或井底太脏调节臂内部污垢过多，导致传动部件卡死无法动作。（　　）

54. 注水井联动测调仪各传感器出现故障或仪器内部集成电路板有损坏，测试时无法采集井下压力、温度、流量等数据。
（　　）

55. 存储式井下流量计地面回放仪亏电，执行打印操作时，打印机不工作。（　　）

56. 存储式井下流量计地面回放仪打印机驱纸胶筒或打印纸未安装好，打印机打印后记录纸上字迹不清晰。（　　）

57. 存储式井下流量计地面回放仪打印机连接排线松动，打印纸不能自动卷出或打印一部分就停止。（　　）

58. 测试时若没有数据，应检查电源电路部分是否正常，是否有器件损坏。如有异常，应更换相应的损坏器件。（　　）

59. 直读式井下流量计引线破皮、密封塞进水不绝缘，导致测试时没有数据。（　　）

60. 井下流量计测试时间不准，应检查时钟电路、单片机电路工作是否正常，电子元件是否有损坏，一般情况晶振会有故障，对有故障的电器元件进行更换。（　　）

61. 测试曲线显示时间比正常测试时间短，台阶正常，应检查通信口引线是否虚焊，若虚焊则重新焊接。（　　）

62. 分层注水井验封密封段胶筒过盈尺寸调整过大，起下坐封过程中被井下工具刮漏。（　　）

63. 验封密封段进压孔堵塞或密封段与验封压力计连接部分密封圈损坏，会导致分层验封资料不合格。（　　）

64. 分层注水井验封密封段胶筒固定挡圈松，会导致验封时无法坐住层位。（　　）

65. 弹簧管式压力表指针不平衡，则更换指针或调节机芯扇型齿轮与中心轮间隙并调试夹板间隙。　　　　　（　　）

66. 弹簧管式压力表传动机构部分松动产生了位移，压力表回程误差超差或压力表指针不落零。　　　　　（　　）

67. 井下电子压力计电池没有电或电池电量不足，井下电子压力计回放数据时不能通信。　　　　　　　（　　）

68. 电子压力计电池电压过低，会导致电子压力计压力示值超差。　　　　　　　　　　　　　　　　　（　　）

69. 活塞压力计手摇泵内壁磨损或划痕，导致活塞式压力计工作时不起压。　　　　　　　　　　　　　（　　）

70. 活塞压力计进油阀出现锈蚀损伤时，可用油石和研磨砂（膏）等修磨针阀、阀座。　　　　　　　　（　　）

71. 活塞压力计手摇泵内壁出现划痕及磨损时应更换手摇泵。
　　　　　　　　　　　　　　　　　　　　　　　　（　　）

72. 严格执行操作标准，测试井测后要稳定生产，仪器起下要保持平稳。否则可能会导致直读式井下电子压力计工作不稳定，测量数据紊乱。　　　　　　　　　　　　　　　（　　）

73. 为确保仪器下井前正常工作，应加强仪器的校检，及时更换异常元件。　　　　　　　　　　　　　　（　　）

74. 存储式井下电子压力计密封圈损坏，卸开仪器后，仪器内有水。　　　　　　　　　　　　　　　　　（　　）

75. 测试仪器电池筒密封圈失效，造成地层液体进入电池筒，使电池断路而发生爆炸。　　　　　　　　　（　　）

76. 测试仪器电池充电时间过长，或充电器电流过大致使仪器电池发生爆炸。　　　　　　　　　　　　　（　　）

77. 测试仪器电池存放位置不当，在日光下曝晒或靠近火源易造成电池温度过高而发生爆炸。　　　　　（　　）

78. 测试时起下仪器过猛，发生严重碰撞易使电池筒变形造

成不密封。 (   )

79. 测试仪器螺纹未经常涂润滑油，致使螺纹磨损或错扣。

(   )

80. 测试仪器没有放在专用箱或固定在架子上，测试时，仪器晃动或倒下。 (   )

81. 测试仪器放入防喷管时，下放过慢，顿闸板，导致测试仪器损坏。 (   )

82. 综合测试仪在录取资料过程中，出现死机现象，应关机重新启机后再进行测试。 (   )

83. 综合测试仪井口连接器漏气严重，所测试功图资料显示异常。 (   )

84. 综合测试仪主机采集板损坏，测液面时无信号波。(   )

85. 液面自动监测仪测不出液面曲线或测试时出现曲线下行时，应检查信号电缆、微音器是否正常，声波传输通道是否畅通。 (   )

86. 液面自动监测仪主机线路板有故障，导致传感器不能产生击发所需的磁信号。 (   )

87. 井口连接器击发部件出现故障时，应将井口连接器上部拆除，检查阀杆组件上部的击发部件是否有松动或者生锈卡死现象。并检查弹簧是否疲劳受压缩短，导致回弹力不足。 (   )

88. 打捞过程中上起仪器速度过慢，突然遇阻，易发生井下工具二次掉卡的事故。 (   )

89. 井下落物卡死，打捞时绞车拉力控制不当，易造成打捞工具掉落。 (   )

90. 在打捞落物过程中，无论打捞何种落物，下放和上提速度都应缓慢、平稳，不能猛刹、猛放。 (   )

91. 打捞过程中需放空泄压时，人员分工明确并由一人统一指挥，并注意控制好泄压时机。 (   )

92. 打捞矛放入防喷管或下入井内时速度过快，导致打捞矛变形，无法打捞到落物。（　　）

93. 选择打捞矛尺寸时，应考虑到下入深度的管柱直径及下井钢丝直径，打捞矛的顺利起下，并能与井下绳类物形成有效缠绕。（　　）

94. 制作打捞矛时，材料选择不当，钩齿捞住绳类落物后受力变形，导致打捞失败。（　　）

95. 油水井进行压力测试时，压力计未下至设计深度或未下入液面，造成测试资料不合格。（　　）

96. 测试时，滑轮轮边有缺口时，可降低起下速度继续使用，防止因滑轮质量问题而造成钢丝断而使钢丝落入井内。（　　）

97. 卡瓦筒下井前与振荡器连接好，抓住落物后反复振荡，直到解卡为止。（　　）

98. 使用卡瓦打捞筒打捞井下落物时，落物被脏物填埋，应采用井下取样器将脏物捞出后再进行打捞。（　　）

99. 测试时，若仪器螺纹有损坏，应使用工具紧固后，再下井使用。（　　）

100. 下井前各螺纹连接部位要紧固，密封圈有损坏现象要及时更换，防止造成下井仪器遇卡。（　　）

101. 测试仪器螺纹脱扣落物，在打捞时，上起打捞工具过慢，导致落物掉落。（　　）

102. 螺纹打捞工具与井下落物螺纹类型不吻合，造成打捞螺纹脱扣落物失败。（　　）

103. 测试时，下放速度快，钢丝绷的太紧，导致测试钢丝从井口滑轮处跳槽。（　　）

104. 提仪器前，未去掉密封帽上棉纱之类的东西，导致测试钢丝从井口滑轮处跳槽。（　　）

105. 钢丝质量不好，有砂眼、硬伤、死弯或钢丝使用时间过

第二章 采油测试

长,没有及时更换,导致测试时录井钢丝拔断掉入井内。( )

106. 绳帽打得不合要求,圆环有裂痕或圆环过大,导致测试时录井钢丝拔断掉入井内。( )

107. 分层测试井中的水质不好、有脏物、井内有落物,测试仪器卡在工作筒内,发生卡钻。( )

108. 测试井管柱变形或出砂、严重结蜡,造成测试仪器顶钻。( )

109. 进行不关井测压或测恢复压力时,用钢丝将井口绑住或挂牌,并一定要与采油工联系交谈后方可离开。( )

110. 使用旧电缆进行环空测试时,使用前未进行放电缆处理,电缆扭力大,测试时造成仪器缠井。( )

111. 环空测试时,钢丝绳结不合格,导致仪器随钢丝拉力转动发生缠井故障。( )

112. 刚清完蜡的电泵井就进行测试,或清蜡不彻底,刮下的蜡块还悬浮在井筒中,仪器下行时,连接器把蜡块挤入测压阀,堵塞测压阀传压孔,导致测压资料不合格。( )

113. 电泵井清蜡完成后,应立即进行电泵井压力测试。( )

114. 油水井测试时定期检查防喷管,严禁使用焊接的防喷管。( )

115. 油水井测试,防喷管有伤痕,上起仪器时易受力拉断。
( )

116. 试井绞车拉力控制不当,遇卡时未及时设定好绞车拉力,导致防喷管拉断。( )

117. 关井测压时仪器未起出就开井,易造成顶钻事故。( )

118. 油井全井或分层产量高,压力高,仪器上起速度大于井内液流速度,易发生顶钻事故。( )

119. 注水井测试处理故障时放空过猛,易发生顶钻事故。
( )

·97·

120. 若上起仪器发现顶钻，一定要减缓仪器上起速度，若来不及，可用人背钢丝加速的办法。（　　）

121. 测试绞车计数器传动软轴断或连接不牢固，导致测试时绞车机械计数器失灵。（　　）

122. 测试绞车机械计数器内，计数齿轮损坏或卡死时应及时更换传动齿轮。（　　）

123. 测试时计量轮轴承损坏，压紧轮不能转动，导致机械及电子计数器同时失灵。（　　）

124. 测试时发现计数器失灵，应立即停车，查明原因，清除故障后，并记录已经起下的深度，然后根据实际情况决定起下。
（　　）

125. 测试时，若下仪器时发现计数器失灵，下入深度不多，可将仪器手摇至井口，对好计数器后再下仪器。（　　）

126. 分层测试时下入深度过多，发现计数器失灵，则不必停车，可下入井下后上提坐入层段，确认深度，再检查处理。
（　　）

127. 分层测试下仪器过程中录井钢丝绷得过紧，突然遇阻，未及时将刹车刹住，导致录井钢丝从计量轮处跳槽。（　　）

128. 联动测试液压电缆绞车溢流阀损坏，自动卸载造成液压油泵及液压马达内泄大，油量过大，温升过慢。（　　）

129. 联动测试液压电缆绞车，液压油内有泡沫或气泡时，应检查旋紧吸油管接头。（　　）

130. 联动测试液压电缆绞车，若液压油呈现白色或乳白色，应及时更换新的液压油。（　　）

131. 联动测试液压电缆绞车，螺栓松动或系统内存有空气，导致系统噪声过高。（　　）

132. 联动测试车，车载逆变电源打开电源开关无反映，重新连接电源开关或更换电源开关。（　　）

第二章 采油测试

133. 联动测试车，车载逆变电源输出电压不稳定时，更换逆变电源稳压器。（ ）

134. 测试绞车控制面板，连接线断或电源开关未打开，电子计数器或电子指重器不显示。（ ）

135. 测试绞车刹车带磨损严重或连接件腐蚀、断裂，会导致绞车滚筒转动不平稳。（ ）

136. 测试绞车滚筒轴承损坏，导致滚筒转动不平稳或钢丝排列不整齐。（ ）

137. 试井绞车刹车带断裂、变形、脱铆，会导致绞车刹车失灵。（ ）

138. 试井绞车刹车带固定端螺栓脱落，刹车带、刹车联动杆断或螺钉脱落时，拉动刹把时刹车会抱死。（ ）

139. 测试绞车电控手柄线路出现故障时，操控绞车滚筒不转动。（ ）

140. 测试时液压试井绞车电控手柄、放大器损坏出现故障时，检查更换电控手柄线路及保险丝，更换逆变器。（ ）

141. 试井绞车液压油箱液位低于规定范围，油质过稀或含水，应及时补充或更换液压油。（ ）

142. 调压阀失效、系统压力调节过低或液压马达发生故障，导致试井绞车液压系统无动力输出。（ ）

143. 当试井绞车系统内有渗漏时，应紧固渗漏部位，如不能解决则更换密封件。（ ）

144. 液压油温度过低时，黏度小，流动性差，阻力大，导致液压试井绞车运转时振动噪声大、压力失常。（ ）

145. 液压油泵磨损或损坏，液压试井绞车运转时导致振动噪声大、压力失常。（ ）

146. 压力调节阀，调节过大，导致液压试井绞车液压马达转速偏低。（ ）

· 99 ·

147. 液压试井绞车气动系统控制切换阀损坏，操作气动控制切换阀时，气缸动作过大，绞车无法正常工作。　　　（　　）

148. 试井绞车气动系统有漏气声音时，应检查气动管线，更换密封件并重新紧固。　　　　　　　　　　　　　（　　）

149. 抽油机井测试动液面时，等待时间过长，关机过晚，造成液面曲线未测出二次波。　　　　　　　　　　　（　　）

150. 抽油机井测试动液面时，灵敏度挡位调节过低，导致液面曲线未测出液面波。　　　　　　　　　　　　　（　　）

151. 对于井筒不干净，测试液面时有干扰波，无法分辨出液面波位置，应热洗井稳定后重测。　　　　　　　　（　　）

152. 抽油机井液面曲线未测出液面波，应调小灵敏度重新测试。　　　　　　　　　　　　　　　　　　　　　（　　）

153. 注水井进行分层流量测试时，控制流量稳定时间短，导致测试卡片井口前后流量、压力变化过小。　　　　（　　）

154. 抽油机井液面资料与功图相矛盾的井必须进行复测。
　　　　　　　　　　　　　　　　　　　　　　　　（　　）

155. 冲程、冲次变化较大，而示功图、动液面资料与生产和工作制度不符的井必须进行复测。　　　　　　　（　　）

156. 凡因操作不当或仪器影响液面曲线，使接箍波及液面波不易分辨的为不合格曲线，必须进行复测。　　　（　　）

157. 分层注水井验封时，关开井间隔时间过短或采样时间设置不当，导致曲线无法分别。　　　　　　　　　（　　）

158. 注水井进行分层流量测试时，控制流量稳定时间短，降压卡片水量易出现反值情况。　　　　　　　　　（　　）

159. 注入水质不合格或井筒脏，测试前，未提前洗井，造成分层测试卡片流量台阶不平或压力曲线波动异常。（　　）

第三章 井下作业

一、选择题

1.使用螺杆钻具时压力表压力突然升高故障，把钻具上升0.3～0.6m，核对循环压力，逐步加钻压，压力表压力随之逐步升高，均正常，可确认是（　　）。

A.地层变化　　　　　　　B.旁通阀处于关位
C.旁通阀处于开位　　　　D.马达失速

2.使用螺杆钻具时马达传动轴卡死，造成压力表压力（　　）故障。

A.突然降低　B.突然升高　C.缓慢升高　D.缓慢降低

3.使用螺杆钻具时钻头水眼被堵，压力表压力突然升高故障，把钻头提离井底，压力表读数仍很高，只能（　　）或更换钻头。

A.提出钻具检查　　　　　B.减小排液量
C.加大排液量　　　　　　D.下钻加压

4.螺杆钻具钻头水眼被堵过流通道变小，造成压力表压力（　　），可采取下述措施进行处理：把钻头提离井底，检查压力，若压力仍然高与正常循环压力，可试着改变循环流量或上下移动钻具，若无效，则起出修理或更换。

A.慢慢升高　B.突然升高　C.突然降低　D.慢慢降低

5.使用螺杆钻具时由于（　　），造成压力表压力慢慢升高，把钻头稍稍上提，如果压力不与循环压力相同，则继续工作。

A.旁通阀打不开　　　　　B.定子橡胶老化
C.地层变化　　　　　　　D.钻头水眼堵死

6.螺杆钻具钻头磨损，造成压力表压力慢慢升高，继续工作，细心观察，如仍无进尺，则（　　）。

A. 循环洗井后继续施工　　B. 减小钻压

C. 取出更换　　D. 加大钻压

7. 使用螺杆钻具时出现钻具（　　），能造成压力表压力缓慢降低。

A. 旁通阀打不开　　B. 定子橡胶老化

C. 钻井液供液不足　　D. 脱扣渗漏

8. 使用螺杆钻具时出现钻具（　　），可造成压力表压力缓慢降低。

A. 旁通阀损坏渗漏　　B. 马达失速

C. 钻头损伤　　D. 定子弯曲

9. 使用螺杆钻具时钻井泵（　　），可造成压力表压力缓慢降低。

A. 上水供液不足　　B. 异响噪声大

C. 温度低于20℃　　D. 温度低于35℃

10. 使用螺杆钻具时无进尺，采取适当改变钻压和排量措施后（注意两者都必须在允许的范围内），无进尺现象消失，初步可以判断是（　　）造成的。

A. 地层变化　　B. 马达失速

C. 旁通阀处于"开位"状态　　D. 万向轴损坏

11. 使用螺杆钻具时无进尺，采取上下活动钻具，检查循环压力，从小钻压开始，逐渐加大钻压措施后，无进尺现象消失，初步可以判断是（　　）造成的。

A. 地层变化　　B. 马达失速

C. 旁通阀处于"开位"状态　　D. 万向轴损坏

12. 使用螺杆钻具时无进尺，采取上下活动钻具或开、关钻井泵数次措施后，无进尺现象消失，初步可以判断是（　　）造成的。

A. 地层变化　　　　　　　B. 马达失速

C. 旁通阀处于"开位"状态　D. 万向轴损坏

13. 使用螺杆钻具时无进尺，常伴有压力波动，稍提起钻具，压力波动范围小些，只能起钻，采取检查更换螺杆措施后，无进尺现象消失，初步可以判断是（　　　）造成的。

A. 地层变化　　　　　　　B. 马达失速

C. 旁通阀处于"开位"状态　D. 万向轴损坏

14. 在使用螺杆钻具钻进时，在处理钻井液过程中混入塑料袋等杂质，会造成（　　　）关闭不严，导致泵压下降。

A. 螺杆钻具转子和定子　　B. 马达

C. 钻头水眼堵死　　　　　D. 旁通阀阀芯、阀座之间

15. 在使用螺杆钻具钻进时，钻井液含砂量过高，造成（　　　），导致泵压下降。

A. 定子橡胶脱落　　　　　B. 马达磨损

C. 钻头损坏　　　　　　　D. 旁通阀损坏刺漏

16. 在使用螺杆钻具钻进时出现泵压下降，（　　　）后，继续钻进。

A. 上提下放 1 次钻具　　　B. 检修排除故障

C. 上提下放 2 次钻具　　　D. 加大钻压

17. 在使用螺杆钻具钻进时，（　　　）可造成泵压下降。

A. 旁通阀打不开　　　　　B. 钻井泵上水供液不足

C. 定子橡胶脱落　　　　　D. 加大钻压

18. 环形防喷器（　　　）封闭不严渗漏，可多次活动解决；若支承筋已靠拢仍不能封闭则应更换胶芯。

A. 新胶芯　　　　　　　　B. 旧胶芯

C. 支持圈内 O 形密封圈　　D. 支持圈外 O 形密封圈

19. 环形防喷器（　　　）封闭不严，有严重磨损、脱块，已影响胶芯使用，应及时更换。

A. 新胶芯 B. 旧胶芯
C. 支持圈内 O 形密封圈 D. 支持圈外 O 形密封圈

20. 若打开环形防喷器过程中长时间未关闭使用胶芯，使杂物沉积于胶芯槽及其他部位，应（　　），并按规程活动胶芯。

A. 更换支持圈内 O 形密封圈　B. 更换胶芯
C. 清洗胶芯 D. 更换支持圈外 O 形密封圈

21. 环形防喷器（　　）刺漏，造成活塞上推力不足，致使球形胶芯封闭不严。

A. 支持圈内 O 形密封圈 B. 活塞耐磨圈
C. 壳体密封圈 D. 支持圈外 O 形密封圈

22. 环形防喷器关闭后打不开，这是由于（　　），胶芯产生永久变形老化造成。

A. 活塞液压上推力不够 B. 活塞耐磨圈刺漏
C. 长时间关闭后 D. 支持圈耐磨圈刺漏

23. 环形防喷器关闭后打不开，这是由于（　　）后胶芯下有凝固水泥而造成。

A. 活塞液压上推力不够 B. 固井
C. 长时间关闭后 D. 支持圈耐磨圈刺漏

24. 环形防喷器关闭后打不开，这是由于（　　）后不能传递压力而造成。

A. 球形胶芯磨损严重
B. 球形胶芯磨损
C. 动力系统液压油冻凝
D. 控制台防喷器连接油管线接错

25. 环形防喷器液控管线在连接前，没用压缩空气吹扫，接头没清洗干净，会造成环形防喷器（　　）。

A. 液控管线爆裂 B. 液控管线不能传输动力
C. 开关不灵活 D. 活塞损伤

26. 环形防喷器（　　），会影响开关灵活性。
　A. 球形胶芯磨损　　　　　B. 在夏季高温环境下使用
　C. 壳体有损伤　　　　　　D. 油路有漏失

27. 环形防喷器（　　），会影响开关灵活性。
　A. 球形胶芯磨损
　B. 长时间不活动，有脏物堵塞等
　C. 壳体有损伤
　D. 在夏季高温环境下使用

28. 防喷器壳体或侧门（　　）有脏物，造成闸板防喷器使用过程中井内介质从壳体与侧门连接处流出。
　A. 密封面　　　　　　　　B. 闸板上表面
　C. 闸板前置密封槽　　　　D. 闸板下表面

29. 防喷器壳体或侧门密封损坏，无法实现有效密封，造成闸板防喷器使用过程中井内介质从壳体与侧门连接处流出，打开侧门检修，修复（　　）。
　A. 侧门密封圈　　　　　　B. 闸板上表面脏物
　C. 闸板前置密封槽　　　　D. 闸板下表面脏物

30. 防喷器侧门密封圈损坏，无法实现有效密封，造成闸板防喷器使用过程中井内介质从壳体与侧门连接处流出，打开侧门检修，（　　）。
　A. 清除密封面脏物　　　　B. 清除闸板上表面脏物
　C. 更换损坏的侧门密封圈　D. 清除闸板下表面脏物

31. 防喷器侧门螺栓松动，无法实现有效密封，造成闸板防喷器使用过程中井内介质从壳体与侧门连接处流出，正确的处理方法是（　　）。
　A. 更换侧门松动的螺栓后大力上紧螺栓
　B. 清洁侧门松动的螺栓后大力上紧螺栓
　C. 大力上紧侧门螺栓

D. 以推荐扭矩上紧侧门螺栓

32. 闸板防喷器使用过程中，控制台与防喷器（　　），造成闸板移动方向与控制台铭牌标志不符。

A. 液压管线漏油　　　　　　B. 液压油污染

C. 安装不平稳　　　　　　　D. 连接管线接错

33. 闸板防喷器使用过程中，闸板移动方向与控制台铭牌标志不符，可采取倒换防喷器油路接口（　　）的措施进行处理。

A. 过滤芯　　B. 管线位置　　C. 密封垫　　D. 密封圈

34. 闸板防喷器使用过程中液控系统正常，但闸板关不到位，这种情况可能是由于闸板接触端（　　）造成的。

A. 有沙子淤积　　　　　　　B. 间隙大

C. 间隙小　　　　　　　　　D. 闸板密封行程不够

35. 闸板防喷器使用过程中液控系统正常，但闸板关不到位，这种情况可能是由于闸板接触端（　　）造成的。

A. 有洗井液　　　　　　　　B. 间隙大

C. 有泥浆块的淤积　　　　　D. 闸板密封行程不够

36. 闸板防喷器使用过程中液控系统正常，但闸板关不到位，这种情况可能是由于（　　）造成的。

A. 闸板端有洗井液　　　　　B. 两个闸板端间隙大

C. 手动锁紧后未解锁　　　　D. 闸板密封行程不够

37. 闸板防喷器使用过程中液控系统正常，但闸板关不到位，这种情况可能是由于（　　）造成的。

A. 闸板端有洗井液　　　　　B. 两个闸板端间隙大

C. 闸板密封行程不够　　　　D. 锁紧装置解锁不到位

38. 闸板防喷器使用过程中（　　），可造成井内介质窜到液缸内，使油气中含水气。

A. 闸板防喷器与液压管线接头渗漏

B. 液压管线刺漏

C. 液压管线渗漏

D. 闸板轴密封圈损坏

39. 闸板防喷器使用过程中（　　），可造成井内介质窜到液缸内，使油气中含水气。

A. 闸板轴变形

B. 液压管线刺漏

C. 液压管线渗漏

D. 闸板防喷器与液压管线接头渗漏

40. 闸板防喷器使用过程中（　　），可造成井内介质窜到液缸内，使油气中含水气。

A. 闸板防喷器与液压管线接头渗漏

B. 闸板轴表面拉伤

C. 液压管线渗漏

D. 液压管线刺漏

41. 闸板防喷器使用过程中（　　），可造成液动部分稳不住压。

A. 液压管线接头渗漏　　B. 闸板轴表面拉伤

C. 闸板轴表面有油污　　D. 闸板前置密封磨损

42. 闸板防喷器使用过程中（　　），可造成手动解锁不灵活。

A. 长时间关闭闸板不活动　B. 闸板轴表面拉伤

C. 液压管线渗漏　　D. 液压管线刺漏

43. 闸板防喷器使用过程中（　　），可造成液动部分稳不住压。

A. 闸板轴表面拉伤　　B. 液压管线刺漏

C. 闸板轴表面有油污　　D. 闸板前置密封磨损

44. 闸板防喷器使用过程中，在井内有（　　）的情况下，可造成手动锁紧解锁不灵活。

A. 液压管线刺漏 B. 闸板轴表面拉伤
C. 液压管线渗漏 D. 压力

45. 闸板防喷器使用过程中（　　），可造成闸板关闭后封不住压。

A. 有一个侧门螺栓松动 B. 闸板轴表面拉伤
C. 闸板轴表面有油污 D. 前置密封刺漏

46. 闸板防喷器使用过程中（　　），可造成闸板关闭后封不住压。

A. 有一个侧门螺栓松动
B. 前置密封与井内管柱不匹配
C. 闸板轴表面有油污
D. 闸板轴表面拉伤

47. 闸板防喷器使用过程中（　　），可造成闸板关闭后封不住压。

A. 有一个侧门螺栓松动
B. 闸板轴表面有油污
C. 控制液压系统压力小于井筒内压力
D. 闸板轴表面拉伤

48. 闸板防喷器使用过程中（　　），可造成闸板关闭后封不住压。

A. 闸板卡在井口管柱接箍上
B. 闸板轴表面有油污
C. 有一个侧门螺栓松动
D. 闸板轴表面拉伤

49. 闸板防喷器使用过程中控制油路正常，闸板（　　），可造成用液压打不开闸板。

A. 被泥沙卡住 B. 轴表面有油污
C. 前置密封老化 D. 闸板侧密封不严

50. 闸板防喷器使用过程中控制油路正常，闸板（　　），可造成用液压打不开闸板。

　　A. 前置密封老化　　　　　B. 轴表面有油污

　　C. 变形严重　　　　　　　D. 闸板侧密封不严

51. 闸板防喷器使用过程中控制油路正常，闸板（　　），可造成用液压打不开闸板。

　　A. 前置密封老化　　　　　B. 手动锁紧装置处在锁紧状态

　　C. 轴表面有油污　　　　　D. 闸板侧密封不严

52. 闸板防喷器使用过程中控制油路正常，闸板（　　），可造成用液压打不开闸板。

　　A. 前置密封老化　　　　　B. 闸板侧密封不严

　　C. 闸板表面有油污　　　　D. 长时间关闭锈蚀卡死

53. 闸板防喷器使用过程中（　　），可造成中间法兰观察孔有井内介质流出。

　　A. 前置密封老化

　　B. 闸板轴靠壳体一侧密封圈损坏

　　C. 闸板表面有油污

　　D. 闸板长时间关闭锈蚀卡死

54. 闸板防喷器使用过程中（　　），可造成中间法兰观察孔有井内介质流出。

　　A. 前置密封老化　　　　　B. 闸板侧密封不严

　　C. 轴表面有油污　　　　　D. 闸板轴表面拉伤

55. 闸板防喷器使用过程中闸板轴表面拉伤，中间法兰观察孔有井内介质流出，可采取（　　）措施处理。

　　A. 修复损坏的闸板轴　　　B. 闸板侧密封不严

　　C. 闸板轴表面有油污　　　D. 前置密封老化

56. 闸板防喷器使用过程中闸板轴靠壳体一侧密封圈损坏，中间法兰观察孔有井内介质流出，可采取（　　）措施处理。

A. 前置密封老化 　　　　　B. 闸板侧密封不严
C. 更换损坏的闸板轴密封圈 　D. 轴表面有油污

57. 闸板防喷器更换闸板时，发现开启或关闭杆的镀层有缺口或剥落，必须（　　）。

A. 涂锂基脂黄油保养 　　　B. 涂钙基脂黄油保养
C. 更换新件 　　　　　　　D. 发黑防锈处理

58. 闸板防喷器更换闸板时，发现开启或关闭杆的镀层有缺口或剥落，将会产生（　　）。

A. 严重漏失 　　　　　　　B. 使用寿命降低
C. 使用寿命略有降低 　　　D. 使用寿命大幅降低

59. 闸板防喷器更换闸板时，发现开启或关闭杆的密封表面有拉伤时，如果伤痕是很浅的线状摩擦伤痕或点状伤痕，可用（　　）砂纸修复。

A. 2500 目　　B. 280 目　　C. 100 目　　D. 40 目

60. 闸板防喷器更换闸板时，发现开启或关闭杆的密封表面有拉伤时，如果伤痕是很浅的线状摩擦伤痕或点状伤痕，可用（　　）修复。

A. 100 目砂纸 　　　　　　B. 280 目砂纸
C. 油石 　　　　　　　　　D. 40 目砂纸

61. 处理提升大绳作业时，待提升大绳拨进天车槽后，（　　）游动滑车，待大绳（　　）负荷后刹住刹车，卸掉把游动滑车固定在井架上的（　　）。

A. 快提；解除；绳卡子
B. 慢提；承受；钢丝绳及绳卡子
C. 慢提；承受；钢丝绳
D. 快提；承受；钢丝绳及绳卡子

62. 处理提升大绳在天车跳槽完毕后，一般要求上、下活动游动滑车（　　）来验证处理效果。

A. 1次　　　B. 2次　　　C. 3次　　　D. 不用验证

63. 对于提升大绳卡死在天车两滑轮之间的处理的描述中，以下哪一项是不恰当的（　　）。

　　A. 操作人员系安全带在井架天车平台上、用撬杠把卡死在天车两滑轮间的大绳撬出并拨进天车槽内

　　B. 慢慢上提游动滑车，使提升大绳承受负荷，刹死刹车

　　C. 慢慢上提下放游动滑车，正常后停车

　　D. 把游动滑车用钢丝绳与绳卡子牢固地卡在活绳上

64. 在提升大绳卡死在天车两滑轮之间时，把（　　）用（　　）牢固地卡在（　　）上，然后进行处理。

　　A. 天车；钢丝绳与绳卡子；活绳

　　B. 天车；钢丝绳与绳卡子；死绳

　　C. 游动滑车；钢丝绳与绳卡子；活绳

　　D. 游动滑车；钢丝绳与绳卡子；死绳

65. 含硫化氢油气井修井时使用的适合含硫化氢地层的修井液，pH值应保持在（　　）以上。

　　A. 7　　　B. 8　　　C. 9　　　D. 10

66. 高温高压含硫气井应使用双四通，并且按要求在放喷管线排放口处安装自动点火装置。放喷管线和出口均应按规定固牢，距可燃物不小于（　　）。

　　A. 20m　　　B. 30m　　　C. 40m　　　D. 50m

67. 进行人工呼吸时，一次吹气量约为800～1200mL，频率（　　）为适宜。

　　A. 5～8次/min　　　B. 8～10次/min

　　C. 10～12次/min　　　D. 12～15次/min

68. 现场施工中如被盐酸浸蚀皮肤，应迅速（　　）。

　　A. 用稀醋酸溶液冲洗　　　B. 将浸触部位擦干

　　C. 用清水或苏打水清洗　　　D. 自然晾干

69. 冲砂至人工井底或设计深度要求后,要充分循环洗井,当出口含砂量小于( )时停泵,迅速起出冲砂管柱,预防出现砂埋事故。

  A.0.1% B.0.2% C.0.3% D.0.4%

70. 冲砂过程中,若发现出口返液不正常,应立即停止冲砂,迅速上提管柱至原砂面以上( ),并活动管柱。

  A.10m B.20m C.30m D.40m

71. 采用正反冲砂方式,在改反冲砂前正洗井应不小于( ),预防出现砂埋事故。

  A.10min B.20min C.30min D.60min

72. 冲砂完毕后,要上提管柱至原砂面以上( ),预防出现砂埋事故。

  A.10m B.20m C.30m D.40m

73. 作业完井起抽防喷盒泄漏,用管钳拧紧密封盒压帽泄漏停止,可判断是( )造成的。

  A.密封盒压帽没上紧 B.密封圈损坏
  C.密封盒压帽螺纹损坏 D.主体螺纹损坏

74. 作业完井起抽防喷盒泄漏,用管钳拧紧密封盒压帽上端还泄漏,判断可能是( )造成的。

  A.密封盒压帽没上紧 B.密封圈损坏
  C.密封盒压帽螺纹损坏 D.主体螺纹损坏

75. 作业完井起抽防喷盒压帽上端泄漏,检查防喷盒密封圈、防喷盒压帽、主体及安装操作均无问题,判断可能是( )造成的。

  A.大压盖密封不严 B.光杆表面损伤
  C.胶皮垫圈损坏 D.导向螺钉损坏

76. 作业完井起抽防喷盒下端泄漏,检查防喷盒密封圈、防喷盒压帽、主体及安装操作均无问题,判断可能是( )造成的。

  A. 大压盖密封不严   B. 光杆表面损伤

  C. 胶皮垫圈损坏   D. 胶皮盘根损坏

77. 作业完井起抽防喷盒下端泄漏，检查防喷盒密封圈、防喷盒压帽均无问题，判断可能是（ ）造成的。

  A. 大压盖密封不严   B. 光杆表面损伤

  C. 主体安装没上紧   D. 胶皮盘根损坏

78. 原油黏度大造成抽汲抽子遇卡提不动，可采取（ ）措施进行处理。

  A. 热洗井   B. 往油管内灌柴油

  C. 电加热降黏工艺   D. 以上都对

79. 井斜造成抽子遇卡提不动，不可采取（ ）措施进行处理。

  A. 泵车大排量洗井

  B. 在大井筒、大斜度井抽汲时，缩短抽汲加重杆的长度

  C. 大井筒内抽汲时，增加油管扶正器的数量

  D. 抽汲之前，用光加重杆通井

80. 提捞施工中，抽汲抽子（ ），易造成遇阻或遇卡。

  A. 胶皮放正   B. 胶皮放反

  C. 胶皮老化   D. 胶皮磨损严重

81. 原油黏度大造成抽汲抽子遇卡提不动，可采取（ ）措施进行处理。

  A. 冷洗井   B. 往油管内灌柴油

  C. 大力快速上提   D. 关井上大修

82. 下面关于钻水泥塞的注意事项说法错误的是（ ）。

  A. 不得长时间悬空内循环，不得压死循环

  B. 钻进泵压下降，排除地面因素外，可能是钻具刺漏、旁通阀孔刺坏或螺杆壳体倒扣，应立即起钻

C. 无论钻进加压与否，泵压变化均很小时，表明螺杆钻具本体有倒扣可能，应起钻检查

D. 不能使用三牙轮钻头钻水泥塞

83. 在钻水泥塞施工中，水泥车或钻井泵以（　　）的排量正循环洗井，既能防止卡钻又节能。

　　A. 300～400L/min　　　　B. 350～450L/min

　　C. 500～600L/min　　　　D. 800～900L/min

84. 产生跳钻时，要把转速降低至 50 r/min 左右，钻压降到（　　）以下。

　　A. 10kN　　　B. 20kN　　　C. 30kN　　　D. 40kN

85. 当钻具被憋卡，产生周期性突变时，必须（　　）。

　　A. 减小转速　B. 增加钻压　C. 下放钻具　D. 上提钻具

86. 作业洗井时油管头窜通，导致洗井（　　）。

　　A. 热水快速循环到人工井底　　B. 热水快速循环到油层

　　C. 时效高　　　　　　　　　　D. 深度不够

87. 作业洗井时油管头窜通，若是密封圈（盘根）刺漏，需要（　　）后洗井。

　　A. 盘根转动 90°度角　　　B. 密封圈刺漏处缠密封胶带

　　C. 密封圈刺漏处抹黄油修复　D. 更换密封圈

88. 作业洗井时油管头窜通，若是油管悬挂器表面有磕碰划伤造成的，需要（　　）后洗井。

　　A. 油管悬挂器转动 90°度角

　　B. 磕碰划伤处抹钙基脂黄油修复

　　C. 磕碰划伤处抹锂基脂黄油修复

　　D. 更换油管悬挂器

89. 作业洗井时油管头窜通，导致洗井（　　）。

　　A. 热水快速循环到人工井底　　B. 油套窜通

　　C. 时效高　　　　　　　　　　D. 热水快速循环到油层

第三章 井下作业

90. 安装好的固定式井架，当天车、游动滑车大钩、井口三点一线，与作业井口油管或钻井转盘方补心中心点偏差大于（　　）时就需要校正井架，校正时可用游动滑车提起一根油管至作业井口上端 10～15cm，根据井口偏移方位进行调整。

A. 1cm　　　B. 2cm　　　C. 10cm　　　D. 4cm

91. 安装好的小修井固定式井架，当天车、游动滑车大钩、井口三点一线，当游动滑车大钩向井架前方偏移需要校正井架时，可用调整井架（　　）的方法进行校正。

A. 天车　　B. 二道绷绳　　C. 4 根主绷绳　　D. 1 根主绷绳

92. 安装好的小修井固定式井架，当天车、游动滑车大钩、井口三点一线，当游动滑车大钩向井架后方偏移需要校正井架时，可松井架后 2 道绷绳、紧（　　）进行校正。

A. 大绳死绳　　　　　　B. 二道绷绳

C. 井架前 2 道绷绳　　　D. 井架前 1 道绷绳

93. 安装好的小修井固定式井架，当天车、游动滑车大钩、井口三点一线，当游动滑车大钩向井架右后方偏移需要校正井架时，可松井架右后方绷绳、紧（　　）进行校正，同时调整其他 2 根绷绳。

A. 大绳死绳　　　　　　B. 二道绷绳

C. 井架前 2 道绷绳　　　D. 井架左前方绷绳

94. 安装好的小修井固定式井架，当天车、游动滑车大钩、井口三点一线，当游动滑车大钩向井架右前方偏移需要校正井架时，可松井架右前方绷绳、紧（　　）进行校正，同时调整其他 2 根绷绳。

A. 大绳死绳　　　　　　B. 二道绷绳

C. 井架左后方绷绳　　　D. 井架左前方绷绳

95. （　　）可造成套管四通顶丝、压帽处渗漏。

A. 套管四通顶丝压帽六方楞损伤

B. 顶丝锥体端面锥度小

C. 套管四通顶丝压帽没上紧

D. 顶丝锥体端面锥度大

96. (　　) 可造成套管四通顶丝、压帽处渗漏。

A. 顶丝锥体端面有划伤　　B. 套管四通顶丝四方楞损伤

C. 顶丝密封圈刺漏　　　　D. 顶丝锥体端面锥度大

97. (　　) 可造成套管四通顶丝、压帽处渗漏。

A. 顶丝锥体端面有划伤

B. 套管四通顶丝压帽六方楞损伤

C. 顶丝密封圈缺失

D. 套管四通顶丝四方楞损伤

98. 密封面的圆周速度较低时，可用毡圈密封，它常用于(　　)。

A. 高压油的润滑处　　　　B. 液压油的润滑处

C. 机油的润滑处　　　　　D. 润滑脂的润滑处

99. 在作业机的结构中，遇有高温、高压的密封多采用(　　)橡胶密封圈。

A. O 形　　B. V 形　　C. L 形　　D. Y 形

100. O 形橡胶密封圈适用于液压油、润滑油、气体的压力小于或等于(　　)的密封。

A. 70MPa　　B. 50MPa　　C. 40MPa　　D. 2MPa

101. O 形橡胶密封圈常用的标记（如 20×2.4）指的是(　　)。

A. 内径和断面直径　　　　B. 外径和断面直径

C. 内径和断面积　　　　　D. 外径和断面积

102. 气门组的故障直接影响柴油机的(　　)，甚至导致重大事故。

A. 功率不足，启动困难　　B. 运转不稳，启动困难

C. 温度升高，效率下降　　　D. 油耗增加，发生异响

103. 柴油机转速不稳，有熄火现象，主要是（　　）的故障。

A. 燃料供给润滑系统　　　B. 燃料供给调速器

C. 润滑系统和冷却系统　　D. 启动系统

104. 柴油机有熄火现象，调速器可能的故障是（　　）。

A. 拉杆销脱落　　　　　　B. 调速弹簧断裂

C. 调速弹簧变形　　　　　D. 飞铁脱落

105. 柴油机工作不均衡，有熄火现象，燃料系统的故障是（　　）。

A. 输油泵漏油　　　　　　B. 喷雾器雾化不

C. 燃料系统内有空气　　　D. 柴油滤芯脏或破损

106. 引起柴油机工作无力，从保养方面检查可能是由于（　　）。

A. 不按时清洗空气滤清器　B. 不按时清洗柴油滤清器

C. 不按时清洗机油滤清器　D. 不按时清洗呼吸器

107. 柴油机的曲拐4缸以上机型有4种结构，差别尺寸在（　　）。

A. 曲柄半径和连杆轴径开挡　B. 曲柄半径和连杆轴径

C. 连杆轴径和连杆轴径开挡　D. 曲柄半径和有无平衡块

108. 柴油机的气门有两种结构尺寸，它们的区别在（　　）。

A. 锥面角度、阀盘厚度和所用材料

B. 锥面角度、阀盘厚度和阀盘直径

C. 阀杆长度、阀盘厚度和所用材料

D. 阀盘直径、阀盘厚度和所用材料

109. 柴油机在经燃料系统调整后仍达不到额定功率的（　　）时，这时就该大修了。

A. 40%　　　B. 50%　　　C. 60%　　　D. 70%

110. 柴油机试车时烧瓦的装配错误可能是（　　）。

A. 活塞和缸套间隙不对　　　B. 连杆瓦错位或间隙不对

C. 活塞环漏装　　　　　　　D. 活塞的方向装错

111. 柴油机烧瓦的直接原因是（　　）。

A. 喷油量过大，造成高温

B. 冷却水量不足，机器温度过高

C. 滤清器太脏或破损

D. 滑润失效造成局部高温

112. 润滑系统的（　　）是柴油机烧瓦的原因之一。

A. 离心式滤清器不转　　　　B. 滤清器太脏或破损

C. 油压过高　　　　　　　　D. 油压过低

113. 新的或新修过的柴油机烧瓦的原因很可能是（　　）。

A. 瓦片间隙装配不合格　　　B. 活塞和缸套的间隙不对

C. 润滑油压力太高　　　　　D. 冷却水温度太低

114. 柴油机运转中，如发现机体通气孔处（　　），可能是活塞已经断裂。

A. 排出大量白烟时　　　　　B. 排出大量水蒸气时

C. 排出大量浓烟时　　　　　D. 排出大量热气时

115. 从运转的负载情况看，柴油机（　　）使用时可能造成活塞断裂。

A. 高速轻载　　B. 低负荷　　C. 超负荷　　D. 空运转

116. 柴油机活塞的断裂一般是从顶部或受机械负荷最大的活塞（　　）出现裂纹。

A. 气环槽　　B. 油环槽　　C. 裙部　　D. 销座附近

117. 柴油机的（　　），会使柴油机过热造成活塞断裂。

A. 冷却水中混入油　　　　　B. 冷却水有碱性

C. 节温器失灵　　　　　　　D. 缺水或水温过高

118. 缸套下部外圆环形槽内装有橡胶封水圈，装橡胶圈时应使（　　）。

　　A. 无分模披缝的光滑表面均匀地沿环形槽两侧贴紧

　　B. 无分模披缝的光滑表面均匀地沿周向贴紧

　　C. 有分模披缝的两面呈螺旋形放在环形槽内

　　D. 有分模披缝的两面呈扭曲状放在环形槽内

119. 汽缸套磨损而又不想更换新件时，可将内径以（　　）分挡搪大来进行修理。

　　A. 0.3mm　　　B. 0.15mm　　　C. 0.25mm　　　D. 0.5mm

120. 柴油机装汽缸套时，（　　），并检查缸套上端面凸出距离。

　　A. 先要在缸套上不装垫子只装封水圈，放入机体内

　　B. 在缸套上装好垫子和封水圈，装入机体

　　C. 先要在缸套上不装垫子不装封水圈，放入机体

　　D. 先要在缸套上装垫子不装封水圈，放入机体

121. 柴油机装好汽缸套后，要检查内径尺寸，要求它的圆度和圆柱度不得超过（　　）。

　　A. 0.05mm　　　　　　　　B. 0.05mm 和 0.03mm

　　C. 0.03mm 和 0.05mm　　　D. 0.03mm

122. 引起柴油机活塞漏气和窜油的装配错误有（　　）。

　　A. 活塞和缸套间隙不对、活塞环开口或方向错误

　　B. 活塞和缸套间隙不对、活塞环漏装或卡死

　　C. 活塞和缸套间隙不对、活塞环数量不对

　　D. 活塞方向不对、活塞环开口没有错开

123. 柴油机的拉缸现象，是指汽缸套内壁上，（　　），直接影响汽缸的密封。

　　A. 沿活塞移动方向，出现些深浅不同的沟纹

　　B. 沿缸套内圆，出现一些深浅不同的沟纹

　　C. 沿活塞移动方向，出现一些深浅不同的麻点

D. 沿缸套内圆，出现一些深浅不同的台肩

124. 拉缸的原因很多，（   ）是柴油机造成拉缸的原因之一。

A. 各缸喷油量不均匀　　　B. 初期磨合运转不好

C. 不按时更换机油　　　　D. 调速器不灵，转速不稳

125. 在装配中，（   ）是柴油机造成拉缸的原因之一。

A. 活塞和缸套之间的间隙过大

B. 活塞和缸套之间的间隙过小

C. 活塞环开口过大

D. 活塞油环方向装错

126. 柴油机的主轴承和连杆轴承承受着（   ）。

A. 严重的交变力负荷作用　　B. 轻微的交变力负荷作用

C. 严重的热负荷作用　　　　D. 轻微的热负荷作用

127. 柴油机对主轴承和连杆轴承的要求是（   ）。

A. 摩擦系数小、期限长、耐冲击、跑合性能好

B. 摩擦系数小、硬度高、耐冲击、跑合性能好

C. 摩擦系数小、硬度高、耐高温、跑合性能好

D. 摩擦系数小、硬度高、耐高温、耐冲击

128. 柴油机连杆瓦片的钢制瓦背一般是用（   ）制成的。

A. 弹簧钢　　　　　　　　B. 10号低碳钢

C. 低合金钢　　　　　　　D. 铝合金

129. 两个零件之间选用过盈配合时，需要采取（   ）的装配方法。

A. 用手推入　　　　　　　B. 压力机或温差法

C. 压力机和手锤打入　　　D. 用手锤打入

130. 通用型柴油机各缸活塞组件，同一台机中质量误差不超过（   ）。

A. 10g　　　B. 20g　　　C. 30g　　　D. 40g

131. 柴油机连杆机械加工部件，一台机中质量误差不超过（   ）。

A. 30g　　　B. 40g　　　C. 50g　　　D. 60g

132. 装柴油机活塞销时，应将活塞放在机油中加热至（   ），取出活塞，及时装配。

A. 80～100℃　　　　　　B. 100～120℃

C. 130～150℃　　　　　D. 150～170℃

133. 装柴油机活塞销时，应将活塞（   ）至一定温度，取出活塞，及时装配。

A. 放在柴油中加热　　　B. 放在机油中加热

C. 放在水中加热　　　　D. 用明火烤热

134. 柴油机的喷油器，正规的安装过程首先应（   ）。

A. 装上喷油嘴偶件，拧紧压帽

B. 将调压弹簧放进喷油器体中，旋进调压螺钉

C. 将顶杆放进喷油器体中，旋进调压螺钉

D. 旋进预先配有滤油芯子的进油管接头并拧紧

135. 柴油机的喷油器的进油管和本体之间（   ），必须压紧。

A. 有一个铜垫圈　　　　B. 有一个钢垫圈

C. 有一个铝垫圈　　　　D. 没有垫圈靠平面密封

136. 喷油器在装上喷油嘴偶件后，要拧紧压帽，拧紧力矩为（   ）。

A. 60～80N·m　　　　　B. 40～60N·m

C. 80～90N·m　　　　　D. 40～90N·m

137. B型喷油泵在装配柱塞偶件时，柱塞法兰凸块上的"XY"字样一面应（   ）。

A. 朝内安装　B. 朝外安装　C. 朝左安装　D. 朝右安装

138. 喷油泵在装上柱塞套，将定位螺钉对准定位槽拧紧，此

时拉动柱塞套应（　　）。

A. 不能上下移动，也不可左右转动

B. 能上下移动，但不可左右转动

C. 不能上下移动，但可左右转动

D. 能上下移动，也可左右转动

139. 喷油泵上部的密封试验，应将各出油口堵塞，通入有压力的（　　）。

A. 机油　　　B. 液压油　　　C. 柴油　　　D. 空气

140. 喷油泵上部的密封试验，应在进油口通入（　　）压力的柴油，保持1min，表针不降为合格。

A. 2MPa　　　B. 1MPa　　　C. 4MPa　　　D. 3MPa

141. 安装喷油泵凸轮轴后，应检查凸轮轴的轴向间隙应在（　　）。

A. 0.5～0.8mm　　　　　　B. 0.3～0.5mm

C. 0.05～0.10mm　　　　　D. 0.1～0.3mm

142. 在装配10ZJ-2型增压器时，（　　）将弹力气封环装于轴封上。

A. 可以用手将开口两端交错的办法

B. 必须使用弹力气封环安装专用工具

C. 必须用手将开口扩大的办法

D. 可以用其他工具将开口扩大的办法

143. 在装配10ZJ-2型增压器时，压气机叶轮和气封板的间隙为（　　）。

A. 0.1～0.5mm　　　　　　B. 1.0～1.8mm

C. 0.4～1.2mm　　　　　　D. 1.6～2.2mm

144. 装配好10ZJ-2型增压器时，压气机和导风轮之间的间隙应（　　）。

A. 大于1.3mm　　　　　　B. 小于0.3mm

C. 大于 0.3mm D. 大于 0.8mm

145. 10ZJ-2 型增压器装机后，连接油水管路时，应保证（　　）。

A. 油、水都从上面进、下面出

B. 油、水都从下面进、上面出

C. 油从下面进、上面出，水从上面进、下面出

D. 油从上面进、下面出，水从下面进、上面出

146. 喷油泵各缸的供油量要均匀，在高速时供油量的差别不大于（　　）。

A. 5%　　　B. 7%　　　C. 8%　　　D. 3%

147. 喷油泵各缸的供油量要均匀，在中速时供油量的差别不大于（　　）。

A. 5%　　　B. 3%　　　C. 7%　　　D. 8%

148. 喷油泵各缸的供油量要均匀，在低速时供油量的差别不大于（　　）。

A. 7%　　　B. 3%　　　C. 5%　　　D. 8%

149. 喷油泵各分泵平均供油量的差别不大于（　　）。

A. 3%　　　B. 5%　　　C. 8%　　　D. 7%

150. 装柴油机曲轴时，两个曲拐的连杆轴颈在轴向投影的间隔为（　　）。

A. 180°　　B. 120°　　C. 90°　　D. 60°

151. 装柴油机曲轴时，注意连杆轴颈处于上死点时，从前轴端看，轴颈上油孔应位于（　　）。

A. 左面　　B. 右面　　C. 上面　　D. 下面

152. 组合式曲轴的连接螺栓有两种：一种是起定位固紧作用，另一种是（　　）。

A. 在加工时使用　　　　B. 在起重时使用

C. 仅起连接固紧作用　　D. 在拆卸时使用

153. 柴油机曲轴的定位螺栓,在连接每相邻两个曲拐的6个螺栓中有( )。

A. 1个　　　B. 2个　　　C. 3个　　　D. 4个

154. 修井机液压系统每班工作前都应( )负荷运转,检查有无异常现象。

A. 轻　　　B. 无　　　C. 中　　　D. 重

155. 以下( )不是修井机液路系统无压力或压力过低的故障原因。

A. 油位太低　　　　　　　B. 油泵损坏或内漏严重

C. 溢流阀卡死处于常开　　D. 油泵挂合

156. 修井机液路系统无压力或压力过低的故障处理方法是( )。

A. 检查并挂合油泵　　　　B. 检查更换控制阀

C. 加注润滑油　　　　　　D. 液压系统空循环排气

157. 由于溢流阀卡死处于常开导致修井机液路系统无压力或压力过低的故障处理方法是( )。

A. 检查并挂合油泵　　　　B. 更换或检修油泵

C. 检修或更换溢流阀　　　D. 添加液压油

158. ( )不是修井机液压执行元件不动作的故障原因。

A. 油位太高　　　　　　　B. 控制阀内泄漏

C. 执行机构卡阻　　　　　D. 胶管断裂

159. 作业机液压系统累计工作( )后要进行二级维护保养。

A. 100h　　　B. 150h　　　C. 200h　　　D. 250h

160. 修井机液压系统有空气导致液压执行元件不动作的故障处理方法是( )。

A. 检修相应的执行机构　　B. 更换胶管

C. 加注液压油　　　　　　D. 液压系统空循环排气

161. 修井机胶管断裂导致液压执行元件不动作的故障处理方法是（　　）。

A. 检修相应的执行机构　　B. 更换胶管

C. 加注液压油　　D. 液压系统空循环排气

162. （　　）不是修井机气路系统无压力或压力低的故障原因。

A. 空压机工作不正常　　B. 调压阀失灵

C. 管线破裂　　D. 系统压力高

163. 由于（　　）的原因导致修井机气路系统无压力或压力低时需要更换管线。

A. 空压机工作不正常　　B. 调压阀失灵

C. 管线破裂　　D. 系统压力高

164. 调压阀失灵导致修井机气路系统无压力或压力低时的处理方法是（　　）。

A. 检修或更换空压机　　B. 检修或更换调压阀

C. 更换管线　　D. 调整调压阀

165. 修井机气路系统无压力或压力低的故障是由于（　　）工作不正常引起的。

A. 高压油泵　　B. 柴油机　　C. 液压泵　　D. 空压机

166. 压力表指针指示不正常导致修井机气路系统执行机构不工作的处理方法是（　　）。

A. 更换压力表　　B. 检修或更换调压阀

C. 检修或更换相应气控阀　　D. 更换管线、气囊

167. 由于（　　）的原因导致修井机气路系统执行机构不工作时需要检修或更换相应气控阀。

A. 压力表指针指示不正常　　B. 系统无压力或压力低

C. 气控阀损坏　　D. 管线、气囊破裂

168. 修井机气路系统执行机构不工作，有可能是由于

· 125 ·

（　　）指示不正常引起的。

A. 机油表指针　B. 温度表指针　C. 油压表指针　D. 气压表指针

169. 修井机气路系统执行机构不工作的故障处理方法不正确的是（　　）。

A. 更换油泵　　　　　　B. 检修或更换调压阀

C. 检修或更换相应气控阀　D. 更换管线、气囊

170. 修井机的传动中有一个角传动箱，它的主要作用是（　　）。

A. 减低转速　　　　　　B. 改变传动方向

C. 改变传动方向并增加转速　D. 增加转速

171. 修井机角传动箱无动力输出的故障原因是（　　）。

A. 齿轮卡阻或损坏　　　B. 链条断

C. 气压不足　　　　　　D. 中间齿盘间隙太大

172. 修井机角传动箱无动力输出的故障处理方法是（　　）。

A. 更换压板　　　　　　B. 检修或更换齿轮

C. 更换摩擦片　　　　　D. 更换链条

173. 按传动力的方式，机械传动一般分为摩擦传动和（　　）。

A. 啮合传动　B. 齿轮传动　C. 带传动　D. 链传动

174. 修井机放井架的正确操作方法是挂功率箱，再挂滚筒变速箱（　　），后挂立井架机构牙箱结合器。

A. 正2挡　　B. 倒3挡　　C. 正1挡　　D. 倒2挡

175. 齿轮间隙大的原因导致修井机角传动箱异常发响的处理方法是（　　）。

A. 调整齿轮间隙　　　　B. 更换轴承

C. 更换链条　　　　　　D. 更换摩擦片

176. 由于（　　）的原因导致修井机角传动箱异常发响的处理方法是更换轴承。

A. 链条断 B. 齿轮间隙大

C. 轴承损坏 D. 压板损坏

177. 修井机角传动箱的作用是（　　）扭矩、改变动力传递方向，位于传动系统中部。

A. 减速并减小 B. 减速并增大

C. 加速并减小 D. 加速并增大

178. 修井机差速箱无动力输出的故障原因是（　　）。

A. 齿轮卡阻或损坏 B. 链条断

C. 气压不足 D. 中间齿盘间隙太大

179. 修井机差速箱无动力输出的故障处理方法是（　　）。

A. 更换压板 B. 检修或更换齿轮

C. 更换摩擦片 D. 更换链条

180. XJ450 修井机液力变矩器的换挡方式为（　　）。

A. 手动　　B. 自动　　C. 机械　　D. 气动

181. 由于摘挂装置失灵的原因导致井机差速箱无动力输出的故障处理方法是（　　）。

A. 更换压板 B 检修或更换齿轮

C. 检修摘挂装置 D. 更换链条

182. XJ450 修井机，当大钩悬重达（　　）以上时，应使用水刹车。

A. 200kN　　B. 300kN　　C. 400kN　　D. 500kN

183. 由于齿轮间隙大的原因导致修井机差速箱异常发响的处理方法是（　　）。

A. 调整齿轮间隙 B. 更换轴承

C. 更换链条 D. 更换摩擦片

184. 由于（　　）的原因导致修井机差速箱异常发响的处理方法是更换轴承。

A. 链条断 B. 齿轮间隙大

C. 轴承损坏　　　　　　　　D. 压板损坏

185. 由于（　　）的原因导致修井机差速箱异常发响的处理方法是调整齿轮间隙。

A. 链条断　　　　　　　　B. 齿轮间隙大
C. 轴承损坏　　　　　　　D. 压板损坏

186. 由于链条断导致修井机滚筒不转动的故障处理方法是（　　）。

A. 更换链条　　　　　　　B. 松开刹把、刹车弹簧回位
C. 调整气压　　　　　　　D. 更换气囊

187. 压板损坏导致修井机滚筒不转动的故障处理方法是（　　）。

A. 更换摩擦片　　　　　　B. 重新按要求调整
C. 清理油污并涂松香粉　　D. 更换压板

188. 由于（　　）的原因导致修井机滚筒不转动的处理方法是松开刹把、刹车弹簧回位。

A. 链条断　　　　　　　　B. 刹车未松开
C. 气压不足　　　　　　　D. 气囊破裂

189. 修井机滚筒不转动是由于（　　），处理方法是更换摩擦片。

A. 压板损坏　　　　　　　B. 中间齿盘间隙太大
C. 摩擦片表面有油污　　　D. 摩擦片磨损严重

190. 修井机的液力传动箱除了性能优越外，主要作用是（　　）。

A. 减低转速　　　　　　　B. 增加转速
C. 分挡变速　　　　　　　D. 改变传动方向

191. 修井用转盘的主轴承锥齿轮的润滑应加入（　　）。

A. 航空机油　B. 车用机油　C. 柴油机油　D. 工业机油

192. 由于齿轮卡阻或损坏原因导致修井机转盘传动箱无动力

输出的故障处理方法是（　　）。

  A. 检修或更换齿轮　　　　B. 更换轴承

  C. 更换链条　　　　　　　D. 更换摩擦片

  193. 由于（　　）的原因导致修井机转盘传动箱无动力输出的故障处理方法是更换离合器。

  A. 链条断　　　　　　　　B. 齿轮间隙大

  C. 离合器损坏　　　　　　D. 压板损坏

  194. 修井用转盘的主轴承锥齿轮每次加油量为（　　）。

  A. 4L　　　B. 9L　　　C. 14L　　　D. 19L

  195. 修井用转盘水平轴轴承的润滑应加（　　）。

  A. 机油　　B. 废机油　　C. 钙基黄油　　D. 钠基黄油

  196. 由于齿轮间隙大原因导致修井机转盘传动箱异常发响的故障处理方法是（　　）。

  A. 调整齿轮间隙　　　　　B. 更换轴承

  C. 更换链条　　　　　　　D. 更换摩擦片

  197. 由于（　　）原因导致修井机转盘传动箱异常发响的故障处理方法是更换轴承。

  A. 链条断　　　　　　　　B. 齿轮间隙大

  C. 轴承损坏　　　　　　　D. 压板损坏

  198. XJ450 修井机发动机（3408）的进气门间隙为（　　）。

  A. 0.8mm　　B. 0.28mm　　C. 0.38mm　　D. 0.48mm

  199. 以下不是修井机转盘传动箱传递扭矩不足的故障原因是（　　）。

  A. 气囊损坏　　　　　　　B. 压板损坏

  C. 离合器间隙小　　　　　D. 摩擦片表面有油污

  200. 由于气压不足原因导致修井机转盘传动箱传递扭矩不足的故障处理方法是（　　）。

  A. 调整气压　　　　　　　B. 更换气囊

C. 更换压板　　　　　　　D. 重新调整离合器间隙

201. 由于（　　）原因导致修井机转盘传动箱传递扭矩不足的故障处理方法是清理油污并涂松香。

A. 压板损坏　　　　　　　B. 离合器间隙大

C. 摩擦片表面有油污　　　D. 摩擦片损坏严重

202. 由于刹带与刹车毂间隙过大原因导致修井机刹车失灵故障的处理方法是（　　）。

A. 调整刹带与刹车毂间隙　B. 调整刹车活端

C. 更换刹车块　　　　　　D. 更换摩擦片

203. 由于刹车块磨损严重原因导致修井机刹车失灵故障的处理方法是（　　）。

A. 调整刹带与刹车毂间隙　B. 调整刹车活端

C. 更换刹车块　　　　　　D. 更换摩擦片

204. 由于（　　）导致修井机刹车失灵故障的处理方法是调整刹车活端。

A. 刹带与刹车毂间隙过大　B. 刹车活端未调整好

C. 刹车块磨损严重　　　　D. 摩擦片磨损严重

205. XJ450修井机在行使工况，操作动力切换手柄应在"（　　）"位置。

A. 结合　　B. 行车　　C. 作业　　D. 输出

206. 由于刹带与刹车毂间隙太小原因导致修井机大钩下放困难的故障处理方法是（　　）。

A. 检查排除卡阻现象

B. 调整刹带与刹车毂间隙 3～5mm

C. 链条断

D. 中间齿盘间隙太大

207. 由于（　　）导致修井机大钩下放困难的故障处理方法是检查排除卡阻现象。

A. 刹带与刹车毂间隙太小　　B. 游动系统卡阻

C. 更换链条　　　　　　　　D. 检修或更换齿轮

208. 大钩提环销的润滑周期应为（　　）。

A. 150h　　B. 200h　　C. 250h　　D. 300h

209. 大钩止推轴承的润滑应加注（　　）。

A. 钠基黄油　B. 废机油　C. 新机油　D. 钙基黄油

210. XJ450修井机最小转弯半径为（　　）。

A. 10m　　B. 15m　　C. 20m　　D. 25m

211. 以下修井机照明系统工作不正常原因错误的是（　　）。

A. 防爆开关未打开　　　　B. 防爆插销插牢

C. 灯泡损坏　　　　　　　D. 照明电路断路

212. 由于照明电路断路原因导致修井机照明系统工作不正常处理方法是（　　）。

A. 打开防爆开关　　　　　B. 插牢防爆插销

C. 更换灯泡　　　　　　　D. 更换电缆或电线

213. 蓄电池长期放置不使用时，电压会（　　）。

A. 保持不变　B. 少量增加　C. 少量下降　D. 自行消失

214. 由于原油结蜡造成螺杆泵驱动自动停机，可采取（　　）方法处理。

A. 用泵车从套管向井内泵热水

B. 用泵车从油管向井内泵热水

C. 采用井口加热方式

D. 重新启机

215. 由于原油结蜡造成螺杆泵驱动自动停机，可采取（　　）方法处理。

A. 重新启机

B. 调整皮带松紧度

C. 启动电动机，螺杆泵边排液边用热水循环

· 131 ·

D. 加大电动机扭矩

216. 由于原油结蜡造成螺杆泵驱动自动停机可采取（　　）方法处理。

A. 更换大扭矩驱动头　　　B. 用泵车从套管向井内泵热水
C. 更换皮带　　　　　　　D. 井内加注洗井液

217. 螺杆泵井停机后（　　）过大，会造成杆柱高速反转而脱扣。

A. 振动频率　B. 负载扭矩　C. 机械拉力　D. 摩擦力

218. 由于卡阻造成螺杆泵驱动自动停机，可采取（　　）方法处理。

A. 上提防冲距　　　　　　B. 上提抽油杆进行解卡
C. 下放光杆　　　　　　　D. 大排量正循环洗井

219. 对于那些产液能力较强并有一定自喷能力的螺杆泵井，一旦停机，套压会很高，在油套环空液力作用下可能会造成（　　）脱扣。

A. 抽油杆　　B. 油管　　C. 套管　　D. 定子

220. 由于卡阻造成螺杆泵驱动自动停机可采取（　　）方法处理。

A. 下放抽油杆解卡　　　　B. 下放光杆进行解卡
C. 重新下入转子和抽油杆　D. 重新启机

221. 由于卡阻造成螺杆泵驱动自动停机可采取（　　）方法处理。

A. 拆驱动头，用吊车上提光杆
B. 更换驱动电动机
C. 泵车油管加压，用热水大排量正洗井
D. 提高驱动头转速

222. 油水井砂卡一般有（　　）种类型。

A. 1　　　B. 2　　　C. 3　　　D. 4

223. 砂卡处理方法可采用（　　）。

A. 冷洗井　　　　　　　　B. 往油管内灌柴油

C. 上提下放活动管柱　　　D. 往油管内灌 50% 强酸

224. 对于油管内发生砂卡，下了封隔器不能进行循环的井采用（　　）方法特别有效。

A. 大排量冲砂　　　　　　B. 气化液冲砂

C. 冲管冲砂　　　　　　　D. 正反冲砂

225. 探砂面作业时，当油管或下井工具下至距油层上界（　　），应减慢下放速度。

A. 5m　　　B. 10m　　　C. 20m　　　D. 30m

226. 发生黏吸卡钻时，上提拉力不要超过自由钻柱悬重（　　）。

A. 30～50kN　　　　　　B. 50～100kN

C. 100～200kN　　　　　D. 150～200kN

227. 井壁上有（　　）的存在是造成黏吸卡钻的内在故障原因。

A. 滤饼　　　B. 颗粒　　　C. 稠油　　　D. 高凝油

228. 处理黏吸卡钻的最佳时机应发生在（　　）。

A. 最终阶段　B. 最初阶段　C. 过程中　D. 以上全对

229. 黏吸卡钻随着时间的延长而（　　）。

A. 无变化　　B. 益趋变轻　C. 益趋严重　D. 由重变轻

230. 原油中含蜡量过（　　），随着原油从井底向井口流动，井筒温度逐渐降（　　），蜡质物质便开始沉积在管壁上，便可造成卡钻。

A. 高；低　　B. 低；高　　C. 高；高　　D. 低；低

231. 蜡卡后，在井内管柱及设备能力允许范围内，可通过（　　）管柱，以达到解卡目的。

A. 上提　　　B. 下放　　　C. 上提下放　　D. 左右旋转

232. 采用套铣方式解卡时,套铣筒长度应( )。

　　A. 超过落鱼单根长度　　　　B. 任何长度

　　C. 小于落鱼单根长度　　　　D. 与落鱼同长度

233. 磨蚀解卡适用于打捞物( )及其他工艺无法解卡时使用。

　　A. 可内捞　　　　　　　　　B. 可外捞

　　C. 可同时内外捞　　　　　　D. 无法内、外捞

234. 套管变形卡的原因有( )。

　　A. 井口未安装防落物装置　　B. 井内结垢

　　C. 套损后未修复继续施工　　D. 管柱长期未更换

235. 套卡后,可先进行( )。

　　A. 打铅印　　　　　　　　　B. 大力上提下放

　　C. 大排量反循环洗井　　　　D. 套管放喷

236. 机械整形的方法适用于( )。

　　A. 砂卡　　　B. 套变卡　　　C. 蜡卡　　　D. 水泥卡

237. 以下不能预防套管内卡钻的方法是( )。

　　A. 有卡钻遇阻现象需下铅模

　　B. 套损需修复好后再作业

　　C. 作业前通井规通井

　　D. 快速上提管柱

238. 水泥卡钻后循环不通,处理这种水泥卡钻事故的一般原则是( )。

　　A. 倒出卡点以上管柱,下长套铣筒将环空的水泥铣掉,套铣90m,打捞倒扣90m

　　B. 倒出卡点以上管柱,下长套铣筒将环空的水泥铣掉,套铣100m,打捞倒扣100m

　　C. 倒出卡点以上管柱,下套铣筒将环空的水泥铣掉,套铣1根,打捞倒扣1根

D. 倒出卡点以上管柱，下套铣筒将环空的水泥铣掉，套铣 10 根，打捞倒扣 10 根

239. 预防水泥卡钻措施错误的是（　　）。

A. 打完水泥塞后要及时、准确上提油管至水泥塞面以上，确保冲洗干净

B. 憋压挤水泥前，一定要检查套管是否完好

C. 挤水泥时要确保水泥浆在规定时间内尽快挤入，催凝剂的用量一定要适当

D. 在注水泥后，未等井内水泥凝固，探水泥面

240. 对于卡钻不死，能开泵循环的井，可把浓度（　　）的盐酸替到水泥卡的井段，靠盐酸破坏水泥环而解卡。

A. 30%　　　B. 35%　　　C. 15%　　　D. 40%

241. 水泥卡后，如套管内径较小，固死管柱外无套铣空间，可用（　　）将被卡的管柱及水泥环一起磨掉。

A. 铣锥　　　B. 平底磨鞋　　　C. 领眼磨鞋　　　D. 套铣筒

242. 发生封隔器卡时，可采取（　　）和（　　）方法解卡。

A. 大力上提；正转　　　　B. 大力下放；正转

C. 正转；反转　　　　　　D. 大力上提；反转

243. 封隔器（　　）断掉，卡瓦失去控制，张开的卡瓦刮在套管接箍或射孔井段上可能会造成封隔器卡钻。

A. 锁块　　　B. 活塞　　　C. 弹簧　　　D. 隔环

244. 开不了泵的情况下，（　　）操作会造成更严重的卡钻事故。

A. 大力上提　B. 倒扣套铣　C. 喷钻法　　D. 磨铣法

245. 产生水垢卡的原因有（　　）。

A. 水质含氧化学成分较低　　B. 井下温度过高

C. 水质含杂质较低　　　　　D. 管柱长期生产未更换

246. 压裂施工时,当工作压力达到设计规定的最高承压而不能压开层位时,应采取反复憋放法,使地层形成裂缝,但憋放次数不能超过( )。

A. 2次　　　　B. 3次　　　　C. 4次　　　　D. 5次

247. 当工作压力达到设计规定的最高承压而不能压开层位时,应采取反复憋放法,使地层形成裂缝,采取反复憋放法仍出现压不开现象时,不应进行( )。

A. 检查油管记录,落实压裂管柱卡点深度

B. 起出压裂管柱,核实压裂管柱深度,检查压裂管柱是否有堵塞

C. 检查油管和下井工具是否工作正常

D. 循环,替净井内的砂子,以防砂卡

248. 酸化压裂是指在( )储层破裂压力或裂缝延伸压力条件下,以较大排量压开地层形成裂缝。

A. 高于　　　B. 低于　　　C. 等于　　　D. 先高后低

249. 压裂前置液的作用是( )。

A. 洗井降温　　　　　　　B. 垫携砂

C. 压开地层延伸裂缝　　　D. 隔离压井液与携砂液

250. 主裂缝方向通常沿着主应力中的( )。

A. 水平方向　　　　　　　B. 垂直方向

C. 最大主应力方向　　　　D. 最小主应力方向

251. 压裂施工时在( )的情况下,泵压突然大幅下降,套压升高,可造成裂缝延伸过程中窜槽。

A. 排量升高　　B. 排量降低　　C. 由低到高　　D. 排量不变

252. 压裂施工时,裂缝延伸过程中若窜槽,可采取( )办法。

A. 进行循环,替净井内的砂子,以防砂卡

B. 检查油管记录,落实压裂管柱卡点深度

C. 起出压裂管柱，核实压裂管柱深度，检查油管和下井工具是否工作正常

D. 以上都选

253.（　　）是压裂液中的一种重要添加剂，主要使压裂液中的冻胶发生化学降解，由大分子变成小分子，有利于压后返排，减少对储层的伤害。

  A. 前置液　　　B. 助排剂　　　C. 破胶剂　　　D. 滤失剂

254. 不是压裂目的层无注入量原因的是（　　）。

  A. 注入液体因素　　　　　B. 地质因素

  C. 井深因素　　　　　　　D. 人为因素的管柱堵塞

255. 压裂过程中压力（　　），很可能将要出现压堵事故。

  A. 上升过快　B. 上升过慢　C. 下降过快　D. 下降过慢

256. 加砂过程中，压裂液黏度（　　），携砂能力（　　）容易发生砂堵。

  A. 突然变低；变强　　　　B. 突然变高；变差

  C. 突然变高；变强　　　　D. 突然变低；变差

257. 水井进行压裂时，泵压往往要（　　）注水压力，这时，以往形成的微裂缝就会全部开启吸液，增大了压裂液的滤失量，压开的裂缝宽度不够或者形成不了有规模的裂缝，这样在（　　）比阶段，易发生砂堵事故。

  A. 低于；高砂　　　　　　B. 低于；低砂

  C. 高于；高砂　　　　　　D. 高于；低砂

258. 在压裂过程中，如（　　）至井口施工压力或油管上顶，则可断定封隔器或油管断脱。

  A. 油压下降　B. 套压下降　C. 油压上升　D. 套压上升

259. 压裂中发生封隔器及油管在（　　）下损伤断脱，无论何种压裂工艺都必须终止施工，进行后续事故处理工作。

  A. 低压冲击　B. 高压冲击　C. 循环压力　D. 剪切压力

260. 压力急剧下降是缝高突然过度延伸、压窜、封隔器及油管断脱后的反应，其后续的表现（   ）。

A. 有所不同　　B. 完全相同　　C. 不一定　　D. 先相同、后不同

261. 对于缝高突然过度延伸，压力急剧下降后如未压窜则压力会急速反弹（   ），此时可（   ）砂浓度，上提或降低排量。

A. 上升；降低　　　　　　B. 上升；提高

C. 下降；降低　　　　　　D. 下降；提高

262. 酸化施工中，泵车罐车管线试压，高压管线要求设计工作压力的（   ）倍。

A. 1.0～1.2　B. 1.0～1.5　C. 1.5～2.0　D. 2.0～2.5

263. 酸化施工中，泵车罐车管线试压，低压管线要求（   ）。

A. 0.1～0.2MPa　　　　　B. 0.2～0.3MPa

C. 0.3～0.4MPa　　　　　D. 0.4～0.5MPa

264. 挤酸过程中酸罐冒棕色烟雾的原因是（   ）。

A. 盐酸与硫酸接触　　　　B. 盐酸与土酸接触

C. 盐酸与硼酸接触　　　　D. 盐酸与硝酸接触

265. 酸化施工时酸液挤不进地层，主要表现为压力随注入量的增加（   ），并且很快达到施工压力上限。

A. 缓慢上升　B. 急速上升　C. 急速下降　D. 缓慢下降

266. 常规盐酸液主要由（   ）盐酸、酸化缓蚀剂及表面活性剂组成。

A. 5%～10%　B. 10%～15%　C. 15%～20%　D. 15%～28%

267. 基质酸化时施工泵压要控制在低于（   ）下泵注；酸压施工时施工泵压要高于（   ），以压开地层造缝。

A. 地层压力；地层破裂压力

·138·

B. 地层静压；地层破裂压力

C. 地层破裂压力；地层破裂压力

D. 地层流压；地层破裂压力

268. 裂缝性低孔隙度低渗透率碳酸盐岩储层，当裂缝发育带距井筒不远时，宜采用（ ）工艺措施。

A. 酸洗　　　B. 基质酸化　　C. 水力压裂　　D. 酸压

269. 适合进行酸化措施的是（ ）。

A. 表皮系数 $S<0$

B. 储层供给能量差

C. 表皮系数 $S>0$，钻井油气显示好，但试油效果差

D. 开采时间长，地层能量衰减严重，套管变形、腐蚀

270. 连续油管下管施工中，如果连续油管向下运动时下部遇阻，而其向下运动的力超过其本身的弯曲强度，不会发生（ ）现象。

A. 弯曲　　　B. 折断　　　C. 负载荷　　　D. 正载荷

271. 连续油管下管施工中，如果连续油管向下运动时下部遇阻，而其向下运动的力超过其本身的弯曲强度，就会发生弯曲、折断、（ ）现象。

A. 正载荷　　　　　　　B. 上顶

C. 夹持块打滑　　　　　D. 泄漏

272. 连续油管施工作业时，必须了解清楚井下管柱结构，到变径和有台阶处应控制下放速度，遇阻后（ ）。

A. 加快管柱下放速度

B. 上提管柱停止施工

C. 首先关闭注入头刹车

D. 上提管柱至悬重正常后再慢慢下放探遇阻点

273. 连续油管上提施工作业时，管柱在井内折断，依据（ ）判断管柱长度。

A. 井压　　　　　　　　B. 经验
C. 管柱悬重　　　　　　D. 管柱悬重及井压

274. 注入头卡瓦内径变大或内表面光滑，对连续油管的（　　），起、下作业时就会造成连续油管下滑。

A. 润滑变差　　　　　　B. 夹持力变小
C. 润滑变强　　　　　　D. 夹持力变大

275. 连续油管部分变形，用测量仪测量连续油管外径，如果经计算，连续油管椭圆度大于（　　），则连续油管就可能打滑，不能进行正常作业，这时应将变形部分切除，再将未变形部分焊在一起。

A. 0.2%　　B. 0.1%　　C. 2%　　D. 0.3%

276. 夹紧液缸和张紧液缸工作不正常，可从操作室单独给上夹紧液缸加压，关闭压力阀，试压1h，观察操作室内的压力表和注入头上的压力表显示值是否一样，如果两者压差大于（　　），则再检查是哪一部分液压线路泄漏。

A. 0.34MPa　　B. 0.01MPa　　C. 0.02MPa　　D. 0.03MPa

277. 连续油管上提管柱作业，（　　）可造成注入头夹持块打滑。

A. 链条内紧力　　　　　B. 链条外紧力
C. 链条张紧力　　　　　D. 链条卡瓦完好

278. 连续油管起下作业施工中，链条卡瓦缺失、卡瓦打滑、（　　）注入头会发生异响。

A. 注入头马达压力低　　B. 注入头马达压力高
C. 防喷盒内有金属异物　D. 链条张紧力6MPa

279. 连续油管起下作业施工中，（　　）时注入头会发生异响。

A. 链条卡瓦缺失　　　　B. 防喷盒压力5MPa
C. 防喷盒压力1MPa　　 D. 防喷盒压力10MPa

第三章 井下作业

280. 连续油管起下作业施工中，（　　）时注入头会发生异响。

　　A. 防喷盒压力 6MPa　　　　B. 卡瓦打滑

　　C. 防喷盒压力 3MPa　　　　D. 防喷盒压力 8MPa

281. 连续油管起下作业施工中，（　　）时注入头不会发生异响。

　　A. 数据线不传输数据　　　　B. 井内压力大

　　C. 防喷盒内有金属异物　　　D. 载荷传感器报警

282. 连续油管下管施工，（　　）滚筒不旋转。

　　A. 滚筒刹车没打开　　　　　B. 排管器不工作

　　C. 排管器链条断裂　　　　　D. 滚筒润滑器缺油

283. 连续油管起下管施工，滚筒马达管线渗漏，立即停止管柱起下，手动关闭滚筒刹车，泄掉滚筒马达压力，查找原因（　　）。

　　A. 进行修复后，方可继续施工

　　B. 回油管线渗漏不影响滚筒工作，可继续施工避免影响施工进度

　　C. 是管线密封圈渗漏的，如果现场没有密封胶圈，缠密封胶带即可

　　D. 来油管线渗漏不影响滚筒工作，可继续施工避免影响施工进度

284. 连续油管起下管施工，（　　）不会造成滚筒发出异响。

　　A. 滚筒上缠绕的管柱跳管　　B. 连续油管刮碰滚筒端头挡板

　　C. 滚筒润滑器掉落　　　　　D. 滚筒转速 20m/min

285. 连续油管起下管施工中，滚筒马达压力达到（　　）会造成滚筒上缠绕的管柱浮管。

　　A. 3MPa　　　B. 2MPa　　　C. 1MPa　　　D. 0MPa

286. 下连续油管作业时，管柱悬重（　　）链条张紧力、夹

· 141 ·

紧力、滚筒压会造成滚筒转动速度不断加快。

A. 不大于　　B. 小于　　C. 等于　　D. 大于

287. 下连续油管作业时，（　　）会造成滚筒转动速度不断加快。

A. 滚筒马达失速　　　　B. 滚筒马达压力小
C. 链条张紧力大　　　　D. 滚筒马达压力大

288. 下连续油管作业时，滚筒转动速度不断加快，（　　）注入头马达压力，加大滚筒马达压力，使滚筒速度平稳可控。

A. 适当降低　　　　　　B. 增加 1MPa
C. 增加 3MPa　　　　　 D. 增加 5MPa

289. 下连续油管作业时，滚筒转动速度不断加快，适当降低注入头马达压力，（　　）滚筒马达压力，使滚筒速度平稳可控。

A. 减小 3MPa　　　　　 B. 减小 1MPa
C. 加大　　　　　　　　D. 减小 5MPa

290. 下连续油管作业时，（　　）不会造成滚筒上的排管器自动排管时不同步。

A. 传动链条松紧度调整不合适
B. 导向块磨损严重
C. 手动强制排管操作太多，导向块磨损快
D. 滚筒马达压力低

291. 下连续油管作业时，滚筒上的排管器自动排管时不同步，可采取（　　）进行处理

A. 调节传动链条松紧度　　B. 降低滚筒马达压力
C. 加大滚筒马达压力　　　D. 加注滚筒润滑油

292. 下连续油管作业时，（　　）造成滚筒上的排管器自动排管时不同步。

A. 滚筒马达压力大　　　　B. 导向块磨损严重
C. 滚筒马达压力小　　　　D. 滚筒管柱润滑器磨损严重

293. 下连续油管作业时，（　　）导向块磨损严重造成滚筒上的排管器自动排管时不同步。

A. 滚筒马达压力大　　　　　B. 滚筒管柱润滑器磨损严重

C. 滚筒马达压力小　　　　　D. 手动强制排管操作太多

294. 在连续油管作业中，出现连续油管顶出井筒，采取的有效措施不包括（　　）。

A. 组织所有人远离井口并通知作业监督

B. 加大注入头链条夹紧力以加大油管的摩擦力

C. 关闭防喷器半封、加大防喷盒压力，以加大油管的摩擦力

D. 手动强制排管操作太多，导向块磨损快

295. 在连续油管作业中，出现连续油管顶出井筒，采取的有效措施不包括（　　）。

A. 增加工作滚筒工作压力，保持起出注入头的所有油管能够盘回到工作滚筒上面

B. 当连续油管被顶出防喷盒时立刻关闭采油树主阀

C. 如果无法阻止油管上窜，强行关闭防喷器油管卡瓦

D. 排管快速换向

296. 在连续油管作业中，（　　）不能造成连续油管顶出井筒。

A. 井压高，辅车倾倒拖带注入头安全放喷器倒地

B. 井压高，安全防喷器失效

C. 井筒内压力100Pa

D. 井喷失控

297. 在连续油管作业中，出现连续油管顶出井筒，采取的有效措施包括（　　）。

A. 减小工作滚筒工作压力，保持起出注入头的所有油管能够盘回到工作滚筒上面

B. 当连续油管被顶出防喷盒时立刻打开采油树主阀

C. 如果无法阻止油管上窜，不能强行关闭防喷器油管卡瓦

D. 如果无法阻止油管上窜，强行关闭防喷器油管卡瓦，视情况申请关闭剪切闸板

298. 连续油管在井筒中遇阻时，以下采取的处理措施错误的是（   ）。

A. 作业监督及连续油管带班干部分析遇阻故障原因并确定解决方案。

B. 保持油管内液体循环

C. 最大排量循环洗井，清除井筒内在连续油管周围的任何渣滓，确保井筒内干净

D. 停止循环洗井，处理遇阻成功后，再循环洗井，实现节约用水

299. 连续油管在井筒中遇卡时，以下采取处理措施错误的是（   ）。

A. 作业监督及连续油管带班干部分析遇卡故障原因并确定解决方案

B. 加快管柱上提速度冲击遇卡点，上提冲击解卡失败，只能用防喷器剪切闸板剪断井口的连续油管

C. 上提油管拉力保持油管拉伸强度的80%，并保持10min，仔细观察油管拉伸情况及油管悬重变化情况，记录油管被拉伸的长度，然后通过计算找出油管被卡点

D. 保持油管内液体循环

300. 连续油管在井筒中遇卡时采取的有效措施是（   ）。

A. 首先手动锁死注入头刹车

B. 最大排量循环洗井，清除井筒内在连续油管周围的任何渣滓，确保井筒内干净

C. 上提油管拉力保持油管拉伸强度的5%，并保持5min，仔细观察油管拉伸情况及油管悬重变化情况，记录油管被拉

第三章 井下作业

伸的长度，然后通过计算找出油管被卡点

D.上提油管拉力保持油管拉伸强度的 6%，并保持 6min，仔细观察油管拉伸情况及油管悬重变化情况，记录油管被拉伸的长度，然后通过计算找出油管被卡点

301.连续油管在井筒中遇卡时采取的有效措施是（　　）。

A.上提油管拉力保持油管拉伸强度的 100%，并保持 1min，仔细观察油管拉伸情况及油管悬重变化情况，记录油管被拉伸的长度，然后通过计算找出油管被卡点

B.上提油管拉力保持油管拉伸强度的 100%，并保持 3min，仔细观察油管拉伸情况及油管悬重变化情况，记录油管被拉伸的长度，然后通过计算找出油管被卡点

C.保持油管内液体循环

D.上提油管拉力保持油管拉伸强度的 100%，并保持 4min，仔细观察油管拉伸情况及油管悬重变化情况，记录油管被拉伸的长度，然后通过计算找出油管被卡点

302.连续油管施工过程中，出现泵注设备故障处理措施错误的是（　　）。

A.立即停泵，活动井内管柱，倒进口管线，更换泵注设备

B.备用泵注设备调试正常后继续施工

C.现场立即对出现问题的泵注设备进行检修

D.停泵，待该井施工结束后修理泵注设备，以免影响施工进度

303.连续油管施工过程中，柱塞泵有异响的原因是（　　）。

A.冬天天气冷　　　　　　B.夏季天气热

C.活塞磨损严重　　　　　D.泵注的洗井液不是软化水

304.连续油管施工过程中出现泵注设备故障，以下处理措施错误的是（　　）。

A.首先按主车下熄火按钮，排查泵注设备故障原因，泵注设

备修理好后再进行连续油管施工

B. 备用泵注设备调试正常后继续施工

C. 活动井内管柱，倒进口管线，更换泵注设备

D. 立即停泵，上提管柱防止砂埋

305. 连续油管施工过程中，以下洗井循环压力突降原因错误的是（　　）。

  A. 泵注设备故障停注　　　B. 上水输送管线连接脱落

  C. 循环压力表失灵　　　　D. 井内连续油管堵塞

306. 在连续油管作业过程中，以下连续油管动力源失效处理措施错误的是（　　）。

  A. 用紧急手泵打压保持注入头及防喷器的工作压力，关闭注入头刹车及滚筒刹车

  B. 关闭防喷器油管卡瓦，并锁死手动关闭手柄

  C. 保持连续油管内液体的循环防止油管被卡在井筒里面

  D. 首先按下主车熄火按钮

307. 在连续油管作业过程中连续油管动力源失效时，以下处理措施错误的是（　　）。

  A. 用紧急手泵打压保持注入头及防喷器的工作压力，关闭注入头刹车及滚筒刹车

  B. 首先手动关闭注入头刹车

  C. 尽快地维修和更换动力源，确保防喷器储能器充满压力，并且工作正常

  D. 关闭防喷器油管卡瓦，并锁死手动关闭手柄

308. 在连续油管作业过程中，（　　）可造成连续油管动力源失效。

  A. 取力器脱挡

  B. 剪切闸板防喷器来油管线渗漏

  C. 半封闸板防喷器来油管线渗漏

D. 全封闸板防喷器来油管线渗漏

309. 在连续油管作业过程中，（　　）可造成连续油管动力源失效。

A. 动力液压油缺失　　　　B. 滚筒马达回油管线渗漏

C. 注入头马达回油管线渗漏　D. 油温40℃

310. 连续油管在注入头夹持块以上出现断裂时，有效的处理措施是（　　）。

A. 泵操作工立即停泵

B. 主操作工打开注入头刹车

C. 主操作工关闭防喷器剪切闸板

D. 主操作工打开滚筒刹车

311. 连续油管在注入头夹持块以上出现断裂时，错误的处理措施是（　　）。

A. 调用牵引拖拉机，配合注入头将井筒中连续油管拉出井筒

B. 若有人员受伤，则现场人员立即对伤员进行紧急救护，防止伤情扩大、加重，如果情况严重，则立即就近送医疗机构寻求帮助

C. 关闭悬挂卡瓦，根据事态再选择是否关闭剪切闸板

D. 关闭悬挂卡瓦

312. 连续油管施工时，（　　）可造成连续油管在注入头夹持块以上出现断裂。

A. 连续油管过度疲劳　　　B. 链条卡瓦有缺失

C. 作业介质不是软化水　　D. 1min起管速度超过了30m

313. 连续油管防喷盒密封胶芯失效时，正确处理措施是（　　）。

A. 停泵、停止起下油管，关闭防喷器油管半封，隔离连续油管环空

B. 关闭防喷器油管半封即可代替防喷盒密封胶圈

C. 减小洗井注入排量

D. 打开套管阀门接放喷，套管放压后即可施工

314. 连续油管防喷盒密封胶芯失效处理措施正确的是（   ）。

A. 停止循环洗井

B. 释放防喷盒液压控制压力并更换密封胶芯，加压压紧

C. 停泵、停止起下油管，关闭防喷器油管卡瓦，隔离连续油管环空

D. 减小洗井注入排量

315. 连续油管高压管线泄漏时，连续油管（   ），关闭动力源停车，泄压维修更换高压管线。

A. 停止上提　　　　　　　B. 停止下放

C. 滚筒刹车首先刹死　　　D. 上提至防沉积物埋高度停泵

316. 连续油管高压管线泄漏时，正确的处理措施是（   ）。

A. 主车立即熄火，进行连续油管高压管线泄漏点的排查及抢修

B. 滚筒刹车首先刹死

C. 更换高压管线后，试压合格才能按设计继续施工

D. 首先打开链条张紧压力

317. 连续油管施工时，（   ）不能造成高压管线泄漏。

A. 老化　　　　　　　　　B. 井场施工车辆刮碰

C. 注入头马达加压10MPa　D. 高空坠物打击

318. 连续油管冲洗磨铣过程中，发生高压管线泄漏时，处理措施错误的是（   ）。

A. 可操控情况下，争取上提连续油管防埋卡

B. 循环洗井液不能停，防埋卡

C. 高压管线泄漏修复后，试压合格后继续按设计施工

D. 停止连续油管起下后，直接卸开泄漏的高压管线接头，密

封圈刺漏的要更换密封圈

319. 连续油管冲洗磨铣过程中，发生高压管线泄漏时，错误的处理措施是（　　）。

A. 在可操控的情况下，争取上提连续油管防埋卡

B. 主车立即熄火

C. 泄掉高压管压力，对泄漏管线进行维修或更换，重新连接管线并试压，试压合格后继续按设计施工

D. 保持循环洗井 1.5 周以上

320. 连续油管作业，工作滚筒旋转接头处泄漏时，错误的处理措施是（　　）。

A. 停止泵入、关闭工作滚筒和旋转接头之间的隔离阀

B. 维修并更换旋转接头或者密封圈

C. 工作滚筒旋转接头处泄漏维修试压合格后，打开隔离阀并恢复连续油管作业

D. 工作滚筒旋转接头泄漏不是特别严重的，待施工完该井再修理即可，这样可以提高连续油管施工的时效性

321. 连续油管作业，（　　）可造成工作滚筒旋转接头处泄漏。

A. 转换接头外边面划痕伤　　B. 转换接头密封面损伤

C. 滚筒转速 1min 超过 30m　　D. 滚筒转速 1min 超过 40m

322. 连续油管作业，（　　）不能造成工作滚筒旋转接头处泄漏。

A. 密封圈损坏刺漏　　　　B. 转换接头损伤严重

C. 酸性液体介质腐蚀　　　　D. 滚筒马达压力 8MPa

二、判断题

1. 钻进中泵压突然升高，可能是马达、传动轴卡死或钻头水眼堵，此时不能反洗井，应立即起钻。　　　　　　（　　）

2. 使用螺杆钻具时马达传动轴卡死会造成压力表压力突然下降。（　　）

3. 螺杆钻钻头水眼被堵，造成压力表压力慢慢升高，可采取下述措施进行处理：钻头提离井底，检查压力，若压力仍然高于正常循环压力，可试着改变循环流量或上下移动钻具，若无效，起出修理或更换。（　　）

4. 使用螺杆钻具时由于地层变化，造成压力表压力慢慢升高，把钻头稍稍上提，如果压力不与循环压力相同，则继续工作。（　　）

5. 使用螺杆钻具时旁通阀渗漏可造成压力表压力缓慢降低。（　　）

6. 使用螺杆钻具时有脱扣渗漏可造成压力表压力缓慢升高。（　　）

7. 使用螺杆钻具时无进尺，采取起钻更换新的钻头措施后，无进尺现象消失，初步可以判断是钻头磨损造成的。（　　）

8. 使用螺杆钻具时无进尺，采取适当改变钻压和排量措施后（注意两者都必须在允许的范围内），无进尺现象消失，初步可以判断是马达失速造成的。（　　）

9. 在钻进过程中有时发生泵压下降，钻速变慢，排除地面因素之外，应是旁通阀未关闭或旁通阀刺坏。（　　）

10. 螺杆钻具下钻前应做地面试验，做好记录，技术人员准确计算出螺杆钻具下钻到底时的循环泵压，为操作者提供依据，以便准确判断出旁通阀是否关闭，若开泵后，泵压偏低，是因为旁通阀未关闭，应停泵后重新开泵，反复数次即可使旁通阀关闭。（　　）

11. 环形防喷器旧胶芯有严重磨损，脱块，造成关闭不严影响胶芯使用，应及时更换。（　　）

12. 环形防喷器打开过程中长时间未关闭使用胶芯，使杂物沉积于胶芯槽及其他部位，有助于胶芯密封不会造成关闭不严。

（　　）

13. 防喷器关闭后打不开，这是由于长时间关闭后，胶芯产生永久变形老化而造成，在这种情况下需更换胶芯。（　　）

14. 防喷器关闭后打不开，这是由于固井后长时间关闭，胶芯下有凝固水泥而造成，在这种情况下需清洗胶芯。（　　）

15. 环形防喷器液控管线在连接前，应用压缩空气吹扫，接头连接紧密。（　　）

16. 环形防喷器油路有漏失，防喷器长时间不活动，有脏物堵塞等，均会影响开关灵活性，所以必须按操作规程执行。

（　　）

17. 防喷器壳体或侧门密封面有脏物或损坏，无法实现有效密封，造成井内介质从壳体与侧门连接处流出，打开侧门检修，清除密封面脏物，修复损坏部位。（　　）

18. 防喷器侧门密封圈损坏或侧门螺栓松动，无法实现有效密封，造成井内介质从壳体与侧门连接处流出，更换损坏的侧门密封圈，以推荐扭矩上紧侧门螺栓。（　　）

19. 闸板防喷器使用过程中，闸板移动方向与控制台铭牌标志不符，可采取倒换防喷器油路接口管线的位置措施进行处理。

（　　）

20. 闸板防喷器使用过程中，控制台与防喷器液压管线漏油，造成闸板移动方向与控制台铭牌标志不符。（　　）

21. 闸板防喷器使用过程中液控系统正常，但闸板关不到位，这种情况有可能是由于手动锁紧后解锁不到位。（　　）

22. 闸板防喷器使用过程中液控系统正常，但闸板关不到位，这种情况有可能是由于闸板接触端有洗井液。（　　）

23. 闸板防喷器使用过程中闸板轴表面拉伤，造成井内介质窜到液缸内，使油气中含水气。（　　）

24. 闸板防喷器使用过程中闸板轴变形，造成井内介质窜到液缸内，使油气中含水气。（ ）

25. 闸板防喷器使用过程中，在井内有压力的情况下，可造成手动锁紧装置解锁不灵活。（ ）

26. 闸板防喷器使用过程中侧门密封面有油污，可造成手动锁紧装置解锁不灵活。（ ）

27. 闸板防喷器使用过程中，闸板卡在井口管柱接箍上，可造成闸板关闭后封不住压。（ ）

28. 闸板防喷器使用过程中，闸板前段有硬质附着沉积物，可造成闸板关闭后封不住压。（ ）

29. 闸板防喷器使用过程中控制油路正常，闸板轴表面有油污，用液压打不开闸板。（ ）

30. 闸板防喷器使用过程中控制油路正常，闸板被泥沙卡住，用液压打不开闸板。（ ）

31. 闸板防喷器使用过程中闸板轴靠壳体一侧密封圈损坏，中间法兰观察孔有井内介质流出，可采取更换损坏的闸板轴密封圈措施处理。（ ）

32. 闸板防喷器使用过程中闸板表面有油污，中间法兰观察孔有井内介质流出，可采取更换损坏的闸板轴密封圈措施处理。（ ）

33. 闸板总成快速关闭时，闸板总成与壳体内腔入口处发生剧烈碰撞，损坏开、关活塞杆造成镀层有缺口或剥落。（ ）

34. 连续油管作业工作滚筒旋转接头处泄漏，停止泵入、关闭工作滚筒和旋转接头之间的隔离阀，维修并更换旋转接头或者密封圈，并试压，打开隔离阀并恢复连续油管作业。（ ）

35. 闸板防喷器更换闸板时，发现开启或关闭杆的密封表面有拉伤时，如果伤痕是很浅的线状摩擦伤痕或点状伤痕，可用100目砂纸修复。（ ）

36. 处理修井机井架天车滑轮处跳槽时，要有专人指挥，高空作业人员与地面操作人员协调好。（　　）

37. 拨大绳时要用撬杠拨，如果不方便可用手轻拨钢丝绳，将其引入。（　　）

38. 硫化氢具有极其难闻的臭鸡蛋味，可作为警示措施。
（　　）

39. 如果中毒者没有停止呼吸，应立即把中毒者抬到空气新鲜的地方，保持中毒者处于休息状态，有条件可输氧气。（　　）

40. 冲砂时，作业机、井口、泵车各岗位要密切配合，根据泵压来控制下放速度。（　　）

41. 油层出砂的工程原因主要是油、气、水井工作制度不合理和增产措施不当引起出砂。（　　）

42. 作业完井起抽防喷盒泄漏，检查防喷盒密封圈、防喷盒压帽均无问题，采取排查主体是否上紧是措施之一。（　　）

43. 作业完井起抽防喷盒上端泄漏，检查防喷盒密封圈、防喷盒压帽、主体及安装操作均无问题，可采取排查光杆表面是否有损伤的措施。（　　）

44. 原油黏度大造成抽汲抽子遇卡提不动，有时甚至上提拉断抽汲钢丝绳，拉脱抽子，从而造成井下复杂事故。（　　）

45. 由于地层岩性比较疏松，在储层排液时压差过大，易导致地层出砂。当压裂液未完全破胶时，压后放压排液可能带出压裂砂，由此造成抽汲管内抽子被卡，或拉断钢丝绳。（　　）

46. 磨铣施工过程中，若出现无进尺或蹩钻等现象，可适当增加钻压。（　　）

47. 产生跳钻时，要把转速降低至 5r/min 左右。（　　）

48. 作业洗井时油管悬挂器密封圈刺漏，导致洗井油套窜通洗井失败。（　　）

49. 作业洗井时油管悬挂器密封圈刺漏，减小洗井排量和降

·153·

低泵压即可正常洗井。 （ ）

50. 安装好的固定式井架，当天车、游动滑车大钩、井口三点一线，与作业井口油管或钻井转盘方补心中心点偏差大于10cm时需要校正井架。 （ ）

51. 安装好的小修井固定式井架，当天车、游动滑车大钩、井口三点一线，当游动滑车大钩向井架右前方偏移需要校正井架时，松井架右前方绷绳、紧井架左后方绷绳进行校正，同时调整其他1根绷绳。 （ ）

52. 套管四通新顶丝、压帽处渗漏，用专用工具按标准扭矩拧紧顶丝、压帽后，顶丝、压帽处不渗漏了，说明顶丝、压帽没上紧。 （ ）

53. 套管四通旧顶丝、压帽处渗漏，用专用工具按标准扭矩拧紧顶丝、压帽后，顶丝、压帽处还渗漏，需要拆下顶丝、压帽及密封圈进行保养检查，损伤老旧的部件修不好的、不能用的需要更换。 （ ）

54. 柴油机一个循环中，只有一个行程是做功的。 （ ）

55. 柴油机进气行程结束时，气缸内的压力就比大气压力高。 （ ）

56. 柴油机的燃烧不用点火，而是在高温中柴油自燃引起燃烧。 （ ）

57. 柴油机排气行程中，气缸内的压力就比大气压力高。 （ ）

58. 柴油机的发火顺序是从飞轮端开始排列的。 （ ）

59. 柴油机的发火顺序是固定的不可调整变化。 （ ）

60. 柴油机油浴式空气滤清器机油量过多，排气会冒白烟。 （ ）

61. 柴油机活塞环卡住或磨损过多，弹性不足，排气会冒白烟。 （ ）

第三章 井下作业

62. 柴油机输油泵的活塞卡死时，会使输油泵无油输出。
（　）

63. 柴油机的各缸活塞连杆组装好后，转动曲轴应灵活无阻滞现象。（　）

64. 热车后各缸仍有活塞、活塞销响，主轴承、连杆轴承响，柴油机应进行大修。（　）

65. 柴油机喷油泵调节齿杆与齿圈有轻微轧住时，会使最低怠速达不到要求。（　）

66. 柴油机三角皮带过紧时，水泵的排量会降低，发电机的电压会增加。（　）

67. 充电发电机的调节器电压调整偏低，会使发电机发热。
（　）

68. 充电发电机的转子和定子碰擦时，发电机会发热。（　）

69. 柴油机三角皮带过紧时，将引起充电发电机的轴承磨损加剧。（　）

70. 柴油机三角皮带过紧时，风扇本身的轴承并不会磨损加剧。（　）

71. 柴油机长期低负荷（标定功率40%以下）运转，排气会冒蓝烟。（　）

72. 柴油机长期低负荷（标定功率40%以下）运转，虽排气不好，但可延长使用期。（　）

73. 柴油机的油底壳中有燃气进入时，会使机油面上升较快。
（　）

74. 柴油机的油底壳中有燃气进入时，会使机油变黑。
（　）

75. 柴油机机体水腔壁腐蚀时，对于小孔可用仔细焊补或闷牢的方法修理。（　）

76. 柴油机缸套壁腐蚀时，对于小孔可用仔细焊补或闷牢的

155

方法修理。   (   )

77. 柴油机喷油器针阀体研磨面损坏时，会使喷油器漏油。
                                            (   )

78. 柴油机喷油器调压弹簧断裂时，会使喷油压力太高。(   )

79. 增压器转子上的叶轮与轴如用非键连接，装配时不能调错，以免影响平衡。   (   )

80. 在将增压器压气机叶轮安装于主轴时，应使用敲击的办法。   (   )

81. 液压系统的滤清器清洗时只允许使用煤油。 (   )

82. 液压系统的黄油嘴每天都要加注润滑油。   (   )

83. 液压系统中的油泵是为液压传动提供压力油的。(   )

84. 液压系统中，减压阀的进口压力低于设定的压力值时，出口压力能升到设定值。   (   )

85. 作业机气路系统的进气部分堵塞时，会使离合器脱不开。
                                            (   )

86. 作业机气路系统的熄火汽缸连杆调整不对时，不会使发动机自动熄火。   (   )

87. 气控阀损坏是导致修井机气路系统执行机构不工作的故障原因之一。   (   )

88. 检修或更换调压阀是修井机气路系统无压力或压力低的处理方法之一。   (   )

89. 修井机角传动箱无动力输出的故障原因是轴承损坏。
                                            (   )

90. 修井机角传动箱无动力输出的故障处理方法是检修或更换齿轮。   (   )

91. 修井机角传动箱异常发响的故障原因有两种。(   )

92. 修井机角传动箱异常发响的故障处理方法有调整齿轮间隙和更换轴承。   (   )

· 156 ·

93. 摘挂装置失灵原因导致修井机差速箱无动力输出的故障处理方法是检修或更换齿轮。（   ）

94. 齿轮卡阻或损坏是修井机差速箱无动力输出的故障原因之一。（   ）

95. 变速器只有直接挡和空挡，可能是第一轴和第二轴连成一体。（   ）

96. 变速器低挡响，高挡不响，原因是第二轴后轴承松旷。
（   ）

97. XJ-80修井机的滚筒要比XJ-80-1修井机的滚筒大。
（   ）

98. 滚筒在起下钻过程中发现刹车毂高热时，可以往刹车毂上浇水。（   ）

99. 滚筒停止操作时，各排挡应放在低挡位置。（   ）

100. 要定期校正转盘传动链条的正确位置。（   ）

101. 用修井机转盘的旋转通过水泥车打压水力驱动井下整体钻具旋转，达到钻塞的目的。（   ）

102. 修井机转盘传动箱异常发响的故障原因有齿轮间隙大、轴承损坏。（   ）

103. 由于摩擦片损坏严重原因导致修井机转盘传动箱传递扭矩不足的故障处理方法是清理油污并涂松香。（   ）

104. 摩擦片表面有油污是修井机转盘传动箱传递扭矩不足的故障原因之一。（   ）

105. 由于刹车活端调整不好原因导致修井机刹车失灵的故障处理方法是调整刹带与刹间隙。（   ）

106. 修井机刹车失灵的故障原因有三种。（   ）

107. 游动系统卡阻是修井机大钩下放困难的故障原因之一。
（   ）

108. 由于刹带与刹车毂间隙太小原因导致修井机大钩下放困

难的故障处理方法是检查排除卡阻现象。　　　　　（　　）

109. 防爆开关未打开是修井机照明系统工作不正常的故障原因之一。　　　　　　　　　　　　　　　　　　　（　　）

110. 修井机照明系统工作不正常的故障处理方法有打开防爆开关、插牢防爆插销、更换灯泡、更换电缆或电线。（　　）

111. 油管结蜡后，缩小了油管孔径，增加了油流阻力，使油井减产，易造成螺杆泵驱动自动停机。　　　　　（　　）

112. 原油结蜡造成螺杆泵驱动自动停机可采取启动电动机，螺杆泵边排液边用热水循环的处理方法。　　　　（　　）

113. 螺杆泵因卡阻造成驱动自动停机可采取调防冲距、安装电动机后排液求产的方法处理。　　　　　　　　（　　）

114. 螺杆泵因卡阻造成驱动自动停机可采取泵车油管加压，用热水大排量正洗井。　　　　　　　　　　　　（　　）

115. 砂卡类型分为光管柱卡和钻杆卡两种。　　（　　）

116. 应用憋压循环解除砂卡时，憋压压力应从高压开始。
　　　　　　　　　　　　　　　　　　　　　　（　　）

117. 黏吸卡钻随着时间的延长而益趋严重，所以在发现黏吸卡钻的最初阶段，就应在设备（特别是井架和悬吊系统）和钻柱的安全负荷以内尽最大的力量进行活动，上提可超过薄弱环节的安全负荷极限，下压不受限制。　　　　　　　　　（　　）

118. 井液在流动过程中，靠近井壁的流速几乎等于零，钻井液中的固相颗粒便沉积在井壁上。泥页岩井段的井径要比砂岩井段的井径大得多，沉积作用更为显著，所以泥页岩井段容易形成厚滤饼，从而发生黏吸卡。　　　　　　　　　（　　）

119. 浸泡解卡是指对卡点注入相溶的解卡剂，通过浸泡一定时间，将卡点溶解，以达到解卡目的，浸泡解卡适用于蜡卡、滤饼卡、水泥卡等。　　　　　　　　　　　　　　　（　　）

120. 爆炸解卡是指用电缆将一定数量的导爆索下至卡点处，

引爆后利用爆炸震动，可使卡点钻具松动解卡，爆炸解卡适用于卡点较浅的管柱卡。（　）

121. 一般对于套管变形不严重的井，可采取套管补贴的方法解除卡钻。（　）

122. 套卡时，应将卡点以上管柱起出，可采取倒扣、下割刀切割或爆炸切割。然后探视、分析套管损坏的类型和程度，可以通过打铅印、测井径、电视测井等方法来完成，根据探视结果制订合适的方案处理套管变形点，形成正常通道，将井下管柱全部捞出。（　）

123. 对于水泥卡钻不死，能开泵循环的井，可把浓度15%的盐酸替到水泥卡的井段，靠盐酸破坏水泥环而解卡。（　）

124. 如套管内径较小，固死的管柱外无套铣空间，对这样的水泥卡钻事故可采取磨铣法。（　）

125. 倒扣解卡：在井内被卡管柱较长，活动解卡无效时可采用反扣打捞工具，将被卡管柱捞获分别倒出，以分解卡点力量，达到解卡目的。倒扣解卡适用于活动和震击解卡无效时的各种类型卡钻。（　）

126. 遇封隔器失效卡时，只可采用一种方法解卡。（　）

127. 井下作业施工中，压裂和误射孔可能会造成套管损坏，而封隔器坐封和磨铣等常规作业不会造成套管损坏。（　）

128. 当工作压力达到设计规定的最高承压而不能压开层位时，应采取反复憋放法，使地层形成裂缝，但憋放次数不能超过5次。（　）

129. 压裂施工时在排量不变的情况下，泵压突然大幅下降，套压升高，裂缝延伸过程中窜槽时，可采用修井液进行循环，以防砂卡。（　）

130. 压裂施工时裂缝延伸过程中窜槽处理时，可检查油管记录，落实压裂管柱卡点深度，验证封隔器工作情况，起出压裂管柱，核实压裂管柱深度，检查油管和下井工具是否工作正常。

（　　）

131. 从施工曲线上看，当压力曲线未直线上升以前是地层内发生脱砂，压力直线上升则是喷砂器和管柱内砂堵，施工中的防治措施是前置液要用交联压裂液，黏度要稍大于携砂液。（　　）

132. 油层水力压裂就是利用液体传压的特性，将高压液体挤入地层，使地层破裂形成裂缝，并在缝中填入支撑剂使其不闭合，从而提高油层的渗透能力，改善油气层的物理结构和性质，进而增加油井的产量或水井的注入量。（　　）

133. 经过试压工序后，井口及地面管线很少会出现漏失，但是当其老化或有一些隐存的损伤及使用不当的情况下，经过高压冲击一段时间后，就可能出现漏失，导致施工压力急剧下降。

（　　）

134. 压裂中发现管线漏失时，应暂停施工，如工艺条件允许可立即更换器件继续施工，否则终止此次施工，立即上提起出。

（　　）

135. 当工作压力达到设计规定的最高承压而不能酸化时，应采取反复憋放法，但憋放次数不能超过5次。（　　）

136. 酸化施工时酸液挤不进地层时，应起出酸化管柱，核实酸化管柱深度，不用落实酸化管柱卡点深度。（　　）

137. 在投暂堵剂的过程中，无法按作业指导书正常施工时，采取洗井的方式来预防暂堵剂的凝固。（　　）

138. 酸化施工时投暂堵剂后不能正常施工，可以进行循环，替净井内的酸液，以防酸液凝固。（　　）

139. 连续油管在水井向下运动时在配水器中心管处遇阻，是因为配水器中心管内径小，有砂桥，当通道小于连续油管本体直径时，就会发生弯曲。（　　）

140. 连续油管疲劳作业或卡钻处理拔负荷时上提力超出连续

油管抗拉载荷时会造成拉断现象。　　　　　　　（　　）

141. 连续油管起下施工时，链条张紧力过大，造成注入头发生异响时，需要调整操作链条张紧力旋钮，使得链条张紧力匹配管柱悬重。　　　　　　　　　　　　　　　　　（　　）

142. 观察注入头中间部分2个相对应的卡瓦，如果上下面不在同一水平线上，则是2条链条的长度不一样，运转时不同步，发出异响并产生磨痕，调整2条链条相互搭配一下就好了。
　　　　　　　　　　　　　　　　　　　　　　（　　）

143. 连续油管起下施工时注入头链条打滑，是张紧力和夹紧力小造成的，此时需要加大注入头链条张紧力和夹紧力，调整链条张紧力和夹紧力与连续油管悬重匹配。　　　　（　　）

144. 起下连续油管施工时注入头卡瓦打滑，适当加大注入头链条张紧力、夹紧力，打滑现象没解除，是起下管柱速度过快造成的。放慢起下管柱速度即可解决。　　　　　（　　）

145. 连续油管滚筒刹车失灵，会造成浮管现象。（　　）

146. 如果连续油管在注入头和滚筒中间断开，连续油管不受注入头拉力作用，滚筒马达就会不停地驱动滚筒回绕连续油管，最后发生失控时应及时使用紧急停机装置，使液压系统不工作，防止滚筒继续绕连续油管；停机后，及时用卡子固定好连续油管，然后再解决折断后的连续油管。　　　　　　（　　）

147. 下连续油管作业时，滚筒转动速度不断加快，出现失控现象，造成该事故的主要故障原因是下连续油管作业时速度太快，3个夹紧压力没有随着连续油管的下深载荷加大而快速升高，造成入井的连续油管拉着滚筒不断加速。　　　（　　）

148. 下连续油管作业时，滚筒转动速度不断加快，调整滚筒备压失效出现失控现象，用滚筒刹车控制即可。　　（　　）

149. 下连续油管作业时，传动链条松紧度调整不合适，会造成滚筒上的排管器自动排管时不同步或不工作。　（　　）

· 161 ·

150. 下连续油管作业时，滚筒上的排管器自动排管时不同步或不工作，应调整张紧链轮，及时检查并更换导向块。（　）

151. 在连续油管作业中，出现连续油管失速顶出井筒的情况时，加大注入头链条夹紧力以加大油管的摩擦力，若失速显象消失，按连续油管停车控井的操作规程停车，检查设备分析原因。（　）

152. 在连续油管作业中，出现连续油管失速顶出井筒的情况时，如果无法阻止油管上窜，可强行关闭防喷器油管卡瓦。（　）

153. 连续油管在井筒中遇阻，停止下放，上提至管柱悬重，加大洗井泵压及排量，上提下放管柱活动解阻。（　）

154. 连续油管在井筒中遇卡时，上提油管拉力保持油管拉伸强度的80%，并保持10min，仔细观察油管拉伸情况及油管悬重变化情况，记录油管被拉伸的长度，然后通过计算找出油管被卡点。（　）

155. 施工过程中出现泵注设备故障，立即停泵，活动井内管柱，倒进口管线，更换泵注设备。（　）

156. 施工过程中出现泵注设备故障，如果短时间内泵注设备无法修复，可将井内工具串起钻至井口。（　）

157. 在连续油管作业过程中如果连续油管动力源失效，注入头刹车将自动啮合，立刻用紧急手泵打压保持注入头及防喷器的工作压力，关闭注入头刹车及滚筒刹车，关闭防喷器油管卡瓦，并锁死手动关闭手柄。（　）

158. 在连续油管作业过程中如果连续油管动力源失效，注入头刹车将自动啮合，立刻用紧急手泵打压保持注入头及防喷器的工作压力，关闭注入头刹车及滚筒刹车，关闭防喷器油管卡瓦，不能锁死手动关闭手柄。（　）

159. 地面连续油管在注入头夹持块以上出现断裂时，洗井泵

操作岗应立即停泵。(   )

160. 地面连续油管在注入头夹持块以上出现断裂时，必须更换新的注入头夹持块。(   )

161. 连续油管防喷盒密封胶芯失效，首先要停泵、停止起下油管，关闭防喷器油管卡瓦和半封，隔离连续油管环空，并锁死防喷器手动操作手柄。(   )

162. 连续油管防喷盒密封胶芯失效，可关闭防喷器油管半封，应急代替防喷盒失效的密封胶芯，待完成该井施工，拆收注入头时再更换防喷盒密封胶芯。(   )

163. 起下连续油管施工时，高压管线泄漏，立即停止起下，关闭半封及悬挂卡瓦并手动锁死半封及悬挂卡瓦，放压，对泄漏管线进行维修或更换，试压合格后继续按设计施工。(   )

164. 起下连续油管施工时，高压管线泄漏，立即停止起下，关闭半封及悬挂卡瓦并手动锁死半封，高压管线泄漏修复后恢复施工。(   )

165. 连续油管作业工作滚筒旋转接头处泄漏，轻微时不影响工作滚筒，该井施工结束时再维修检查即可。(   )

第四章　站库系统通用机泵故障

一、选择题

1. 离心泵的（　　）长时间浸泡在液体中，会因为液体的腐蚀性导致损坏。

A. 进口阀门　　B. 出口阀门　　C. 底阀　　D. 单流阀

2. 由于输送液体含有杂质，离心泵底阀的活门遭到杂物堵塞从而导致底阀（　　）。

A. 打不开　　B. 粘黏　　C. 磨损严重　　D. 密封不严

3. 离心泵运行时，因液体的腐蚀性导致管道穿孔渗漏，会造成离心泵灌泵时（　　）。

A. 加不进吸入管　　　　B. 加不进离心泵

C. 加不满吸入管　　　　D. 加不满离心泵

4. 离心泵在启泵前，如果（　　）会导致离心泵灌泵时灌不满吸入管。

A. 液体无法排出　　　　B. 气体无法排出

C. 液体黏度大　　　　　D. 气体温度高

5. 多级离心泵运行时转子窜量大会出现声音异常，严重时出现（　　）、磨盘现象。

A. 汽蚀　　B. 漏油　　C. 顶轴　　D. 抽空

6. 离心泵运行时操作不当，致使泵内部发生水力冲击，（　　）起不到补偿轴向力作用，泵转子部分磨损而造成窜量过大。

A. 密封装置　　B. 传动装置　　C. 转动装置　　D. 平衡装置

7. 离心泵运行时（　　）不通畅起不到补偿轴向力作用，使泵转子部分磨损而造成窜量过大。

A. 叶轮流道　　B. 平衡管　　C. 水封环　　D. 轴承函

8. 离心泵由于各零部件装配质量不合格造成机泵运行时窜动量过大，应按安装要求紧固离心泵各转子部分，紧固（　　）。

　　A. 底座螺栓　　　　　　B. 填料螺栓
　　C. 连接处螺栓　　　　　D. 轴承锁紧螺母

9. 离心泵或电动机的转子与定子部件由于装配质量不合格而发生严重摩擦易造成（　　）的现象。

　　A. 启泵后排量大　　　　B. 启泵后憋压
　　C. 启泵后转不动　　　　D. 启泵后反转

10. 离心泵的（　　）损坏摩擦严重，造成启泵后干磨转不动。

　　A. 胶垫胶圈　　B. 轴承　　C. 盘根　　D. 平衡管

11. 离心泵密封处密封填料（　　）造成启泵时机泵转不动现象。

　　A. 切口方向一致　　　　B. 压太松
　　C. 加过少　　　　　　　D. 加过多

12. 长期停运的离心泵机组，盘不动泵造成启泵卡阻现象时，应解体维修并清理机泵（　　）部件严重锈蚀部位。

　　A. 平衡　　B. 密封　　C. 转子　　D. 定子

13. 离心泵机组运行时，电动机运行声音有"嗡嗡"发闷的声音，同等排量下，电流明显高于额定电流是离心泵运行（　　）的现象。

　　A. 有效功率过大　　　　B. 配套功率过小
　　C. 轴功率过大　　　　　D. 轴功率过小

14. 离心泵运行时流量过大，严重超过（　　）可导致泵轴功率过大。

　　A. 极限排量　　B. 最大排量　　C. 生产排量　　D. 额定排量

15. 离心泵运行时输送介质（　　）可导致泵轴功率过大。

A. 重度大、密度大　　　　B. 黏度大、重度大
C. 温度高、黏度大　　　　D. 密度大、温度高

16. 离心泵的转子部分摩擦阻力大可导致机泵运转时（　　）。

A. 负荷大　　B. 排量大　　C. 电流小　　D. 转数小

17. 离心泵（　　）未打开导致启泵后不吸水，进口压力表负压高，出口压力表无读数。

A. 进口阀门　B. 出口阀门　C. 旁通阀门　D. 放空阀门

18. 离心泵过滤器被杂质堵死，造成（　　），进口压力表负压高，出口压力表无读数。

A. 启泵后汽化　　　　　　B. 启泵后电流偏高
C. 启泵后不吸水　　　　　D. 启泵后负荷大

19. 离心泵（　　），可导致泵启动后不吸水，进口压力表负压高，出口压力表无读数。

A. 输送介质温度高　　　　B. 输送介质黏度低
C. 输送介质杂质多　　　　D. 输送介质凝结

20. 离心泵启泵后不吸水，出口压力表无读数，进口压力（真空）表负压较高应检修（　　），排除故障。

A. 进口流程　B. 出口流程　C. 旁通流程　D. 放空流程

21. 离心泵由于（　　）、填料松等原因会出现吸水流程有空气进入，导致离心泵启泵后不吸液，压力表指针剧烈波动的现象。

A. 出口法兰处漏气　　　　B. 出口压力表接头漏气
C. 真空表接头漏气　　　　D. 旁通阀门未关严

22. 离心泵（　　）进气会使吸水流程有空气进入，导致离心泵启泵后不吸液，进出口压力表指针剧烈波动的现象。

A. 轴承与轴配合处　　　　B. 轴套与轴配合处
C. 平衡盘与轴配合处　　　D. 叶轮与轴配合处

23. 离心泵在灌泵时未灌满，（　　）无法排出，可导致离心泵启泵后不吸液，进出口压力表指针剧烈波动的现象。

　　A. 液体　　　B. 杂质　　　C. 气体　　　D. 流体

24. 离心泵启泵前应检查各配合处密封状况，保证（　　）部分密封情况；防止出现离心泵启泵后不吸液现象。

　　A. 大罐进口流程　　　　　B. 泵进口流程

　　C. 大罐排污流程　　　　　D. 泵出口流程

25. 离心泵启泵后不上水，内部声音异常，振动大是因为新装或大修后的离心泵，由于销钉未安装紧固，运转时发生口环脱落，（　　）损失大造成的。

　　A. 压力　　　B. 体积　　　C. 容积　　　D. 机械

26. 离心泵（　　）不规格或磨损能够造成离心泵启泵后不上水，内部声音异常，振动大。

　　A. 轴键　　　B. 轴套　　　C. 轴承锁帽　　　D. 轴

27. 大修后的离心泵，由于口环固定销钉未安装紧固，运转时发生口环脱落，造成（　　）与口环摩擦导致启泵后不上水，内部声音异常，振动大。

　　A. 轴键　　　B. 叶轮　　　C. 轴套　　　D. 轴

28. 离心泵安装后，泵内（　　）与轴键脱落，可造成离心泵启泵后不上水，内部声音异常，振动大。

　　A. 联轴器　　　B. 平衡盘　　　C. 轴套　　　D. 叶轮

29. 离心泵运行时，单流阀堵塞会造成离心泵泵压高，导致离心泵（　　）。

　　A. 吸不上液　　　　　　　B. 输不出液

　　C. 真空压力表无指示　　　D. 出口阀门堵塞

30. 离心泵在运行过程中出现出口汇管压力高、流量计无流量值是因为离心泵（　　）未倒通或堵塞。

　　A. 旁通流程　　B. 进口流程　　C. 出口流程　　D. 备用流程

31. 离心泵运行时，开大泵出口阀门（　　）是因为外输下游站流程未倒通。

　　A. 进口和出口压力一致　　　B. 进口和泵压力一致

　　C. 进口和汇管压力一致　　　D. 出口和汇管压力一致

32. 离心泵启泵后输不出液，开大泵出口阀门后泵压不下降，倒泵后运行正常，可确定为离心泵（　　）或出口阀门故障。

　　A. 单流阀门　　B. 进口阀门　　C. 放空阀门　　D. 旁通阀门

33. 离心泵进口流程未倒通或大罐（　　）、泵进口阀门开度较小可造成离心泵来液量较少启泵后抽空。

　　A. 溢流阀　　B. 进口阀门　　C. 出口阀门　　D. 呼吸阀门

34. 离心泵流量不足，流量计瞬时值未达到正常生产外输量应从泵的进口流程、出口流程及（　　）查找原因。

　　A. 大罐进口流程　　　　　B. 大罐气出口流程

　　C. 旁通流程　　　　　　　D. 离心泵本体

35. 离心泵运行时外网压力高会造成（　　）不足。

　　A. 压力　　　B. 外输量　　C. 电流　　　D. 电压

36. 供液容器（　　）、阀门长期使用结垢堵塞会造成离心泵运行时流量不足。

　　A. 进口管线　　B. 出口管线　　C. 旁通管线　　D. 溢流阀门

37. 供液容器液位低，容器内出口管线发生（　　）现象会导致离心泵排液后出现断流故障。

　　A. 堵塞　　　B. 穿孔　　　C. 腐蚀　　　D. 涡流

38. 离心泵运行时，吸入管路有少量（　　）吸入会导致离心泵排液后出现断流现象。

　　A. 液体　　　B. 气体　　　C. 悬浮物　　D. 流体

39. 离心泵排液时，出现断流现象后应检查吸入管路各连接处及（　　）处的工作状况。

　　A. 出口阀门开启度　　　　B. 出口阀门法兰

C. 泵压力表接头　　　　　D. 填料密封

40. 离心泵运行时，排液出现断流时泵压表会出现（　　）现象。

　A. 变大　　　B. 变小　　　C. 波动　　　D. 无指示

41. 离心泵排出管线穿孔或断裂会导致泵运行时，压力表指示值突然低于正常示值，（　　）突然增大，电动机运转声音变化。

　A. 电流　　　B. 电压　　　C. 出口压力　　D. 扬程

42. 离心泵在运转中压力表示值突然低于正常示值，电流值突增、声音异常，关小泵出口阀门后泵压恢复正常，说明排出管线（　　）。

　A. 阀门闸板脱落　　　　　B. 穿孔或断裂
　C. 堵塞严重　　　　　　　D. 压力较高

43. 离心泵在运转中压力表示值突然低于正常示值，声音异常，关闭泵出口阀门后泵压仍不正常，说明（　　）。

　A. 出口阀门闸板脱落　　　B. 出口管线穿孔或断裂
　C. 过滤器堵塞严重　　　　D. 进口压力较高

44. 离心泵在运转中压力表示值突然低于正常示值，电流值突增、声音异常，若关闭泵出口阀门后泵压恢复正常，应停泵检查（　　）。

　A. 出口阀门闸板　　　　　B. 处理进口外网管线
　C. 过滤器堵塞　　　　　　D. 处理出口外网管线

45. 造成离心泵轴承发热的原因是（　　）质量差。

　A. 轴承锁帽　　B. 润滑油　　C. 轴套　　　D. 填料

46. 离心泵运行时，泵轴（　　）使轴承受力不均匀能造成轴承发热。

　A. 腐蚀　　　B. 功率过低　　C. 转速太低　　D. 弯曲

47. 离心泵机组安装完全达到技术标准，但在投产试运时轴

169

承过热，这种现象是由于机泵（　　）造成的。

  A. 轴承间隙过大　　　　　B. 轴承间隙过小

  C. 冷却效果不好　　　　　D. 输送介质温度高

48. 离心泵机组安装时机泵不同心，能造成离心泵运行时（　　）的现象。

  A. 叶轮堵塞　　　　　　　B. 轴承发热

  C. 泵压升高　　　　　　　D. 密封填料渗漏

49. 离心泵运转时联轴器处有胶垫（圈）粉末散落现象，停泵可见联轴器胶（圈）磨损，严重时可见（　　）。

  A. 轴承发热抱死　　　　　B. 密封填料漏失严重

  C. 联轴器穿孔偏磨　　　　D. 叶轮穿孔

50. 离心泵运转时有联轴器处金属粉末散落现象，说明（　　）。

  A. 联轴器顶轴偏磨　　　　B. 联轴器间隙过大

  C. 密封填料漏失严重　　　D. 泵窜量过大

51. 离心泵叶轮、导翼有局部严重磨损、腐蚀会造成离心泵运行时（　　），流量低。

  A. 容积损失过大　　　　　B. 水力损失过大

  C. 机械损失过大　　　　　D. 局部损失过大

52. 离心泵运行时，经常发生（　　）能够造成泵叶轮、导翼局部磨损、腐蚀。

  A. 密封填料漏失量大　　　B. 汽蚀

  C. 憋压　　　　　　　　　D. 输送介质温度低

53. 离心泵频繁启停、调节参数不平稳，（　　）能够导致部件严重磨损、腐蚀。

  A. 大排量运行　　　　　　B. 小排量运行

  C. 输送介质黏度大　　　　D. 输送介质温度低

54. 离心泵频繁启停、调节参数不平稳，可造成泵叶轮、导翼的叶片进口圆角（　　）而导致部件严重磨损、腐蚀。

A. 过大　　B. 过小　　C. 成锐角　　D. 成钝角

55. 离心泵运行时，输送介质（　　）会影响机泵过流部件使用寿命。

A. 含油多　　B. 含水多　　C. 温度高　　D. 温度低

56. 离心泵过流部件使用寿命短是因为泵运行时，输送介质（　　）的原因。

A. 含油多　　B. 含水多　　C. 温度低　　D. 腐蚀性大

57. 离心泵装配工艺不合理，内部配合间隙不当能导致离心泵（　　）寿命短。

A. 密封部件　　B. 传动部件　　C. 过流部件　　D. 紧固部件

58. 下列选项中造成离心泵过流部件寿命短的原因是（　　）。

A. 出口外网压力高　　　　B. 输送介质含水高

C. 单流阀打不开　　　　　D. 零部件材质不好

59. 离心泵油环（　　）会导致离心泵运行时油环转动过慢，带油太少。

A. 体积不够　　B. 质量不够　　C. 重量不够　　D. 密度不够

60. 离心泵运行时油环转动过慢，带油太少是因为离心泵油环（　　）造成的。

A. 体积过大　　B. 重量过大　　C. 温度过高　　D. 材质过硬

61. 离心泵运行时，油环不圆或泵轴不规则的磨损而造成油环（　　）。

A. 转动时带油太多　　　　B. 转动时快慢不均

C. 转动过快　　　　　　　D. 转动过慢

62. 离心泵油环（　　）会导致泵运行时油环转动过慢，带油太少。

A. 过于光滑　　B. 粗糙　　C. 过重　　D. 过热

63. 多级离心泵平衡盘磨损，运行时会出现（　　）、机械密封渗漏等现象。

A. 电流过低　　B. 电流过高　　C. 汽蚀　　D. 抽空

64. 泵输送介质（　　）会造成平衡盘磨损。

A. 含水过高　　B. 含油过高　　C. 杂质过多　　D. 黏度过大

65. 岗位员工按操作规程启停离心泵时，离心泵启停瞬间（　　）最容易发生磨损。

A. 联轴器　　B. 轴承　　C. 平衡管　　D. 平衡盘

66. 多级离心泵（　　），产生不了平衡力造成泵运行时平衡盘磨损。

A. 平衡管堵塞　　　　　　B. 平衡孔堵塞

C. 平衡环堵塞　　　　　　D. 平衡鼓堵塞

67. 离心泵在流量极小或（　　）状态下运行会造成离心泵泵体发热的现象。

A. 放空阀门关闭　　　　　B. 出口阀门关闭

C. 进口阀门打开　　　　　D. 出口阀门打开

68. 离心泵在（　　）状态下运行会造成离心泵泵体发热的现象。

A. 密封填料严重漏失

B. 轴承严重磨损

C. 联轴器严重偏磨

D. 转子部分与定子部分严重摩擦

69. 离心泵运行时，输送介质（　　）可造成泵体发热。

A. 密度大　　B. 温度低　　C. 温度高　　D. 含水高

70. 离心泵运行时泵体发热，可能是由于泵（　　）造成。

A. 机封漏失量大　　　　　B. 机封漏失量小

C. 大排量控制　　　　　　D. 极小排量控制

71. 离心泵在运行过程中出现平衡环与平衡盘干磨时，会引起（　　）发烫，泵压下降。

A. 平衡管、低压端泵头　　B. 平衡管、高压端泵头

C. 平衡管、低压端盘根　　D. 平衡管、高压端盘根

72. 离心泵在运行过程中如果机组不同心会造成（　　），引起平衡管、高压端泵头发烫，泵压下降。

A. 低压端密封偏磨　　B. 低压端轴套偏磨

C. 低压端轴承偏磨　　D. 高压端密封及轴承偏磨

73. 离心泵运行时，填料密封过紧，允许漏失量过小可引起（　　）处发烫。

A. 轴承　　B. 叶轮　　C. 泵头　　D. 轴

74. 离心泵运行时高压端泵头发烫，泵压下降，电流过高，应及时检查（　　）。

A. 密封填料　　B. 轴承　　C. 平衡管　　D. 过滤器

75. 离心泵运行时发生汽化、抽空的故障，会出现（　　）、泵体发热等现象。

A. 泵出口压力表落零　　B. 泵出口压力表指示值正常

C. 泵出口压力表指示值偏高　　D. 泵出口压力表指示值偏低

76. 离心泵运行时，突然出现（　　）、泵体发热等现象可判断离心泵汽化。

A. 电流波动、流量计瞬时值偏大

B. 电流波动、流量计瞬时值不变

C. 电流最低、流量计无流量

D. 电流表无电流、流量计无流量

77. D型离心泵启泵前未灌满液体，启泵时会出现抽空而导致离心泵发生（　　）的现象。

A. 汽化　　B. 憋压

C. 电流表指示值偏高　　D. 电流表无显示

78. 离心泵运行时，排量过小或（　　），会使泵体过热造成

· 173 ·

离心泵汽化现象。

A. 输送液体含水过大　　　B. 输送液体杂质过大

C. 泵放空阀关死　　　　　D. 泵出口阀门关死

79. 离心泵运行时振动大,声音异常,出现水击现象时压力表(　　)。

A. 指示值归零　　　　　　B. 指示值偏小

C. 指示值偏大　　　　　　D. 指示值波动

80. 离心泵运行时泵内产生汽蚀,由于汽泡在(　　)突然破裂,汽泡周围的液体急剧向空间靠拢,从而产生水击现象。

A. 高压区　　B. 中压区　　C. 低压区　　D. 负压区

81. 离心泵运行时,由于突然停电,高压液迅猛倒灌,冲击(　　)造成系统压力波动,泵反转。

A. 泵进口阀门阀板　　　　B. 泵进口过滤器滤网

C. 泵出口阀门阀板　　　　D. 泵出口单流阀阀板

82. 岗位员工操作不平稳,离心泵(　　)过快,产生冲击易出现水击现象。

A. 进口阀门打开　　　　　B. 进口阀门关闭

C. 旁通阀门打开　　　　　D. 出口阀门关闭

83. 离心泵运行时,(　　)会导致离心泵联轴器损坏。

A. 密封填料过多,渗漏量过大

B. 润滑油多,泵头温度高

C. 轴承磨损,引起泵振动

D. 罐液位低,泵供液不足

84. 离心泵运行时,若(　　),能造成机泵振动大、联轴器损坏。

A. 机械密封严重漏失　　　B. 输送介质黏度过大

C. 机泵叶轮入口堵塞　　　D. 机泵与电动机不同心

85. 离心泵安装后,在运行过程中,如果出现(　　)时,极易损坏联轴器。

　　A. 轴套与泵轴配合松动　　　B. 联轴器与泵轴配合松动

　　C. 轴套与泵轴配合过紧　　　D. 联轴器与泵轴配合过紧

　　86. 离心泵联轴器损坏是由于（　　）导致联轴器端面间隙变化后长时间运行造成的。

　　A. 轴套与轴间隙大　　　　　B. 泵口环与叶轮配合间隙大

　　C. 泵联轴器穿销过紧　　　　D. 泵窜量大

　　87. 离心泵泵内或（　　）留有空气可造成离心泵运行时产生振动和噪声。

　　A. 旁通管内　B. 排污管内　C. 吸入管内　D. 排出管内

　　88. 离心泵在（　　）运行时可造成离心泵出现振动和噪声现象。

　　A. 大流量时，调小出口阀门

　　B. 小流量时，调大出口阀门

　　C. 流量极小时，打开泵连通阀门

　　D. 流量极小时，泵憋压

　　89. 离心泵运行时，叶轮止口与（　　）发生摩擦能使泵产生振动，出现噪声。

　　A. 泵段　　　B. 导翼　　　C. 泵轴　　　D. 密封环

　　90. 离心泵爪型联轴器内弹性块损坏、弹性联轴器胶圈损坏能造成离心泵运行时产生（　　）现象。

　　A. 高温和噪声　　　　　　　B. 振动和噪声

　　C. 振动和高温　　　　　　　D. 憋压运行

　　91. 离心泵运行时（　　）能造成泵密封填料漏失严重或刺水现象。

　　A. 泵轴弯曲　　　　　　　　B. 口环与叶轮止口外径磨损

　　C. 机泵输送介质温度高　　　D. 轴承加注润滑油过多

　　92. 离心泵运行时，泵轴套胶圈与轴密封不好，高压水从

（　　）与轴之间刺出造成密封填料漏失严重或刺水现象。

A.轴承端面　　B.轴套表面　　C.轴套内径　　D.轴套外径

93.离心泵密封填料漏失严重或刺水的原因是（　　）出现沟槽与填料密封不严。

A.泵轴表面严重磨损　　　　B.泵轴套表面严重磨损

C.泵轴承表面严重磨损　　　D.平衡盘脖颈严重磨损

94.离心泵密封填料发生漏失严重或刺水的现象应重新选择填料，并按规定方法平整加装密封填料，密封切口错开（　　）。

A. 15°～45°　B. 60°～90°　C. 90°～120°　D. 120°～180°

95.离心泵密封填料过热冒烟的原因可能是（　　）或密封填料压得太紧。

A.密封填料质量差　　　　B.密封填料压盖压偏

C.密封切口错开90°～120°　D.泵轴套表面严重磨损

96.离心泵运行时（　　）会使泵密封填料过热冒烟。

A.冷却水不通　　　　　　B.平衡管不通

C.机泵进口管线堵塞　　　D.机泵出口管线堵塞

97.离心泵密封填料硬度过大、没弹性，可造成泵运行时密封填料（　　）。

A.渗漏量大　B.刺水严重　C.过热冒烟　D.无渗漏量

98.离心泵密封填料接头重叠起棱、偏磨，造成机泵运行时填料过热冒烟，应检查填料长度并按规定方法加装，（　　）直到松紧适度为止。

A.对称均匀紧固压盖螺栓，边紧边盘泵

B.依次均匀紧固压盖螺栓，边紧边盘泵

C.密封切口错开90°～180°紧固压盖

D.密封切口错开60°～90°紧固压盖

99.离心泵运行时，（　　）可造成机械密封发热冒烟泄漏液体。

A. 轴弯曲摆动　　　　　　B. 轴表面磨损

C. 轴套表面磨损　　　　　D. 轴承表面磨损

100. 离心泵运行时，机械密封端面宽度过大，比压太大可造成机械密封（　　）。

A. 刺漏液体　　　　　　　B. 周期性渗漏

C. 突然性渗漏　　　　　　D. 发热冒烟泄漏液体

101. 离心泵机械密封动静环选择不当，（　　）造成机械密封发热冒烟泄漏液体。

A. 动环与静环密封端面精度高

B. 动环与静环密封端面加工精度低

C. 机封弹簧力不足，比压小

D. 工作窜量过大

102. 离心泵机械密封动环与（　　）的间隙太小，致使轴振动并引起碰撞造成机泵运行时机械密封发热冒烟泄漏液体。

A. 轴外径　　　　　　　　B. 轴套外径

C. 填料函内径　　　　　　D. 填料函外径

103. 离心泵机械密封（　　）摩擦端面歪斜，平直度不够可造成机泵运行时机械密封端面漏失严重，漏失的液体夹带杂质。

A. 动环、泵轴　　　　　　B. 动环、弹簧

C. 动、静环　　　　　　　D. 静环、压盖

104. 离心泵运行时，（　　）进入机械密封动、静环的密封端面造成机械密封端面漏失严重且夹带杂质。

A. 固体颗粒　　　　　　　B. 高压液体

C. 高黏度液体　　　　　　D. 高温度液体

105. 机械密封由于（　　），造成比压小使补偿作用消失，可造成离心泵运行时，机械密封端面漏失严重，漏失的液体夹带杂质。

A. 动环压紧　　B. 静环压紧　　C. 胶圈压偏　　D. 弹簧力不足

· 177 ·

106. 离心泵（　　）的耐腐蚀性、耐高温性能不好会造成运行时机械密封轴向泄漏严重。

A. 轴套材料　　B. 密封圈材料　C. 静环材料　　D. 动环材料

107. 离心泵机械密封轴向泄漏严重的原因可能是安装时（　　）扭劲，压偏斜。

A. 静环　　　B. 动环　　　C. 密封圈　　D. 轴套

108. 离心泵（　　）损坏，致使机械密封轴向泄漏严重。

A. 叶轮　　　B. 轴套胶圈　C. 静环　　　D. 动环

109. 离心泵运行时由于泵转子轴向窜动，动环来不及补偿位移可造成机械密封（　　）。

A. 周期性泄漏　　　　　B. 突发性泄漏

C. 泄漏液体有杂质　　　D. 轴向泄漏严重

110. 离心泵运行时操作不平稳、（　　），可造成机械密封周期性泄漏。

A. 密封材料太硬　　　　B. 密封腔内压力变大

C. 动静环浮动性差　　　D. 机械密封弹簧力不足

111. 离心泵运行时机械密封周期性泄漏的原因可能是（　　）引起的漏油。

A. 定子突发性振动　　　B. 定子周期性振动

C. 转子突发性振动　　　D. 转子周期性振动

112. 离心泵运行时由于（　　），动环来不及补偿位移可造成机械密封周期性泄漏。

A. 泵轴承径向窜动　　　B. 泵轴套径向窜动

C. 泵转子轴向窜动　　　D. 泵转子径向窜动

113. 离心泵（　　），破坏机械密封的性能，可造成机械密封出现突然性漏失。

A. 严重抽空　B. 憋压　　C. 小排量运行　D. 超负荷运行

114. 离心泵运行时，机械密封（　　）可造成泵机械密封出现突然性漏失。

  A. 补偿环不到位   B. 卡环间隙大

  C. 弹簧有杂质   D. 动环、静环断裂

115. 离心泵长期运行泵内结垢严重，间隙过小，停泵后会出现（ ）现象。

  A. 机械密封严重漏失   B. 轴承抱死

  C. 转子反转   D. 转子盘不动

116. 离心泵长时间运转，（ ）可造成离心泵停泵后转子盘不动现象。

  A. 输送介质杂质较多   B. 机械密封严重漏失

  C. 配件有破碎卡死泵转子   D. 叶轮与口环配合松动

117. 离心泵（ ）现象是因为操作不合理使泵平衡盘粘结咬死造成的。

  A. 停泵后转子反转   B. 停泵后转子盘不动

  C. 再启泵后转子反转   D. 再启泵后电流偏低

118. 当离心泵出现平衡盘粘黏，停泵后转子盘不动的现象时，应检查（ ）进行处理。

  A. 轴承部分 B. 平衡部分 C. 传动部分 D. 密封部分

119. 离心泵出口单流阀不能自动关闭可造成离心泵（ ）。

  A. 停泵后盘不动泵   B. 停泵后反向旋转

  C. 停泵后机械密封漏失严重 D. 停泵后泵体有异常响声

120. 离心泵停泵后反转首先考虑泵（ ）。

  A. 过滤器堵塞   B. 泵汽蚀严重

  C. 进口阀门没关   D. 出口阀门没关

121. 离心泵运行时电流突然下降原因可能是（ ）造成的。

  A. 电源电压下降   B. 出口流程泄漏

  C. 超负荷运行   D. 输送介质温度高

122. 离心泵运行时，（　　）电流会突然下降。

A. 打开连通阀门　　　　　　B. 出口流程用水突然变大

C. 出口流程穿孔　　　　　　D. 来液突然减小造成汽化

123. 离心泵运行时电流突然下降可能是（　　）造成的。

A. 出口流程穿孔　　　　　　B. 平衡盘粘黏

C. 出口流程用水量突然变小　D. 出口流程用水量突然变大

124. 离心泵运行时电源电压突然上升可使泵（　　）突然上升。

A. 流量　　　B. 电流　　　C. 温度　　　D. 转速

125. 离心泵运行时，（　　）可导致泵电流突然上升。

A. 转速突然下降　　　　　　B. 泵压突然上升

C. 变频自动控制时排量突然增大

D. 变频自动控制时排量突然降低

126. 离心泵运行时电流突然上升的原因可能是（　　）。

A. 介质温度上升　　　　　　B. 排量突然减小

C. 进口流程液位升高　　　　D. 排量突然变大

127. 离心泵变频运行时，供液压力突增，变频会自动增大、转数增大、排量增大，会出现（　　）的现象。

A. 电流突然上升　　　　　　B. 电流突然下降

C. 电压突然上升　　　　　　D. 电压突然下降

128. 离心泵运行时由于（　　）可造成泵轴承发热和磨损。

A. 泵转子不平衡引起振动

B. 泵地脚螺栓松动引起的振动

C. 输送介质温度高

D. 输送介质温度低

129. 离心泵轴承发热和轴承磨损的原因可能是（　　）造成的。

A. 泵抽空引起振动　　　　　B. 轴弯曲度超过规定标准

C. 泵内配件破碎　　　　　D. 平衡盘粘结咬死

130. 离心泵轴承盒内润滑油（脂）过多过少或太脏可造成（　　）。

A. 机械密封渗漏严重　　　B. 泵内配件破碎

C. 轴承磨损　　　　　　　D. 平衡盘粘结咬死

131. 离心泵轴承发热和轴承磨损的原因可能是轴承与（　　）配合不好端面压偏造成的。

A. 轴套　　B. 叶轮　　C. 密封环　　D. 轴

132. 离心泵若（　　），会出现启泵时压力正常，打开出口阀后压力迅速下降。

A. 进口过滤器堵塞　　　　B. 出口单流阀堵塞

C. 进口大罐压力高　　　　D. 出口流程堵塞

133. 离心泵启泵后压力正常，随后压力缓慢下降的原因可能是（　　）造成的。

A. 输送介质温度过低　　　B. 输送介质温度过高

C. 输送介质黏度低　　　　D. 输送介质黏度高

134. 离心泵（　　），可造成启泵后压力正常而随后压力缓慢下降。

A. 机械密封弹簧结垢　　　B. 叶轮口环严重磨损

C. 平衡管堵塞　　　　　　D. 输送介质杂质较多

135. 离心泵若（　　），导致启泵时压力正常打开出口阀后压力缓慢下降。

A. 出口阀门开启度太小

B. 旁通阀门未关死

C. 级间漏失量小

D. 放空不彻底，影响液体进入泵内

136. 往复泵的曲轴轴承润滑脂过多或过少，轴承内进入污物或轴承出现疲劳破坏，会导致（　　）温度过高。

A. 机体　　B. 连杆　　C. 轴承　　D. 十字头

137. 往复泵运转时，虽然活塞排出的流量按（　　）规律变化，但是在空气室的作用下排出管路中的流量仍然均匀。

A. 正弦　　B. 正切　　C. 余弦　　D. 余切

138. 往复泵运转时，动力端发生冒烟是由连杆瓦烧坏、十字头与下导板无润滑油干磨、连杆铜套顶丝松动或（　　）引起的。

A. 活塞过紧　　　　　B. 填料过紧
C. 进液阀未打开　　　D. 油路堵塞

139. 往复泵是依靠活塞的往复运动，改变工作缸容积来输送液体的，泵启动后，旁通阀未关可使泵（　　）。

A. 泵体振动　B. 柱塞发热　C. 不吸液　D. 出口压力高

140. 往复泵由于柱塞组装过紧，会造成运转中柱塞过热，可通过调节（　　）来调整柱塞密封程度。

A. 泵体螺栓　　　　　B. 柱塞压紧螺栓
C 泵地脚螺栓　　　　D. 护罩螺栓

141. 往复泵运转中，曲轴箱内润滑油位应控制在（　　），过多或过少会导致曲轴轴承温度过高。

A. 1/4～1/3　B. 1/3～1/2　C. 1/2～2/3　D. 2/3～3/4

142. 往复泵的泵缸部分主要由泵体、活塞和进出液的（　　）单向阀组成。

A. 1个　　B. 2个　　C. 3个　　D. 4个

143. 往复泵自吸能力强，适宜输送黏性液体和黏度随（　　）变化大的液体。

A. 环境　　B. 体积　　C. 压力　　D. 温度

144. 往复泵在正常运转情况下，调节流量要依靠改变（　　）来实现。

A. 转数　　B. 冲程　　C. 压力　　D. 电压

145. 往复泵运转中，当电动机转数低、皮带打滑丢转时，会出现（　　）。

　　A. 进口压力降低　　　　　B. 流量增大
　　C. 动力不足　　　　　　　D. 出口压力升高

146. 当往复泵动力不足时，可提高电动机转速，转速一般设定在（　　）。

　　A. 100～200r/min　　　　B. 200～300r/min
　　C. 300～400r/min　　　　D. 400～500r/min

147. 往复泵流量的大小与泵的（　　）无关。

　　A. 管径　　　B. 尺寸　　　C. 压头　　D. 冲程

148. 往复泵运转中，密封件损坏、（　　）会造成浮动套漏油。

　　A. 连杆铜套顶丝松动　　　B. 轴承疲劳损坏
　　C. 平衡管损坏　　　　　　D. 弹簧失灵

149. 往复泵内有气体，发生抽气现象时，应打开（　　）直至液体冒出。

　　A. 安全阀　　B. 排污阀　　C. 放气阀　　D. 连通阀

150. 当往复泵进液阀、排液阀出现漏失现象，应研磨、更换阀体或（　　）。

　　A. 手轮　　　B. 阀座　　　C. 阀杆　　　D. 法兰

151. 往复泵进液阀、排液阀有漏失现象，泵排出阀座跳动、阀箱内有硬物，会出现压力表指针不正常摆动，（　　）有不正常响声。

　　A. 曲轴　　　B. 连杆　　　C. 十字头　　D. 液力端

152. 为了减少往复泵的进口管线产生振动，要保证往复泵的进口法兰处有足够的进泵压力，这个压力应大于进液弹簧的压力与进液阀自重的压力之（　　）。

　　A. 和　　　　B. 差　　　　C. 积　　　　D. 商

153. 当往复泵连杆大头连接螺栓松动,(　　)、销及套磨损或松脱时,会使泵运行过程中噪声大。

　　A. 曲轴　　　B. 活塞　　　C. 十字头　　D. 泵头

154. 往复泵的扬程与(　　)无关。

　　A. 泵本身动力　B. 强度　　　C. 填料密封　D. 流量

155. 往复泵按照工作机构不同可分为(　　)种类型。

　　A. 3　　　　B. 4　　　　C. 5　　　　D. 6

156. 往复泵在增加供液泵时不需要考虑(　　)。

　　A. 管线粗细　B. 来液温度　C. 离罐距离　D. 过滤器的过滤面积

157. 往复泵运转中,油路堵塞、(　　)或连杆瓦烧坏会造成动力端冒烟。

　　A. 密封件损坏　　　　　　B. 润滑油过多

　　C. 连杆铜套顶丝松动　　　D. 填料函大量漏失

158. 在小流量、高扬程和有自吸能力的工艺条件下,应选用(　　)泵。

　　A. 往复　　　B. 齿轮　　　C. 离心　　　D. 螺杆

159. 往复泵运转时,动力端冒烟,是由于(　　)与下导板无润滑油干磨造成的。

　　A. 活塞　　　B. 十字头　　C. 曲轴　　　D. 连杆

160. 整体出厂的往复泵纵向和横向安装水平偏差不应大于(　　)。

　　A. 0.25/1000　　　　　　B. 0.50/1000

　　C. 0.75/1000　　　　　　D. 1/1000

161. 往复泵采用金属填料时,其各平面及径向密封面应均匀接触,且接触面面积应大于密封面面积的(　　)。

　　A. 50%　　　B. 60%　　　C. 70%　　　D. 80%

162. 往复泵机油温度过高时会引起润滑不良,正常生产过程中机油温度不应大于（　　）。

A. 60℃　　B. 65℃　　C. 70℃　　D. 75℃

163. 往复泵的进液阀、排液阀漏失严重时，应研磨、更换阀体或阀座后进行煤油检漏试验，在（　　）内应无泄漏。

A. 2min　　B. 3min　　C. 4min　　D. 5min

164. 往复泵效率高而且高效区宽，其效率一般在（　　）以上。

A. 60%　　B. 65%　　C. 70%　　D. 75%

165. 往复泵进液阀、出液阀不严，内部漏失严重，应用（　　）研磨或更换进液阀、排液阀、阀座、弹簧。

A. 砂纸　　B. 锉刀　　C. 凡尔砂　　D. 角磨机

166. 往复泵液力端的结构形式，按阀的布置形式分阶梯式和（　　）。

A. 直通式　　B. 组合式　　C. 柱塞式　　D. 单作用式

167. 往复泵投运时，泵空负荷试运时间不应小于（　　），在正常开泵运行前必须将排出阀打开，否则会造成憋压。

A. 0.5h　　B. 1.0h　　C. 1.5h　　D. 2.0h

168. 往复泵运转中，出现大罐液位过低、（　　）时，会造成往复泵抽空。

A. 进口液体温度过高　　B. 进口液体温度过低
C. 出口阀垫片损坏　　D. 出口管线堵塞

169. 往复泵理论扬程可无限高，在憋压情况下易发生事故，因此应在出口管路上安装安全阀，其开启压力应调整至额定压力的（　　）倍。

A. 0.05～1.05　B. 1.05～1.25　C. 1.25～1.45　D. 1.45～1.65

170. 往复泵运行中，阀关不严、进口阀未开或开得太小、活塞环在槽内不灵活或（　　）会造成往复泵压力不稳。

A. 活塞螺帽松动　　B. 进口液体温度太低

C. 活塞螺帽过紧　　　　　　D. 弹簧弹力不一样

171. 柱塞泵运转中,机座的油池应进行煤油渗漏试验,试验时间不小于( )。当泵的机油太少、机油压力过低、机油变质、型号不符或机油温度过高时会出现润滑不良。

A. 2h　　　　B. 4h　　　　C. 6h　　　　D. 8h

172. 柱塞泵在一个冲程范围内,吸入或者排出空气包所能储存或者释放出的液体总量定义为空气包的( )。但当充气不足、充气过高或胶囊损坏时,会造成进口压力表指针摆动剧烈。

A. 吸入液量　B. 间隙液量　C. 剩余液量　D. 全部液量

173. 往复泵属于容积式泵的一种,液面过低、单向阀损坏、活塞运行过慢或行程太短,都会使泵的( )。

A. 安全阀动作　B. 流量不足　C. 温度过高　D. 效率上升

174. 往复泵在一般情况下( ),当活塞损坏、介质汽化时会造成压力波动大。

A. 排量大、扬程高　　　　B. 排量大、扬程低
C. 排量小、扬程高　　　　D. 排量小、扬程低

175. 往复泵填料函大量漏失会使压力表指针摆动严重,排出压力达不到技术要求,要求填料函泄漏量不大于泵额定流量的( )。

A. 0.01%　　B. 0.02%　　C. 0.03%　　D. 0.04%

176. 往复泵动力端按曲轴的形式分曲柄式、曲拐式和偏心轮式,当( )装配过紧时,会使曲轴轴承温度过高。

A. 十字头　　B. 柱塞　　　C. 皮带　　　D. 曲轴轴承

177. 三螺杆泵运转时,吸入油面应高出吸入管口( ),超过允许吸入真空高度时会造成泵不吸油。

A. 100mm　　B. 200mm　　C. 300mm　　D. 400mm

178. 当螺杆泵吸入管路堵塞时,泵会出现无( )、干磨定子发热、电动机功率变大的现象。

A. 压力　　　　B. 流量　　　　C. 振动　　　　D. 电流

179. 单螺杆泵在运转中吸入管漏气、安全阀定压不合理或工作压力过大使安全阀时开时闭，则会造成（　　）。

A. 压力表指针波动大　　　　B. 三相电压波动

C. 容器液位下降　　　　　　D. 电流上升

180. 双螺杆泵是一种外啮合泵，其流量与转速成正比，当螺杆与泵套间隙过大，会使泵流量下降，螺杆与泵套间隙标准为（　　）。

A. 0.25～0.30mm　　　　　B. 0.20～0.25mm

C. 0.15～0.20mm　　　　　D. 0.10～0.15mm

181. 当螺杆与衬套严重摩擦、定子安装不合格或螺杆泵定子、转子配合过紧，会造成（　　）。

A. 轴功率急剧增大　　　　B. 轴功率急剧减小

C. 有效功率急剧增大　　　D. 效率增大

182. 螺杆泵的流量和转速是呈线性关系的，过高的转速虽然可以增加泵的流量和扬程，也会加快转子和定子之间的磨损；一般转速在动力黏度 0.001～1.0Pa·s 时，通常选取转速（　　）。

A. 300～600r/min　　　　B. 400～800r/min

C. 500～1000r/min　　　D. 600～1200r/min

183. 螺杆泵是一种容积式泵，其压力脉动小，但如果出口受阻，泵体内的压力就会逐渐升高至超过预定压力值，导致（　　）。

A. 螺杆泵流量急剧增大　　B. 螺杆泵抽空

C. 电动机负荷急剧增加　　D. 电动机负荷急剧下降

184. 螺杆泵输入轴通过万向节驱动转子，螺杆轴线相对于泵缸轴线作（　　）运动，运转中当进口管道断裂或万向节断时，泵不能吸液。

A. 平行　　　　B. 垂直　　　　C. 圆弧　　　　D. 圆周

185. 螺杆泵传动可采用联轴器直接传动、调速电动机、三角带和变速箱等装置变速，选用时一般采用设计转速的（　　），运行中泵与电动机不同心，会造成螺杆泵振动大、有噪声。

A. 1/4～1/3　　B. 1/3～1/2　　C. 1/2～2/3　　D. 2/3～3/4

186. 螺杆泵可采用填料密封或机械密封，且具有互换性，机械密封泄漏量小，仅为填料密封的（　　），当机械密封回油孔堵塞时，会造成泵体发热。

A. 1%　　B. 2%　　C. 3%　　D. 4%

187. 单螺杆泵的主要部件是偏心螺旋体的螺杆和内表面呈（　　）螺旋面的螺杆衬套，螺杆与泵套不同心或间隙大会造成泵振动大有噪声。

A. 单线　　B. 双线　　C. 三线　　D. 多线

188. 螺杆泵输送介质黏度增大时，介质在吸入压力作用下进入密封腔的阻力增大，使转子对介质的剪切作用所产生的（　　）损失增加，严重时造成泵流量下降。

A. 机械　　B. 容积　　C. 水力　　D. 质量

189. 螺杆泵机械密封大量漏油的原因是（　　）。

A. 油温过高　　　　　　　B. 泵内有气

C. 密封压盖未压平　　　　D. 排出管路堵塞

190. 螺杆与（　　）严重摩擦，会使螺杆泵轴功率急剧增大。

A. 衬套　　B. 泵壳　　C. 填料　　D. 叶轮

191. 螺杆泵振动过大是由于（　　）。

A. 螺杆与衬套间隙过小　　B. 螺杆与衬套不同心

C. 输送液体含杂质　　　　D. 输送液体黏度大

192. 螺杆泵安全阀没有调好或工作压力过大使安全阀时开、时闭，会使泵（　　）。

A. 不上油　　　　　　　　B. 压力表指针波动过大

C. 轴功率增大　　　　　　D. 泵振动大

193. 为防止齿轮泵出口压力过高，在泵壳上装有（　　），当压力值超过规定值时，就自动打开，液体流回吸入腔。

A. 减压阀　　B. 安全阀　　C. 回流阀　　D. 止回阀

194. 齿轮泵是容积式泵，但脉动现象比往复泵好，比（　　）大。

A. 柱塞泵　　B. 螺杆泵　　C. 离心泵　　D. 钻井泵

195. 齿轮泵是依靠齿轮相互（　　）过程中所形成的工作容积变化来输送液体的。

A. 啮合　　B. 配合　　C. 转动　　D. 接触

196. 齿轮泵属于（　　）的转子泵，它一般用于输送具有较高黏度的液体。

A. 叶片式　　B. 容积式　　C. 离心式　　D. 往复式

197. 齿轮泵主要由泵体、主动齿轮、从动齿轮、（　　）前后盖板、传动轴及安全阀组成。

A. 密封垫　　B. 联轴器　　C. 挡套　　D. 轴承

198. 齿轮泵吸入管或轴封漏气会造成（　　）。

A. 泵不吸油　　　　　　B. 泵超负荷运行

C. 泵功率增大　　　　　D. 泵咬住

199. 齿轮泵不吸油的原因是（　　）。

A. 间隙太小　　　　　　B. 间隙过大

C. 泵转速太高　　　　　D. 排出管不太畅通

200. 齿轮泵的齿宽与（　　）成正比。

A. 流量　　B. 压力　　C. 外径　　D. 间隙

201. 造成齿轮泵运转中有异常响声的原因是（　　）引起的。

A. 油中含水　　　　　　B. 油中有空气

C. 油黏度太大　　　　　D. 油温比较高

202. 为防止憋压安全阀动作，齿轮泵启动时回流阀应（　　）。

A. 全部打开　　B. 全部关上　　C. 打开 1/2　　D. 开关均可

203. 齿轮泵启泵前应打开（　　）阀门。

A. 进口　　B. 出口　　C. 回流　　D. 进、出口

204. 齿轮泵停运下来以后，应关闭（　　）阀门。

A. 进口　　B. 出口　　C. 进、出口　　D. 回流

205. 齿轮泵是利用（　　）携带液体进行工作的。

A. 吸入腔　　B. 压出腔　　C. 泵盖　　D. 齿穴

206. 为了防止出口压力过高，在泵壳上装有（　　），当压力超过规定值时，就自动打开，液体流回吸入腔。

A. 减压阀　　B. 安全阀　　C. 回流阀　　D. 止回阀

207. 根据齿轮传动的工作条件不同，半开式齿轮传动是指传动中装有简单的防护罩，有时还采用大齿轮（　　）油池中的传动方式。

A. 远离　　　　　　B. 全部地浸入

C. 部分地浸入　　　D. 不浸入

208. 在齿轮传动中，由于轮齿的（　　）有限，放一对轮齿的啮合区间也是有限的。

A. 宽度　　B. 高度　　C. 长度　　D. 厚度

209. 齿轮泵转速越高，同样结构尺寸下泵的流量也（　　）。

A. 越大　　B. 越小　　C. 不变　　D. 越低

210. 齿轮泵中齿轮在外形尺寸一定时，齿数（　　），模数及流量越大。

A. 越多　　B. 越少　　C. 不变　　D. 越大

211. 齿轮泵要检查（　　）对中情况，以使径向圆跳动，端面圆跳动符合标准。

A. 轴承　　B. 联轴器　　C. 齿轮　　D. 密封、压盖

212. 齿轮泵特别适合输送（　　）。
A. 有润滑性能的液体　　　B. 含固体颗粒的液体
C. 清水　　　　　　　　　D. 污水

213. 齿轮泵通过（　　）来调节泵的工作参数。
A. 出口阀　　B. 进口阀　　C. 回流阀　　D. 排污阀

214. 齿轮泵正常运行后，填料漏失量要在（　　）。
A. 5～10 滴 /min　　　　　B. 10～30 滴 /min
C. 30～50 滴 /min　　　　D. 40～60 滴 /min

215. 齿轮泵吸入管或轴封漏气会造成（　　）。
A. 泵不吸油　　　　　　　B. 泵超负荷运行
C. 泵功率增大　　　　　　D. 泵咬住

216. 根据齿轮泵啮合面上的色痕可以判断齿轮的啮合情况，若色痕（　　）节线，则说明中心距太大。
A. 低于　　　B. 高于　　　C. 等于　　　D. 偏于

二、判断题

1. 离心泵灌泵时灌入的液体从底阀处漏失严重，灌不满吸入管，可将底阀拆卸下来维修或更换新的离心泵底阀。（　　）

2. 离心泵进口吸入管管道接头处密封不严，导致离心泵灌泵时加不满吸入管应及时放净气体。（　　）

3. 如果离心泵平衡装置材质不好，当输送介质中机械杂质的过流磨损加速，改变了平衡装置间隙，起不到补偿轴向力作用，导致泵转子部分磨损而造成窜量过大。（　　）

4. 离心泵各转子部件安装未紧固，机泵运行时轴承锁紧螺母松动造成泵运行时温度升高。（　　）

5. 泵机组的电动机与泵偏心严重，导致机泵启动时偏磨严重转不动。（　　）

6. 机泵盘泵严重卡阻造成启泵后转不动而不能启泵，应按要

求调整泵机组同轴度。   （   ）

7. 离心泵轴承损坏，润滑油脏或润滑脂干涸造成机泵运转时干磨负荷大。   （   ）

8. 离心泵与电动机联轴器间隙大，振动大造成机泵运转时负荷大。   （   ）

9. 离心泵启泵后不吸水，出口压力表无读数，进口压力（真空）表负压较高时应检查、清洗离心泵吸入管线，清洗过滤器，保证进口管线处畅通。   （   ）

10. 离心泵启泵后不吸水，出口压力表无读数，进口压力（真空）表负压较高时应降低输送介质温度，防止输送介质凝结导致离心泵吸入口堵塞。   （   ）

11. 离心泵启泵后不吸液，出口压力表和进口压力（真空）表的指针剧烈波动时应提高大罐的液位，增大离心泵的供液量避免离心泵抽空。   （   ）

12. 供液罐液位低，泵吸入口供液不足使离心泵抽空造成启泵后不吸液，出口压力表和进口压力（真空）表的指针剧烈波动。   （   ）

13. 新装离心泵，由于口环固定销钉未安装紧固，造成启泵后不上水，内部声音异常、振动大应解体机泵，检查修复或更换磨损的叶轮与泵轴。   （   ）

14. 离心泵由于轴键不规格或磨损造成离心泵启泵后不上水，内部声音异常振动大应解体机泵，检查修复或更换磨损的叶轮与轴键。   （   ）

15. 离心泵单流阀故障能造成泵运行时出口汇管压力与泵压一致，开大泵出口阀门汇管压力不降。   （   ）

16. 离心泵运行时不输液，倒泵后正常，确定为离心泵单流阀或出口阀门故障。   （   ）

17. 冬季运行时，常压容器顶部呼吸阀冻凝，泵抽吸量大，

第四章 站库系统通用机泵故障

短暂形成负压，出水量降低，应检查清理常压容器及进口管线。
（　　）

18. 离心泵运行时，流量计瞬时值未达到正常生产输量，可能是流量计计量不准确。（　　）

19. 离心泵排液后出现断流现象时，流量计流量偏大，离心泵噪声忽大忽小。（　　）

20. 供液容器液位低，罐内出口管线发生涡流造成离心泵排液后出现断流现象时应提高大罐液位，开大罐出口液量。（　　）

21. 离心泵运行时叶轮堵塞会造成泵压力值突然低于正常示值，电流值突增、声音异常，关闭泵出口阀门泵压能恢复正常。
（　　）

22. 离心泵在运转中压力表示值突然低于正常示值，电流值突增、声音异常；关闭泵出口阀门后泵压不正常，是由于大罐液面低等原因造成。（　　）

23. 离心泵运行时轴承发热可检查调整密封填料漏失量。
（　　）

24. 离心泵运行时轴承发热可检查修理泵轴调整配合间隙，压紧适度。（　　）

25. 离心泵运转时联轴器处有胶垫（圈）粉末散落现象，停泵可见联轴器胶（圈）磨损，可检测和调整离心泵工作窜量，使之达到标准要求。（　　）

26. 离心泵运转时联轴器处有胶垫（圈）粉末散落现象，停泵可见联轴器胶（圈）磨损，严重时可见联轴器穿孔偏磨，应更换联轴器胶圈，检修更换联轴器。（　　）

27. 离心泵运行时叶轮、导翼有局部严重磨损、腐蚀，可改进叶轮、导翼材质，选用不锈钢。（　　）

28. 离心泵运行时叶轮、导翼有局部严重磨损、腐蚀，可检查设计图纸与配件是否符合技术要求。（　　）

·193·

29. 离心泵过流部件寿命短，应合理控制输送介质黏度，加药处理水质。（　　）

30. 离心泵过流部件寿命短，可改进装配工艺，合理调整各零部件之间的配合间隙。（　　）

31. 由于润滑油的存在，油环和光滑的瓦壳产生摩擦作用造成油环偏斜导致离心泵运行时油环转动过慢，带油太少。（　　）

32. 由于油环与瓦端面偏磨导致离心泵运行时油环转动过慢，带油太少，应及时更换油环。（　　）

33. 由于离心泵平衡环间隙大或平衡鼓和平衡套及轴套磨损导致间隙过大，压力外泄，平衡轴向压力，造成离心泵运行时平衡盘磨损。（　　）

34. 离心泵运行时平衡盘磨损可调整平衡盘间隙，间隙过大，可在平衡盘脖颈处加铜皮垫片。（　　）

35. 离心泵填料加得太多，压盖紧偏，压盖与轴套摩擦造成泵运行时泵体发热。（　　）

36. 离心泵运行时泵体发热应停泵，放空灌满液，提高输送介质温度，使泵在最佳工况下运行。（　　）

37. 离心泵低压端轴承损坏可引起泵头温度上升，泵压下降。（　　）

38. 离心泵高压端密封及轴承偏磨，引起平衡管、高压端泵头发烫，泵压下降时应停泵检查清理平衡管。（　　）

39. 大罐液体温度过高，产生气体抽入泵内造成离心泵汽化。（　　）

40. 大罐液位低，启泵抽空造成离心泵汽化，应停泵提高罐液位，放空见液后重新启泵。（　　）

41. 泵内由于汽泡在高压区突然破裂，汽泡周围的液体急剧向空间靠拢，产生水击，应改善泵的上水条件，减少或杜绝汽蚀发生。（　　）

第四章 站库系统通用机泵故障

42. 离心泵弹性块（弹性胶圈或胶垫）质量差可造成机泵运行时联轴器损坏，应及时更换质量好的弹性块。（   ）

43. 离心泵运行时联轴器损坏，应及时调整联轴器配合质量，调整泵的总窜量。（   ）

44. 离心泵轴承盒内油过多或轴承损坏可造成泵运行时振动和噪声。（   ）

45. 离心泵运行时上水情况不好，发生汽蚀造成泵振动和噪声。（   ）

46. 离心泵密封填料质量差、规格不合适或加法不对，接头搭接不吻合，会造成机泵运行时冒烟。（   ）

47. 离心泵密封填料加太紧或压盖压偏，长时间运行会造成漏失严重或刺水，应对称、均匀地紧固压盖螺栓，直到松紧适合为止。（   ）

48. 离心泵冷却水管入口与填料函口没对正可造成离心泵运行时密封填料过热冒烟。（   ）

49. 离心泵密封填料硬度过大、没弹性，造成离心泵运行时密封填料过热冒烟，应重新选择适合的填料。（   ）

50. 离心泵冷却不良和润滑恶化，会形成抽空或死油（水）区，造成机械密封发热冒烟、泄漏液体。（   ）

51. 机泵转动体与填料内径的间隙太小，致使轴振动并引起碰撞，造成机泵运行时机械密封发热冒烟，泄漏液体，应增加填料函内径，扩大间隙（不小于1mm）或缩小转动件直径。（   ）

52. 因机械密封动环和静环的浮动性差，造成离心泵运行时机械密封端面漏失严重，漏失液体夹带杂质，应改善机械密封密封圈的弹性，适当增加动环、静环与轴的间隙。（   ）

53. 离心泵密封圈与轴配合太松，可造成运行时机械密封轴向泄漏严重，应重新调整轴与轴套的配合间隙，使其合适。

（   ）

· 195 ·

54. 离心泵运行时，机械密封轴向泄漏严重，应检查更换合适材质密封圈。（　　）

55. 离心泵组装时应调整好泵的轴窜量，运行时平稳操作，控制好压力。（　　）

56. 由于泵严重抽空，破坏机械密封的性能，使泵运行时机械密封出现突然性漏失，应停泵，更换机械密封。（　　）

57. 离心泵运行时，机械密封出现突然性漏失，应停泵检查或更换新的配件。（　　）

58. 泵内结垢严重，间隙过大，可造成离心泵停泵后转子盘不动。（　　）

59. 机泵运转时间长，配件破碎卡死转子造成停泵后转子盘不动现象，应检修内部配件。（　　）

60. 离心泵停泵后反转，应检查单流阀自动关闭情况。（　　）

61. 离心泵停泵后反转，应首先检查进口阀门是否关死。（　　）

62. 离心泵运行时，流量计进出口压差增大、水量变小，应倒备用泵，停运事故泵。（　　）

63. 离心泵运行时，供液突然减小或汽化造成电流突然下降时，应停泵放空后检查吸入流程是否畅通，供液是否充足。（　　）

64. 离心泵工频运行时，出口流程用水突然变大，会出现电流突然上升现象，应检查出口流程无堵塞现象。（　　）

65. 电源电压突然上升，会出现泵运行时电流突然上升现象。（　　）

66. 离心泵在大流量下运转产生振动，可造成离心泵轴承发热和轴承磨损现象。（　　）

67. 轴承磨损严重，弹子盘沙架损坏导致轴承发热时应更换新轴承。（　　）

第四章　站库系统通用机泵故障

68. 离心泵平衡管堵塞启泵后压力正常，随后压力急剧上升，应停泵拆下平衡管清理堵塞物。　　　　　　　　　（　　）

69. 离心泵启泵后压力正常，随后压力缓慢下降，可停泵检查清洗过滤器。　　　　　　　　　　　　　　　　（　　）

70. 当往复泵曲轴轴承装配间隙过紧时，会导致液力端曲轴轴承温度过高。　　　　　　　　　　　　　　　（　　）

71. 往复泵轴承润滑脂过多或过少时，或轴承出现疲劳破坏，会引起曲轴轴承温度过高。　　　　　　　　　　（　　）

72. 往复泵油量过多或过少时，液力端油池会出现温度过高现象，应停运往复泵增减油量。　　　　　　　　　（　　）

73. 往复泵油质变坏会导致油池出现温度过高现象，通过润滑油颜色可判断油质是否出现变质。　　　　　　　（　　）

74. 往复泵在组装过程中，可通过调节泵体螺栓来调整柱塞密封程度。　　　　　　　　　　　　　　　　　（　　）

75. 往复泵运行前，需填加润滑油，当润滑油未达到技术质量要求时，会导致柱塞过度发热。其技术质量要求为油量、油质合格，油内无污物。　　　　　　　　　　　　　（　　）

76. 往复泵运转过程中，当电动机转数低、皮带打滑丢转时，会有出口压力升高的情况出现。　　　　　　　（　　）

77. 往复泵运转过程中，当电源电压低，会造成电动机转数低，不能达到工作要求。　　　　　　　　　　　（　　）

78. 往复泵运转过程中，当皮带打滑丢转造成往复泵动力不足时，可调节皮带松紧度，使皮带松紧适当。　　　（　　）

79. 往复泵运转过程中，弹簧失灵、密封件损坏会造成浮动套漏油，应停运往复泵，更换弹簧或密封件。　　（　　）

80. 往复泵泵内有气体，发生抽气现象时，打开排污阀直至液体流出。　　　　　　　　　　　　　　　　　（　　）

81. 当往复泵进液阀、排液阀出现漏失现象，应研磨更换阀

· 197 ·

体或阀座。   （   ）

82.往复泵排出阀阀杆跳动，会导致压力表指针不正常摆动，动力端有不正常响声。   （   ）

83.往复泵阀箱内有硬物相碰或排出阀座跳动，引起压力表指针不正常摆动时，应按操作规程停运往复泵，放空泄压后清除阀箱内硬物或更换阀座。   （   ）

84.往复泵吸入阀、排出阀工作不正常或填料函大量漏失，可造成排出压力达不到要求，压力表指针剧烈波动。（   ）

85.往复泵正常运转时动力端冒烟，是由于润滑油过多、十字头与下导板无润滑油、油路堵塞或连杆铜套顶丝松动造成的。
                                （   ）

86.往复泵运转时，空气室内有气体会使往复泵产生流量不足。   （   ）

87.往复泵运转时，活塞螺母松脱或活塞环损坏引起往复泵产生噪声和振动时，应检修活塞组件。   （   ）

88.往复泵运转时，泵内吸进固体物质产生振动和噪声时，应按操作规程停泵，及时检修清理泵缸。   （   ）

89.往复泵柱塞填料函体调节螺母松动，会导致柱塞填料函处液体渗漏，应及时调节柱塞填料函体螺母的压紧量。（   ）

90.造成往复泵柱塞填料函处液体渗漏严重的原因之一是柱塞腐蚀或损伤。   （   ）

91.往复泵运转时，污物、砂子等固体颗粒进入填料函，导致填料函处液体渗漏严重，应按操作规程停泵，清除泵体及管道内污物或沙粒。   （   ）

92.往复泵填料筒过紧，会造成启动后不吸液。（   ）

93.往复泵启动后，如出现不吸液的情况，应及时检查、清理排出管路。   （   ）

94.往复泵启动后，当旁通阀未关闭，会使往复泵不吸液。

第四章 站库系统通用机泵故障

95. 往复泵启动后不吸液的原因之一是泵液力端的进液阀卡住。（ ）

96. 往复泵运转中液力端密封圈过紧，会出现泵体发热，流量不足，排出压力低于正常值。（ ）

97. 往复泵运转中旁通阀未打开，会导致往复泵流量不足。（ ）

98. 往复泵运转中，泵进液阀、排液阀不严，内部漏失严重造成流量不足时，应用阀砂研磨或更换进液阀、排液阀阀芯和阀座，更换弹簧。（ ）

99. 定期检查、清洗吸入管路和过滤器，可防止因吸入管路或过滤器部分堵塞导致往复泵流量不足。（ ）

100. 往复泵的泵阀遇卡，泵启动后无液体排出。（ ）

101. 往复泵运转过程中，阀箱内有空气导致启动后无液体排出时，应停泵，清除泵吸入管线或排出管线堵塞物。（ ）

102. 往复泵运转过程中，出现无流量、泵体发热、压力表无脉动或者压力升高憋压现象时，可判断往复泵无液体排出。（ ）

103. 往复泵启动后，由于未装保险销或已被切断造成有液体排出但无压力显示，应重新安装保险销。（ ）

104. 往复泵启动后，出口端敞口泄压会使往复泵有液体排出但无压力显示。（ ）

105. 往复泵抽空是由容器液位过低吸入气体引起的。（ ）

106. 往复泵运转中，进口液体温度太低会造成往复泵抽空。（ ）

107. 往复泵活塞螺帽过紧会造成泵抽空。（ ）

108. 当往复泵进口阀垫片损坏而造成进出口连通时，可引起泵抽空。（ ）

· 199 ·

109. 往复泵运转过程中，出口阀未开或开得太小会造成往复泵抽空。（ ）

110. 往复泵运转过程中，阀关不严造成往复泵压力不稳，应调整活塞环与槽的配合。（ ）

111. 往复泵运转过程中，弹簧弹力不一样会造成泵压力不稳。（ ）

112. 当往复泵活塞螺帽松动时，会出现泵压力不稳的情况。（ ）

113. 柱塞泵润滑不良时，通常会出现温度低、有铁器摩擦声、有碎屑异物等现象。（ ）

114. 柱塞泵机油温度过低及机油型号不对，会使泵产生润滑不良。（ ）

115. 柱塞泵运转过程中，当产生润滑不良是由机油压力过低引起时，应检查或更换机油泵，调整配件间的间隙，修复机油管泄漏。（ ）

116. 柱塞泵运转过程中，蓄能器气压过低、充气不足及胶囊损坏，会使进口压力表指针剧烈波动。（ ）

117. 柱塞泵运转过程中，进液阀和排液阀密封圈泄漏，会造成进口压力表指针剧烈波动。（ ）

118. 柱塞泵运转过程中，进口压力表指针剧烈波动是由泵进口端滤网堵塞、泵内进气引起的。（ ）

119. 螺杆泵不吸油时会出现无流量、干磨定子发热、电动机功率变小等现象。（ ）

120. 螺杆泵运转时，造成不吸油的原因有输送介质黏度过小、吸入管路堵塞或漏气。（ ）

121. 螺杆泵在电动机反转、吸入高度超过允许吸入真空高度等情况下运转时，会引起泵不吸油。（ ）

122. 螺杆泵的工作压力过大会造成压力表指针波动大。

123. 螺杆泵运转时，安全阀定压不合理或工作压力过大，使安全阀时开时闭，造成压力表指针波动大，应调整安全阀定压或降低工作压力。（　　）

124. 螺杆泵运转时，安全阀弹簧太紧、螺杆与衬套磨损间隙过小及电动机转速不够会造成泵流量下降。（　　）

125. 安全阀阀瓣与阀座接触不严引起螺杆泵流量下降时，应研磨阀瓣与阀座，达到闭合完好。（　　）

126. 螺杆泵运转时，吸液池液位不足，低于泵吸入口，会造成泵来液量不足。（　　）

127. 螺杆泵吸入管路堵塞或漏气、输送介质黏度过低，会产生流量计瞬时流量低于正常生产流量的现象。（　　）

128. 螺杆泵轴功率急剧增大时，电流高于正常电流值、电动机响声发闷。（　　）

129. 螺杆泵的螺杆与衬套严重摩擦、吸入管路堵塞及输送介质黏度过高，会造成泵轴功率急剧增大。（　　）

130. 单螺杆泵的定子、转子配合过紧或定子安装不合格，造成泵轴功率急剧增大时，应按操作规程停泵，用专用工具盘泵或重新安装调整定子。（　　）

131. 螺杆泵出现振动大有噪声的故障时，应检查基础是否牢固、螺杆与衬套是否同心、万向节是否松动等。（　　）

132. 螺杆泵运转时，螺杆与衬套不同心或间隙小、进口管线吸入空气或液体中混有大量气体，泵内有气，会造成泵振动大并有较大噪声。（　　）

133. 螺杆泵运转时，输送介质温度过低、机械密封回油孔堵塞或泵内严重摩擦，都会引起泵体发热。（　　）

134. 螺杆泵内严重摩擦造成泵体发热时，应检修螺杆与衬套，使螺杆与衬套同心，并将螺杆与衬套间隙调整在合理范

・201・

围内。   (   )

135. 螺杆泵运转时，输送介质在低温下凝固会造成泵不排液。   (   )

136. 螺杆泵运转时，进口管道断裂或机械密封回油孔堵塞会造成泵不排液。   (   )

137. 螺杆泵运转时，泵不排液产生的原因之一是进出口流程未倒通。   (   )

138. 螺杆泵启动后，如果进口与出口流程未倒通，进液阀和排液阀未打开或输送介质在低温下凝固，会造成泵抽空，不会有液体排出。   (   )

139. 齿轮泵适用于输送腐蚀性、含有固体颗粒的各种油类及有润滑性的液体。   (   )

140. 齿轮泵齿宽越小，轴承所承受的负荷越大，泵的尺寸也增大，泵的寿命降低。   (   )

141. 常见的内啮合齿轮泵多采用渐开线齿形，有直齿、斜齿和人字齿。   (   )

142. 检测齿轮的啮合情况，要在被检测的圆柱齿轮副的啮合面上均匀地涂上一层显示剂，并来回转动，使主动齿轮上的显示剂印染到从动齿轮上。   (   )

143. 在齿轮传动中，为了使传动不致中断，在轮齿交替工作时，就必须保证当前一对轮齿尚未脱离啮合时，后一对轮齿就应进入啮合。   (   )

144. 齿轮泵是由两个齿轮啮合在一起组成的泵。   (   )

145. 齿轮泵的齿形有渐开线齿形、圆弧齿形和次摆线齿形。

146. 齿轮泵的密封填料不允许漏失。   (   )

147. 滤网大小与齿轮泵流量无关。   (   )

148. 齿轮泵内未灌满油和泵不吸油没有关系。 (   )

149. 齿轮泵齿面磨损会使泵运转中有异常响声。(   )

150. 齿轮泵的齿宽与流量成正比。　　　　　（　）

151. 齿轮泵特别适合输送有润滑性能的液体。（　）

152. 齿轮泵轴弯曲不会使齿轮泵产生异常响声。（　）

153. 齿轮泵的制造和装配精度要求较高，成本较低。（　）

第五章 站库系统通用安全

一、选择题

1. 全国消防日是（   ）。
   A. 1月19日   B. 11月9日   C. 9月11日   D. 10月10日

2. 若发现有人触电时，应首先进行的操作是（   ）。
   A. 立即汇报领导   B. 立即切断电源
   C. 用手拉开触电者   D. 立即拨打120急救电话

3. 在安全生产工作中，通常所说的"三违"现象是指（   ）。
   A. 违反作业规程、违反操作规程、违反安全规程
   B. 违章指挥、违章操作、违反劳动纪律
   C. 违规进行安全培训、违规发放劳动防护用品、违规消减安全技能培训经费
   D. 违反规定建设、违反规定生产、违反规定销售

4. 静电电压可发生现场放电，产生静电火花引起火灾，静电电压最高可达（   ）。
   A. 50V   B. 220V   C. 1000V   D. 数万伏

5. 灭火器压力表用红色、黄色、绿色三色表示压力情况，当指针指在绿色区域表示（   ）。
   A. 正常   B. 偏低   C. 偏高   D. 不正常

6. 灭火器压力表用红色、黄色、绿色三色表示压力情况，当指针指在黄色区域表示（   ）。
   A. 正常   B. 偏低   C. 偏高   D. 不正常

7. 灭火器压力表用红色、黄色、绿色三色表示压力情况，当指针指在红色区域表示（   ）。
   A. 正常   B. 偏低   C. 偏高   D. 不正常

8. 火灾烟气因为温度较高，通常在发生火灾的空间（　　）。

A. 上部　　　B. 中部　　　C. 下部　　　D. 外部

9. 安全生产"五要素"是指安全文化、（　　）、（　　）、安全科技和安全投入。

A. 安全意识；安全观念　　　B. 安全意识；安全责任

C. 安全法制；安全观念　　　D. 安全法制；安全责任

10. 物质发生燃烧必须具备（　　）个条件。

A. 2　　　B. 3　　　C. 4　　　D. 5

11. 电气设备发生着火时，在没有切断电源的情况下，操作者应使用（　　）进行灭火。

A. 泡沫灭火器　　　　　　B. 1211灭火器

C. 二氧化碳灭火器　　　　D. 毛毡

12. 当配电盘母联烧断发生着火事故时，操作者应当用（　　）或干粉灭火器进行灭火。

A. 毛毡　　　　　　B. 二氧化碳灭火器

C. 水　　　　　　　D. 泡沫灭火器

13. 二氧化碳灭火器有手提式和（　　）式两种。

A. 壁挂　　　B. 瓶装　　　C. 推车　　　D. 悬挂

14. 能够使可燃物与助燃物隔绝，燃烧物得不到空气中的氧，不能继续燃烧的方法是（　　）灭火。

A. 抑制法　　　B. 冷却法　　　C. 隔离法　　　D. 窒息法

15. 岗位员工在巡检过程中，当发现外输油管线穿孔、爆裂时，应立即（　　）并向本队值班干部或矿调度汇报。

A. 打开排污阀门　　　　　B. 停运外输泵

C. 关小放水阀门　　　　　D. 调整外输泵排量

16. 当外输油管线穿孔、爆裂经过处理其泄漏源得到控制后，岗位员工应进行放空扫线处理，清除故障管线周围（　　）以内可燃物体，达到动火条件，再进行相应操作与处理。

A. 2m　　　B. 3m　　　C. 4m　　　D. 5m

17. 进行心肺复苏操作时，胸外按压要以均匀速度进行，每分钟（　　）次左右，每次按压和放松的时间相等。

A. 70　　　B. 80　　　C. 90　　　D. 100

18. 进行心肺复苏单人抢救时，每按压（　　）次后吹气（　　）次，反复进行。

A. 10；3　　B. 11；3　　C. 13；2　　D. 15；2

19. 当外输气管线穿孔（跑油）时，岗位员工应立即汇报矿调度及队干部，关闭（　　），如果烧火间已着火，用干粉灭火器灭火。

A. 外输气阀门、自耗气阀门　　B. 进口阀门、出口阀门
C. 排污阀门、放空阀门　　　　D. 收油阀门、连通阀门

20. 灭火器外部表面应具有抗大气腐蚀的性能，内部表面具有抗（　　）腐蚀的性能。

A. 空气　　B. 药品　　C. 水　　D. 氧化剂

21. 发生（　　）火灾事故时，可以用水进行扑救。

A. 电气设备　B. 碱金属　C. 建筑物　D. 碳化钙物质

22. 灭火器使用的橡胶和塑料件应具有足够的强度和（　　）性能。

A. 抗振　　B. 机械　　C. 冲击　　D. 热稳定

23. GB 4968—2008《火灾分类》规定，按物质的燃烧特性将火灾分为若干类，其中原油火灾属于（　　）火灾。

A. A类　　B. B类　　C. C类　　D. D类

24. GB 4968—2008《火灾分类》规定，按物质的燃烧特性将火灾分为若干类，其中天然气火灾属于（　　）火灾。

A. A类　　B. B类　　C. C类　　D. D类

25. MFZ8型储压式干粉灭火器有效距离不小于（　　）。

A. 4.5m　　B. 5m　　C. 5.5m　　D. 6m

26. 将灭火剂直接喷射到燃烧物上，降低到燃烧物（　　）温度以下，使燃烧停止的灭火方法称为冷却法。

A. 闪点　　　B. 自燃点　　　C. 爆炸极限　　　D. 燃点

27. 目前油田站库系统中的油罐阻火器广泛采用的是（　　）阻火元件，它是由不锈钢平带和波纹带卷制而成。

A. 金属网式　　　B. 隔板形　　　C. 波纹形　　　D. 砾石式

28. 油罐在投入运行时，其接地电阻应在（　　）以下。

A. 5Ω　　　B. 10Ω　　　C. 15Ω　　　D. 20Ω

29. 压力容器的设计压力是指设定的容器顶部（　　），与其相应的设计温度一起作为设计载荷条件，设定值不低于工作压力。

A. 平均压力　　　B. 最低压力　　　C. 恒定压力　　　D. 最高压力

30. 可燃气体报警探头不能用来检测（　　）的浓度。

A. 氧气　　　B. 氢气　　　C. 烷烃　　　D. 烯烃

31. 压力容器的设计压力是指设定的容器顶部最高压力，与其相应的设计温度一起作为设计载荷条件，设定值不低于（　　）。

A. 工作压力　　　B. 最低压力　　　C. 恒定压力　　　D. 平均压力

32. 油罐各安全保护设施不包括（　　）。

A. 呼吸阀　　　B. 阻火器　　　C. 避雷针　　　D. 人孔

33. 燃烧也叫着火，是指可燃物在空气中受到（　　）的作用而发生燃烧，并在其移去后仍然能够继续燃烧的现象。

A. 光源　　　B. 闪燃　　　C. 火源　　　D. 爆燃

34. 站库系统中的污水回收池发生的着火属于（　　）火灾。

A. A类　　　B. B类　　　C. C类　　　D. D类

35. 在易燃易爆的场所应选择（　　）灯具作为露天照明进行作业。

A. 开启型　　　B. 密闭型　　　C. 防水型　　　D. 防爆型

36. 硫化氢是无色透明的、剧毒的酸性气体，危险类别属甲类。它的毒性较一氧化碳大（　　）倍，几乎与氰化物同样剧毒。

A. 2～3　　　B. 3～4　　　C. 4～5　　　D. 5～6

二、判断题

1. 在工业生产中常用的电源有直流电源、交流电源和三相电源。（　　）

2. 三相交流电路是交流电路中应用最多的动力电路，通常电路工作电压均为 220V。（　　）

3. 运行机泵停运之后需要重新启动时，操作员工应当按启泵操作规程重新启泵，启泵后检查运行情况是否正常。（　　）

4. 户外变压器应有围栏，应上锁并有安全警示标志。（　　）

5. 使用干粉灭火器时，应先拔去安全销，然后一手紧握喷射喇叭上的木柄，一手掀动开关或旋转开关，然后提握瓶体。
（　　）

6. 保护接地和保护接零是防止人体接触带电金属外壳引起触电事故的有效措施。（　　）

7. 石油发生火灾时，可以用水进行灭火。（　　）

8. 在油气集输站库系统中，如果泵房发生原油大量泄漏的紧急情况时，岗位员工应立即在泵房内切断所有电源。（　　）

9. 对可能带电的电气设备着火时，应使用泡沫灭火器进行灭火。（　　）

10. 对已断开的电源开关或变压器等设备着火时，在使用干粉灭火器、二氧化碳灭火器不能扑灭的情况下，可用泡沫灭火器或消防砂灭火。（　　）

11. 事故具有三个重要特征，即因果性、自然性和潜伏性。
（　　）

第五章 站库系统通用安全

12. 配电盘母联发生烧断着火事故时，操作者可以使用泡沫灭火器进行灭火。（　　）

13. 火灾过程一般分为初起阶段、发展阶段、猛烈阶段和熄灭阶段。（　　）

14. 油气集输站库中的外输油管线发生穿孔、爆裂造成泄漏量大而无法控制时，员工应立即撤离到安全地带，如发生人员中毒或伤亡，拨打120电话进行急救。（　　）

15. HSE的含义是健康、安全与质量管理的英文缩写。（　　）

16. 油气集输站库系统中的外输气管线发生穿孔（跑油）事故时，除了采取相应的处理方法之外，岗位员工还需要加大外输油泵的排量抽低分离器液位，启动收油泵收净除油器内的油。（　　）

17. 油气集输站库系统中的外输气管线发生穿孔（跑油）事故处理完毕后，应对外输气、自耗气管线进行扫线，倒通外输气流程恢复生产。（　　）

18. 加热炉烧火间发生着火事故时，应立即使用灭火器进行灭火。（　　）

19. 站库油罐着火后，应立即汇报领导，启动储罐泡沫灭火系统，对着火油罐进行泡沫覆盖灭火，同时启动消防水系统对着火油罐和相邻油罐进行喷淋冷却，并切断油罐周围照明灯具等电源。（　　）

20. 加热炉的温度指标主要有被加热介质进出口温度、炉膛温度和排烟温度。（　　）

21. 油气分离器投入运行前，岗位员工应当检查油气分离器的安全阀定压是否为0.6MPa，并且要关闭油气分离器排污阀门和放空阀门。（　　）

22. 油田污水所含的悬浮杂质按颗粒粒径大小可分为悬浮固

· 209 ·

体、胶体、乳化油、溶解油、浮油以及非溶解物质等。（　）

23. 联合站是一个易燃易爆生产场所，属于重大危险点源，站内设有专门的演练路线提示、图标和图表等。（　）

24. 可燃气体和易燃液体的引压、引源管线管路可通过电缆沟引入控制室内。（　）

25. 在油气集输站库系统区域内，不能使用汽油、轻质油等擦地面、设备和衣物，可以使用苯类溶剂进行擦拭。（　）

26. 便携式红外测温仪需要接触被测物体即可测量出物体表面的温度。（　）

27. 为了防止长时间运转的机械发生事故，重要的防护措施是提高易损件的质量和使用寿命。（　）

28. 油气集输站库系统的站场是否设置围墙，应根据所在地区周围环境和规模大小确定。当设置围墙时，应采用非燃烧材料建造，围墙高度不宜低于2.2m，场区内变配电站（大于或等于35kV）应设高度为1.5m的围栏。（　）

29. 油气集输站库系统应建立严格的防火防爆制度，生产区与办公区要有明显的分界标志，并设有"严禁烟火"等醒目的防火标志。（　）

第六章 集输容器

一、选择题

1. 转油站二合一加热炉在正常运行过程中，发生液位过高的原因是（　　）。

　　A. 温度升高　　　　　　B. 泵发生抽空
　　C. 进口阀门闸板脱落　　D. 出口管线刺漏

2. 转油站二合一加热炉在正常运行过程中，当外输水泵发生偷停时，如果岗位员工没有及时发现，会导致二合一加热炉（　　）。

　　A. 压力不变　B. 温度降低　C. 液位过高　D. 流量上升

3. 转油站二合一加热炉在正常运行过程中，（　　）会导致二合一加热炉液位过高。

　　A. 出口阀门开启过大　　B. 温度降低
　　C. 出口阀门闸板脱落　　D. 温度上升

4. 转油站二合一加热炉在正常运行过程中，如果来水量增加或（　　），会导致二合一加热炉液位过高。

　　A. 进口阀门闸板脱落　　B. 温度升高
　　C. 出口阀门开启过大　　D. 供水压力增大

5. 转油站二合一加热炉在正常运行过程中，导致加热炉液位过低的原因是（　　）。

　　A. 出口阀门闸板脱落　　B. 浮子液位调节阀损坏
　　C. 进口阀门开启过大　　D. 供水压力增大

6. 冬季生产过程中，如果二合一加热炉的气平衡管发生冻结，会导致（　　）。

　　A. 液位上升　　　　　　B. 出口温度下降

·211·

C. 炉内产生罐压不上液位　　D. 出口阀门冻堵

7. 转油站二合一加热炉在运行过程中，加热炉浮球液位计出现失灵的原因是（　　）。

　　A. 浮球液位计连杆脱落　　B. 二合一加热炉罐壁有漏

　　C. 浮球液位计转动轴松动　　D. 二合一加热炉高液位

8. 油气集输系统中，容器中液体和气体介质的分界面称为（　　）。

　　A. 界位　　B. 液位　　C. 料位　　D. 层位

9. 当二合一加热炉浮球液位计失灵时，岗位员工应关闭二合一加热炉的（　　），关闭二合一加热炉进、出口阀门，放净容器内余压，拆除液位计补焊或更换浮球。

　　A. 溢流管阀门　B. 燃气阀门　　C. 排污阀门　　D. 放空阀门

10. 转油站二合一加热炉在运行过程发生偏流现象的原因是调节阀失灵，造成（　　）不畅通。

　　A. 出口管线　B. 进口管线　　C. 放空管线　　D. 溢流管线

11. 二合一加热炉被广泛应用于油田转油站，属于火筒炉的一种，它的主要功能是（　　）。

　　A. 分离、沉降　　　　　B. 沉降、脱除

　　C. 加热、缓冲　　　　　D. 脱除、分离

12. 转油站二合一加热炉在正常运行过程中，（　　）不会导致二合一加热炉发生偏流的现象。

　　A. 调节阀失灵，造成出口管线不畅通

　　B. 进口阀门开的过小或进口管线发生堵塞

　　C. 溢流管保温层破损

　　D. 炉火控制过大，造成出口温度过高

13. 转油站二合一加热炉在运行过程中，如果（　　）会导致二合一加热炉温度过高的现象。

　　A. 泵压力过低　　　　　B. 泵电流高

C. 泵发生偷停　　　　　　D. 泵轴承温度高

14. 油气集输站库系统常用的一体化温度变送器是由（　　）两个部分组成。

A. 测温元件和变送器模块　　B. 电阻体和绝缘管
C. 热电阻和显示仪表　　　　D. 双金属片和表盘

15. 温度变送器额定电源电压为（　　），额定负载电阻为（　　）。

A. 12V；150Ω　　　　　　B. 12V；250Ω
C. 24V；150Ω　　　　　　D. 24V；250Ω

16. 在调校温度变送器时，必须用（　　）标准电源、电位差计或精密电阻箱提供校验信号，多次重复调整零点和量程即可达到要求。

A. 6V　　　B. 12V　　　C. 24V　　　D. 36V

17. 运行过程中的二合一加热炉发生汽化时，应立即（　　）。

A. 关闭溢流汽化炉顶部溢流阀
B. 关闭汽化炉的进口阀门
C. 关闭汽化炉的出口阀门
D. 关闭汽化炉的炉火

18. 转油站二合一加热炉在运行过程中，如果（　　），容易导致二合一加热炉发生汽化的生产故障。

A. 泵偷停，发现不及时　　B. 掺水泵电流高
C. 泵体振动大　　　　　　D. 加热炉水流量多

19. 转油站二合一加热炉在平稳运行过程中，如果燃气压力上升，则会造成二合一加热炉（　　）。

A. 液位突然上升　　　　　B. 发生汽化
C. 温度忽高忽低　　　　　D. 加热炉水流量多

20. 油田站库集输系统中使用的一体化温度变送器，其基本

误差一般不超过量程的（　　）。

A. ±0.3%　　B. ±0.4%　　C. ±0.5%　　D. ±0.6%

21. 运行过程中的二合一加热炉发生汽化时，如果岗位员工经过排查发现是由于外输水泵内进气导致的，应当立即（　　）。

A. 打开放空阀门进行排气

B. 停泵，放净泵内气体并重新启泵

C. 关闭泵进口阀门

D. 控制泵排量

22. 转油站二合一加热炉在正常运行过程中，（　　）会导致加热炉出口温度突然上升。

A. 外输气压力下降　　　　B. 加热炉液位过高

C. 燃气压力突然上升　　　D. 进口阀门开的过大

23. 转油站二合一加热炉在运行过程中，若二合一加热炉（　　），会导致二合一加热炉温度突然上升。

A. 来水量突然上升　　　　B. 加热炉液位过高

C. 燃气压力突然下降　　　D. 进出口阀门闸板脱落

24. 在油气集输站库系统中，正常运行过程中的外输掺水泵（　　）时，会造成二合一加热炉温度上升。

A. 发生偷停　　　　　　　B. 电流升高

C. 轴功率过大　　　　　　D. 供电电压下降

25. 在油气集输站库系统中，常用的加热炉按基本结构可分为两大类，即（　　）。

A. 火筒式加热炉和管式加热炉

B. 原油加热炉和掺水加热炉

C. 燃气加热炉和燃油加热炉

D. 直接加热炉和间接加热炉

26. 下列选项中，（　　）与处理二合一加热炉温度突然上升的方法无关。

A. 按操作规程重新启泵

B. 维修损坏的进出口阀门

C. 调整燃气压力,降低炉膛温度

D. 提高加热炉燃气压力

27. 转油站二合一加热炉在正常运行过程中发生溢流阀冻堵故障的原因是(　　)。

 A. 进口阀门未打开　　　　B. 加热炉未及时清淤

 C. 烟道挡板开度不合理　　D. 溢流阀未打开或闸板脱落

28. 转油站二合一加热炉在冬季生产运行过程中,由于二合一加热炉内有挥发的油、水蒸气,容易造成(　　)。

 A. 温度烧不上来　　　　B. 液位不断上升

 C. 溢流阀结霜冻堵　　　D. 掺水量过大

29. 转油站在冬季生产过程中,如果正常运行的二合一加热炉发生(　　)事故时,会导致二合一加热炉溢流阀冻堵。

 A. 泄漏　　　B. 冒罐　　　C. 汽化　　　D. 抽空

30. 转油站在冬季生产过程中,当二合一加热炉溢流阀发生冻堵现象时,可以用(　　)溢流阀进行解冻。

 A. 热水浇烫　B. 汽油烧　　C. 煤油烧　　D. 柴油烧

31. 转油站二合一加热炉在冬季生产过程中发生溢流阀冻堵现象时,正确的处理方法是(　　)。

 A. 随时观察二合一加热炉出口温度,防止出口温度超高

 B. 用热水浇烫溢流阀

 C. 合理控制外输气压力,保证压力平稳

 D. 定期清理烟箱,防止烟灰颗粒堆积

32. 加热炉在运行过程中,当(　　),燃料过多,燃烧不完全时,能够引起加热炉烟囱冒黑烟的现象。

 A. 烟道挡板开的过大　　　B. 燃料供给压力低

 C. 燃料和空气配比不当　　D. 烟囱本体有剥蚀

33. 加热炉在运行过程中，如果空气量不足，燃料雾化不好，燃烧不完全，能够引起加热炉（　　）的现象。

A. 烟囱间断冒小股黑烟　　B. 烟囱冒大股黑烟

C. 烟囱不冒烟或冒白烟　　D. 烟囱冒黄烟

34. 加热炉风机入口堵塞，空气量严重（　　），燃烧不完全，火嘴喷口结焦，雾化不好或燃料（　　），这是加热炉烟囱冒大股黑烟的主要原因。

A. 过多；减少　　B. 不足；减少

C. 过多；突增　　D. 不足；突增

35. 当正常运行的加热炉烟囱开始出现间断冒小股黑烟的时候，岗位员工应当（　　）。

A. 调大合风，调整燃料雾化　　B. 调整烟道挡板开度

C. 开大燃料气阀门　　D. 检查烟囱焊接点

36. 如果正常运行的加热炉烟囱冒黑烟时，下列（　　）选项不是正确的处理方法。

A. 调整燃料供给量　　B. 调整燃料与空气的配比

C. 关闭烟道挡板　　D. 调整燃料气压力

37. 加热炉在运行过程中，如果烟囱（　　），则表明加热炉运行正常。

A. 间断冒小股黑烟　　B. 冒黑烟

C. 冒白烟　　D. 冒黄烟

38. 当运行中的加热炉发生火焰偏烧时，会导致加热炉炉管局部过热，产生高温氧化现象，最终会引起加热炉（　　）的故障。

A. 炉管烧穿　　B. 烟箱积灰　　C. 烟管结垢　　D. 炉墙坍塌

39. 导致加热炉发生炉管烧穿的故障原因之一是（　　）。

A. 加热炉燃气压力不足

B. 燃烧不完全、雾化不良，造成炉管壁结焦

C. 烟道挡板开度过小

D. 加热炉出口温度高

40. 在油气集输系统中，运行过程中的加热炉如果需要正常停炉，岗位员工应当提前（   ）关小燃气供气阀门，缓慢降低炉温。

A. 2～3h   B. 3～4h   C. 4～5h   D. 5～6h

41. 加热炉在运行时，若岗位员工没有严格执行操作规程，导致加热炉出口温度及压力过高而超过加热炉材质允许极限时，容易引起加热炉发生（   ）。

A. 冒罐   B. 管线堵塞   C. 抽空   D. 炉管烧穿

42. 正常运行的加热炉，如果（   ）结垢发生堵塞，会导致管内介质不流动。

A. 燃烧器   B. 放空管线   C. 排污阀门   D. 炉管局部

43. 当加热炉发生凝管故障时，正确的处理方法是先全开加热炉出口阀门，后逐步开大进口阀门，慢慢升压将凝管顶挤畅通。这种方法被称为（   ）。

A. 小火烘炉法   B. 压力挤压法

C. 自然解凝法   D. 物理分解法

44. 安全阀是各种压力容器的安全保护装置，一般（   ）校验一次。

A. 每月   B. 每季度   C. 每半年   D. 每年

45. 相变加热炉目前在油田集输系统中被广泛应用，其按设计压力可分为（   ）、微压相变加热炉和压力相变加热炉。

A. 负压相变加热炉   B. 橇装式相变加热炉

C. 一体式相变加热炉   D. 真空相变加热炉

46. 在油气集输站库系统中，常用的相变加热炉按（   ）分为橇装式相变加热炉、一体式相变加热炉和分体式相变加热炉。

A. 压力   B. 结构   C. 用途   D. 作用

47. 真空相变加热炉在运行过程中，如果出现（　　）时，容易导致真空相变加热炉真空阀动作的现象。

　　A. 流程未倒通，盘管内无加热介质流动

　　B. 炉内加热盘管结垢，换热效果差

　　C. 液位计内部脏

　　D. 炉体渗漏

48. 运行过程中的真空加热炉真空阀动作时，应立即（　　）。

　　A. 清洗加热盘管　　　　B. 检查加热炉进出口阀门

　　C. 停炉，检查倒通流程　　D. 提高介质流量

49. 岗位员工在巡回检查运行中的真空加热炉时，如果发现真空加热炉的真空阀发生内漏，其正确的处理方法是（　　）。

　　A. 更换液位计　　　　　B. 清理阀口或更换阀芯

　　C. 化验软化水水质　　　D. 提高介质流量

50. 在油气集输系统中，加热炉在运行过程中发生（　　）时，容易造成加热炉憋压。

　　A. 放空阀门损坏　　　　B. 进口阀门未开

　　C. 出口管线堵塞　　　　D. 自耗气压力低

51. 加热炉在运行过程中，产生换热效果差的故障原因是（　　）。

　　A. 盘管内结垢　　　　　B. 气体不完全燃烧

　　C. 烟箱有砂眼　　　　　D. 出口温度过高

52. 加热炉在运行过程中，如果（　　）会出现换热效果差的现象。

　　A. 燃料流量过多　　　　B. 超负荷运行

　　C. 自耗气压力高　　　　D. 安全阀动作

53. 加热炉在运行过程中出现换热效果差的原因之一是（　　）。

· 218 ·

A. 燃料流量过多　　　　　　B. 进出口阀门结垢
C. 烟管内有大量烟灰　　　　D. 安全阀动作

54. 在油气集输站库系统中，如果加热炉在运行过程中出现（　　）时，容易造成加热炉的进、出口法兰垫子刺。
A. 法兰垫子螺栓松动　　　　B. 进、出口阀门开的过大
C. 出口温度过高　　　　　　D. 过剩空气系数不合理

55. 在油气集输站库系统中，加热炉出现进、出口法兰垫子刺的情况时，应立即（　　），并组织人员进行抢修。
A. 开大加热炉炉火　　　　　B. 控制加热炉液位
C. 关火停炉降低炉温　　　　D. 调整进、出口阀门开度

56. 将炉内介质蒸汽额定压力低于当地大气压的相变加热炉称为（　　）。
A. 正压相变加热炉　　　　　B. 微压相变加热炉
C. 真空相变加热炉　　　　　D. 压力相变加热炉

57. 真空加热炉在运行过程中，如果出现进出口压差大时，其原因可能是（　　）。
A. 加热炉液位过高　　　　　B. 进出口阀门未开到位
C. 被加热介质不合格　　　　D. 燃气压力不平稳

58. 真空加热炉在运行过程中，如果出现进出口压差大时，其原因可能是（　　）。
A. 炉体有漏点　　　　　　　B. 加热炉液位过低
C. 烟箱内积灰过多　　　　　D. 盘管结垢或内部弯头有管堵

59. 投运真空加热炉需要给炉内加入（　　）。
A. 软化水　　B. 含油污水　　C. 地下水　　D. 原水

60. 真空加热炉在运行过程中，其热效率比较高，一般可达到（　　）。
A. 65%～75%　　　　　　　　B. 70%～88%
C. 85%～92%　　　　　　　　D. 95%以上

61. 运行过程中的真空加热炉出现（　　）时，会导致真空加热炉出现排烟温度高的现象。

　　A. 烟管有积灰　　　　　　B. 软化水水质差

　　C. 烟囱根部有腐蚀　　　　D. 燃烧道耐火砖脱落

62. 真空加热炉是一种间接加热设备，炉内传热介质由（　　）这样不停的转换过程就是给介质加热的过程。

　　A. 液相—气相—液相　　　B. 气相—液相—液相

　　C. 液相—气相—气相　　　D. 气相—液相—气相

63. 微正压相变加热炉是指加热炉锅筒内压力不超过（　　）。

　　A. 0.4MPa　　B. 0.3MPa　　C. 0.2MPa　　D. 0.1MPa

64. 真空加热炉液位计及其接管应（　　）清洗一次。

　　A. 每年　　B. 每季度　　C. 每月　　D. 每周

65. 把燃料油或燃气和空气按一定的比例混合，以一定的（　　）和方向喷射得到稳定和高效的燃烧火炬的设备称为燃烧器。

　　A. 时间　　B. 流量　　C. 速度　　D. 压力

66. 三相分离器出现液位过高的原因是（　　）。

　　A. 油出口阀开得过大　　　B. 气压过高

　　C. 外输泵排量过大　　　　D. 来液量过大

67. 三相分离器在运行过程中，如果上游来液量过多，则会引起三相分离器出现（　　）的现象。

　　A. 外输泵泵效下降　　　　B. 气压过低

　　C. 安全阀动作　　　　　　D. 液位过高

68. 三相分离器在运行过程中，如果（　　）会导致出现三相分离器液位过高的现象。

　　A. 气出口阀门开得过大　　B. 放水阀开得过大

　　C. 外输泵排量过大　　　　D. 来液含水高

69. 三相分离器在正常运行过程中，液位应控制在（   ）。

A. 1/3～2/3　　B. 1/3～1/2　　C. 1/2～2/3　　D. 1/2～3/4

70. 油、气、水混合液在分离器中进行分离时，主要是依靠重力、（   ）和黏着力的作用完成的。

A. 离心力　　B. 摩擦力　　C. 压力　　D. 向心力

71. 三相分离器的油出口阀门开得过大或外输油泵排量过大时，会造成三相分离器（   ）。

A. 气压过高　　B. 液位过低　　C. 管线穿孔　　D. 流量下降

72. 正常运行的三相分离器的压力一般控制在（   ）。

A. 0.10～0.20MPa　　　　　　B. 0.10～0.30MPa

C. 0.15～0.25MPa　　　　　　D. 0.15～0.35MPa

73. 转油站二合一加热炉在运行过程中，如果（   ）时，会引起二合一加热炉炉膛进油发生着火事故。

A. 三相分离器液位降低

B. 三相分离器气出口管线穿孔

C. 三相分离器放水阀门开的过大

D. 三相分离器气管线进油

74. 三相分离器在运行过程中，如果（   ）开得过大，导致液位上升过快，油进入气管线。

A. 油出口阀门　　　　　　B. 放水阀门

C. 气出口阀门　　　　　　D. 连通阀门

75. 当液体改变流向时，密度较大的液滴具有较大的惯性，就会与器壁相撞，使液滴从气流中分离出来，这就是（   ）的原理。

A. 离心分离　　B. 沉降分离　　C. 碰撞分离　　D. 时间分离

76. 重力沉降分离主要依靠气液的（   ）不同实现油气分离的，重力分离能除去100μm以上的液滴。

A. 相对重度　　B. 相对密度　　C. 相对黏度　　D. 相对比重

77. 在油气集输站库系统中，如果（　　）时，容易引起运行中的三相分离器气管线进油。

　　A. 三相分离器液位下降

　　B. 外输泵排量增大

　　C. 三相分离器出油阀卡死

　　D. 三相分离器水出口阀门开得过大

78. 三相分离器（　　）时，不会引起运行中的三相分离器油水界面过低。

　　A. 压力下降　　　　　　B. 自动放水阀失灵

　　C. 排污阀泄漏　　　　　D. 管线穿孔

79. 油气分离器依靠离心分离对大量的液体进行分离，这个过程属于（　　）过程。

　　A. 交换　　B. 初分离　　C. 沉降　　D. 集液

80. 油气集输站库系统中，常用的油气分离器按用途可分为（　　）、计量分离器、泡沫分离器、多级分离器。

　　A. 高压分离器　　　　　B. 生产分离器

　　C. 三相分离器　　　　　D. 立式分离器

81. 三相分离器油水界面过高，与（　　）无关。

　　A. 放水阀开得过小　　　B. 排污阀门

　　C. 出油管线穿孔　　　　D. 自动放水阀打不开

82. 如果三相分离器自动放水阀打不开，引起油水界面过高时，正确的处理方法是（　　）。

　　A. 停运三相分离器　　　B. 打开三相分离器底部排污阀

　　C. 打开自动放水阀的旁通阀　D. 关小油出口阀门

83. 利用原油与天然气的密度不同，在相同条件下所受地球引力不同的原理进行分离，这种分离原理就是（　　）。

　　A. 碰撞分离原理　　　　B. 离心分离原理

　　C. 空间分离原理　　　　D. 重力分离原理

84. 三相分离器在运行过程中，如果处理量过大、沉降时间不足，导致油水未分离而引起三相分离器（　　）。

A. 出水管线见油　　　　　B. 气管线进油

C. 安全阀动作　　　　　　D. 油管线穿孔

85. 如果破乳剂加入量不够，会造成三相分离器内的油水混合液（　　）。

A. 油出口管线堵塞　　　　B. 油水分离效果差或不分离

C. 外输泵排量上升　　　　D. 输送介质黏度增大

86. 破乳剂按分子结构一般分为（　　）和（　　）两大类。

A. 质子型；非质子型　　　B. 分子型；非分子型

C. 离子型；非离子型　　　D. 量子型；非量子型

87. 在油气集输站库系统中，为了实现加药系统自动加药，采用（　　）和（　　）自动加药。

A. 电磁阀；时间继电器　　B. 电磁阀；压力变送器

C. 减压阀；温度变送器　　D. 减压阀；磁力转换器

88. 破乳剂的分子量（　　）天然乳化剂的分子量时才能有效地达到破乳作用。

A. 小于且等于　B. 等于　　C. 小于　　D. 大于

89. 正常运行的三相分离器（　　）时，会导致三相分离器压力高。

A. 气出口阀门开得过小　　B. 管线穿孔泄漏

C. 来液温度低　　　　　　D. 安全阀动作

90. 运行中的外输油泵发生停泵、抽空时，会造成三相分离器（　　）。

A. 液位下降　B. 出液阀卡死　C. 压力升高　D. 温度上升

91. 三相分离器液位发生变化时，液面调节机构的浮子在（　　）方向会发生相应位移。

A. 倾斜　　　B. 直线　　　C. 水平　　　D. 垂直

92. 当（　　）时，不会造成运行过程中的三相分离器压力下降的现象。

　　A. 自动放水阀失灵　　　　B. 放水阀门开的过大

　　C. 外输泵排量过低　　　　D. 容器出现渗漏

93. 流体在管道流动过程中，产生的局部水头损失主要是与流体流经管件的（　　）有关。

　　A. 材料　　　B. 结构　　　C. 种类　　　D. 作用

94. 运行中的三相分离器（　　），不会造成油仓液位过低。

　　A. 油出口阀门开度过大

　　B. 外输泵排量过大

　　C. 气出口阀门未开或开得过小

　　D. 上游来液量增加

95. 如果（　　）时，容易造成三相分离器油仓抽空。

　　A. 油水混合液流速上升

　　B. 多台三相分离器同时运行发生偏抽

　　C. 气出口阀门开得过大

　　D. 容器内壁结垢

96. 三相分离器来液量不足造成油仓液位过低，岗位员工应及时（　　）。

　　A. 开大气出口阀门　　　　B. 降低外输泵排量

　　C. 关闭气出口阀门　　　　D. 提高外输油量

97. 液流在管道中流过各种局部障碍时，由于（　　）的产生和流速的重组引起的水头损失，称为局部水头损失。

　　A. 涡流　　　B. 流量　　　C. 阻力　　　D. 温度

98. 运行中的三相分离器（　　），会导致三相分离器液位上升。

　　A. 出油阀门卡死　　　　B. 管线发生泄漏

　　C. 容器内部结垢　　　　D. 安全阀动作

99. 三相分离器（　　），不会造成三相分离器压力突然上升。

A. 外输泵停泵或突然停电　　B. 浮漂连杆机构失灵

C. 气出口阀门开得过大　　D. 来液量突然增加

100. 在油气集输系统中，来液量增加较快造成三相分离器液位上升，应进行（　　）的操作。

A. 开大气出口阀门

B. 加大放水量或增大外输泵排量

C. 降低外输泵排量

D. 打开排污阀门

101. 运行中的三相分离器（　　），不会造成分离器压力下降。

A. 放空阀门打开　　B. 外输气管线堵塞

C. 自动放水阀失灵　　D. 外输气阀门开度过大

102. 运行中的加热炉（　　），会导致烧火间着火事故。

A. 出口阀门开得过大　　B. 调节阀门失灵

C. 火管破裂　　D. 排污管线刺漏

103. 二合一加热炉在运行过程中发生冒罐时，立即（　　），关小其他二合一加热炉出口阀门，开大冒罐的二合一加热炉出口阀门，加大出水量。

A. 降低掺水泵排量

B. 开大燃料气阀门

C. 关闭二合一加热炉进口阀门

D. 加大外输泵排量

104. 三相分离器发生冒罐事故时，立即（　　），开大放水阀门降低液位。

A. 打开排污阀门　　B. 开大油进口阀门

C. 关小气出口阀门　　D. 加大外输泵排量

105. 三相分离器具有将油井产物分离为油、气、水三相的功能，适用于（　　）较高，特别是含有大量（　　）的油井产物的处理。

A. 含悬浮物；污水　　　　B. 含水量；游离水

C. 含乳化油；污水　　　　D. 含硫化氢；游离水

106. 污水回收池着火时，岗位员工应立即关闭污水回收池（　　），切断进液流程，并汇报有关领导。

A. 进口阀门　B. 出口阀门　C. 排污阀门　D. 连通阀门

107. 加热炉烧火间发生着火事故时，岗位员工应立即关闭（　　）并汇报有关领导。

A. 外输气阀门　　　　　　B. 加热炉进口阀门

C. 燃料气总供气阀门　　　D. 加热炉排污阀门

108. 运行中的三相分离器液位过高，会导致（　　）进油。

A. 水出口管线　　　　　　B. 油出口管线

C. 安全阀引线管　　　　　D. 气出口管线

109. 加热炉烧火间发生着火事故时，其主要原因是（　　）。

A. 液位过低　　　　　　　B. 安全阀动作

C. 进口阀门刺漏　　　　　D. 气管线跑油

110. 在油气集输站库系统中，常用的仪表按（　　）进行分类，一般可分电动仪表、气动仪表和自力式仪表。

A. 使用能源　　　　　　　B. 测量参数

C. 仪表组合方式　　　　　D. 作用

111. 转油站岗位员工在进行配电盘倒闸操作时，必须戴（　　）。

A. 皮革手套　B. 毛绒手套　C. 绝缘手套　D. 棉纱手套

112. 在油气集输站库系统中，常用仪表按其在自动调节系统中的作用进行分类，一般分为（　　）等。

A. 电动仪表、气动仪表、自力式仪表

B. 变送器、控制器、执行器

C. 化工测量仪表、电工测量仪表、成分分析仪表

D. 基地式仪表、单元组合仪表

113. 电脱水器电场波动时脱水器控制柜（　　）指针突然上下摆动。

A. 电压表　　B. 电流表　　C. 电阻表　　D. 电容表

114. 电脱水器（　　）时从脱水器内连续发生啪啪的放电声。

A. 磁场波动　B. 电场波动　C. 磁场破坏　D. 电场破坏

115. 电脱水器放水不及时造成脱水器内油水界面过高，水淹（　　）。

A. 绝缘棒　　B. 电容　　C. 电阻　　D. 电极

116. 电脱水器（　　）不及时造成脱水器内油水界面过高，水淹电极。

A. 放油　　B. 放气　　C. 放水　　D. 放电

117. 高含水原油含水超过（　　）进入电脱水器内会造成电脱水器电场波动。

A. 10%　　B. 15%　　C. 30%　　D. 20%

118. 电脱水器绝缘棒击穿的原因之一是（　　）突然上升造成的。

A. 电压　　B. 电阻　　C. 电流　　D. 电容

119. 电脱水器绝缘棒击穿时脱水器（　　）压力表显示有压力。

A. 灭弧桶　　B. 变压器　　C. 整流硅堆　　D. 配电柜

120. 电脱水器绝缘棒击穿的原因之一是（　　）下降到接近零的程度，严重时脱水器根本送不上电。

A. 电压　　B. 电阻　　C. 电流　　D. 电容

121. 电脱水器（　　）击穿脱水器电流突然升高，电压归

零,长时间送不上电,检查绝缘棒与外部电路均无损坏。

  A. 变压器   B. 电阻   C. 硅板   D. 电容

  122. 电脱水器硅板击穿、变压器油变质的原因是长期( )运行。

  A. 小电压   B. 大电压   C. 小电流   D. 大电流

  123. 电脱水器硅板击穿、变压器油变质时,首先应关闭电脱水器的( )阀门再进行处理。

  A. 出油   B. 进油   C. 放水   D. 排污

  124. 处理电脱水器硅板击穿、变压器油变质时,关闭电源并摘下( ),挂上"禁止合闸"警示牌。

  A. 电容   B. 保险   C. 硅板   D. 电阻

  125. 电脱水器电场破坏时,脱水器( )急剧上升,( )急剧下降。

  A. 电流;电阻   B. 电压;电阻

  C. 电压;电流   D. 电流;电压

  126. 电脱水器电场破坏时应关闭脱水器( )阀门静置送电。

  A. 进口   B. 出口

  C. 进口与出口   D. 放水

  127. 造成电脱水器电场破坏的原因是( )。

  A. 水淹电极   B. 排量突降

  C. 进入低含水油   D. 破乳剂加多

  128. 电脱水器电场破坏时应小排量平稳回收( )里的老化油。

  A. 净油罐   B. 污水沉降罐

  C. 清水罐   D. 过滤罐

  129. 游离水脱除器运行时压力异常的现象有( )设定值。

A. 压力高于 B. 压力低于
C. 压力等于 D. 压力高于或低于

130. 游离水脱除器运行时压力异常的原因有（　　）失灵，上游转油站来液异常忽高忽低。

A. 调节阀　　B. 截止阀　　C. 呼吸阀　　D. 减压阀

131. 游离水脱除器如果压力高，油水界面高，可适当开启（　　）加大放水，恢复压力及油水界面。

A. 放水进口阀门 B. 排污出口阀门
C. 放水阀门 D. 原油进口阀门

132. 游离水脱除器如果压力低，油水界面高，可关小（　　），恢复压力及油水界面。

A. 水出口阀门 B. 油出口阀门
C. 水进口阀门 D. 油进口阀门

133. 游离水脱除器油出口含水标准为（　　）。

A. ≥20%　　B. ≤30%　　C. ≤40%　　D. ≤50%

134. 不能造成游离水脱除器油出口含水过高的原因有（　　）。

A. 游离水脱除器内油水界面过高

B. 来油油质不好形成老化油或来液量大

C. 开关阀门操作过猛不平稳

D. 破乳剂用量过多

135. 游离水脱除器内油水界面高，应开大（　　），降低油水界面。

A. 放水阀门 B. 出油阀门
C. 出气阀门 D. 进液阀门

136. 游离水脱除器油出口含水超高，应加大（　　）破乳剂的用量。

A. 游离水岗　B. 电脱水岗　C. 输油岗　　D. 污水岗

137. 不会造成游离水脱除器运行时压力过高的原因是（　　）。

　　A. 放水阀门开得过小　　　B. 自动放水阀卡堵
　　C. 油出口阀门开得过小　　D. 上游来液量小

138. 游离水脱除器运行时压力过高的原因有（　　）岗控制出口排量。

　　A. 污水　　　B. 电脱水　　　C. 注水　　　D. 转油站

139. 游离水脱除器运行时压力过高的处理方法有（　　）。

　　A. 开大进口阀　　　　　　B. 关小放水阀
　　C. 开大放水阀　　　　　　D. 关小油出口阀

140. 处理游离水脱除器运行时压力过高的错误方法是（　　）。

　　A. 关小放水阀　　　　　　B. 电脱水岗开大排量
　　C. 开大放水阀　　　　　　D. 开大油出口阀

141. 游离水脱除器运行时压力过低的原因是（　　）。

　　A. 放水阀门开得过小　　　B. 自动放水阀卡堵
　　C. 油出口阀门开得过小　　D. 上游来液量小

142. 游离水脱除器运行时压力过低的原因是（　　）。

　　A. 放水阀门开得过小　　　B. 自动放水阀卡堵
　　C. 油出口阀门开得过大　　D. 上游来液量过大

143. 游离水脱除器运行时压力过低的处理方法是（　　）。

　　A. 控制上游来液　　　　　B. 关小放水阀
　　C. 开大放水阀　　　　　　D. 开大油出口阀

144. 不会造成游离水脱除器运行时压力过低的原因有（　　）。

　　A. 控制上游来液　　　　　B. 开大油出口阀
　　C. 开大放水阀　　　　　　D. 关小油出口阀

145. 游离水脱除器放水调节阀失灵油水界面下降，污水含油升高，污水（　　）油位不断上升。

A. 沉降罐　　B. 除油罐　　C. 过滤罐　　D. 净化油罐

146. 游离水脱除器放水（　　）失灵，导致大量原油进入污水沉降罐。

A. 安全阀　　B. 调节阀　　C. 进口阀　　D. 排污阀

147. 游离水脱除器正常运行时油水界面应控制在（　　）处。

A. 1/3　　B. 1/2　　C. 2/3　　D. 3/4

148. 界面升至收油槽高度，（　　）方可收油。

A. 净化油罐　B. 事故罐　　C. 污水沉降罐　D. 缓冲罐

149. 游离水脱除器运行时界面过高的原因有（　　）。

A. 放水阀门开的过大　　　B. 放水出口管线有堵塞

C. 油出口开的过小　　　　D. 游离水脱除器内无泥砂

150. 不会造成游离水脱除器运行时界面过高的原因有（　　）。

A. 放水阀门开得过大　　　B. 放水出口管线有堵塞

C. 放水阀门开得过小　　　D. 游离水脱除器内有泥沙

151. 游离水脱除器运行时界面过高的处理方法有（　　）。

A. 关小放水阀门　　　　　B. 清通放水出口管线

C. 开大油出口阀门　　　　D. 增加破乳剂量

152. 游离水脱除器运行时界面过高的处理方法没有（　　）。

A. 开大放水阀门

B. 清通放水出口管线

C. 清理游离水脱除器内的泥砂

D. 增加破乳剂量

153. 游离水脱除器运行时界面过低的原因是（　　）阀门开得过小。

A. 油出口　　B. 水出口　　C. 气出口　　D. 油进口

154. 游离水脱除器运行时界面过低的原因是（　　）阀门开

得过大。

　　A. 油出口　　B. 水出口　　C. 气出口　　D. 油进口

155. 游离水脱除器运行时界面过低的原因是（　　）失灵造成的。

　　A. 呼吸阀　　B. 减压阀　　C. 放水调节阀　D. 底阀

156. 游离水脱除器运行时界面过低，可开大（　　）阀门进行处理。

　　A. 油进口　　B. 气出口　　C. 水出口　　D. 油出口

157. 下例选项中属于油罐安全附件的是（　　）。

　　A. 机械呼吸阀　B. 防爆门　　C. 消防栓　　D. 防爆窗

158. 下例选项中不属于油罐安全附件的是（　　）。

　　A. 防爆窗　　B. 阻火器　　C. 机械呼吸阀　D. 液压安全阀

159. 油罐进出油时，（　　）开始工作进行大呼吸。

　　A. 泡沫发生器　　　　　B. 液压安全阀
　　C. 机械呼吸阀　　　　　D. 阻火器

160. 油罐机械呼吸阀应（　　）检修和校验一次。

　　A. 每天　　B. 每半月　　C. 每月　　D. 每季

161. 油罐检尺时应在（　　）下尺槽处下尺。

　　A. 人孔　　B. 量油孔　　C. 清扫孔　　D. 检修孔

162. 油罐量油孔内的下尺槽为（　　）材质。

　　A. 铜铝合金　B. 铸铁　　C. 白钢　　D. 塑料

163. 油罐量油时（　　）盖打不开是由凝油或石蜡粘黏等原因造成的。

　　A. 人孔　　B. 清扫孔　　C. 检修孔　　D. 量油孔

164. 油罐量油量油孔盖打不开时，应采用（　　）进行加热处理，使凝油、石蜡、冻凝的水蒸气融化。

　　A. 火烧　　B. 喷灯烤　　C. 热水浇烫　D. 热化学反应

165. 油罐进行量油操作时，室外（　　）级以上大风不可上

232

罐量油。

  A. 2　　　　　B. 3　　　　　C. 4　　　　　D. 5

  166. 油罐进行量油操作时，同时一起上罐量油人数不可超过（　　）人。

  A. 2　　　　　B. 3　　　　　C. 4　　　　　D. 5

  167. 油罐发生振动并伴有响声的原因有（　　）。

  A. 原油含气量少　　　　　B. 原油进出液流量大

  C. 加热盘管渗漏　　　　　D. 加热盘管阻塞

  168. 油罐量油时量油尺下不去的原因是油品（　　）、油温过低凝固造成的。

  A. 黏度过大　　B. 黏度过小　　C. 密度过大　　D. 密度过小

  169. 原油含（　　）会造成油罐发生轻微振动。

  A. 水多　　　　B. 气多　　　　C. 杂质多　　　D. 蜡多

  170. 造成油罐发生轻微振动的原因是原油进出液（　　）。

  A. 含水过高　　B. 温度过低　　C. 流量过大　　D. 流量过小

  171. 油罐伴热盘管发生（　　）会造成油罐液位过高甚至发生冒罐事故。

  A. 阻塞　　　　B. 结垢　　　　C. 变形　　　　D. 损坏

  172. 油罐进行量油操作时，（　　）下不去的原因有油品黏度过大。

  A. 量油尺　　　B. 量油孔　　　C. 手柄　　　　D. 滚轮

  173. 下列阀门中流动阻力最小的阀门是（　　）。

  A. 球阀　　　　B. 截止阀　　　C. 针形阀　　　D. 闸板阀

  174. 油罐的排污阀门一般应选（　　）。

  A. 蝶阀　　　　B. 截止阀　　　C. 针形阀　　　D. 闸板阀

  175. 油罐排污阀门不排液的原因有阀门损坏或（　　）脱落。

  A. 阀盖　　　　B. 手轮　　　　C. 阀座　　　　D. 闸板

176. 油罐上闸板阀门的优点是（　　）。

A. 启闭快　　　　　　　　B. 流动阻力大

C. 没有方向限制　　　　　D. 闸板不易磨损

177. 油罐人孔的连接方式是（　　）连接。

A. 螺纹　　　B. 焊接　　　C. 卡箍　　　D. 法兰

178. 油罐连接部位渗漏的处理方法有（　　）。

A. 对角紧固螺栓　　　　　B. 更换阀门

C. 打开出口阀　　　　　　D. 停止向油罐进油

179. 油罐投运前应先打开（　　）阀门。

A. 排污　　　B. 出口　　　C. 进口　　　D. 伴热

180. 油罐刚投运进液时罐内液位达到（　　）时停止进液，观察罐体及基础的下沉情况。

A. 1/3　　　B. 1/2　　　C. 2/3　　　D. 3/4

181. 油罐的（　　）不热会造成油罐凝油事故。

A. 排污阀　　B. 呼吸阀　　C. 伴热盘管　　D. 阻火器

182. 油罐的伴热盘管不热与（　　）有关。

A. 进油压力　　B. 出油压力　　C. 蒸气压力　　D. 罐内压力

183. 油罐伴热盘管不热的原因有伴热管（　　）。

A. 蒸气压力高　　　　　　B. 流程未倒通

C. 管线畅通　　　　　　　D. 阀门开得过大

184. 油罐伴热盘管不热的处理方法有（　　）。

A. 降低蒸气压力　　　　　B. 倒通伴热流程

C. 开大进油阀门　　　　　D. 关小出油阀门

185. 油罐罐壁由于（　　）、砂眼等原因造成渗漏跑油现象。

A. 腐蚀　　　B. 鼓包　　　C. 凹陷　　　D. 焊口咬边

186. 油罐（　　）失灵出现假液位，发生冒罐跑油事故。

A. 安全阀　　B. 呼吸阀　　C. 泡沫发生器　　D. 液位计

187. 油罐（　　）阀门开得过大、时间过长会造成油罐跑油事故。

A. 进口　　　B. 出口　　　C. 排污　　　D. 伴热

188. 造成油罐冒罐跑油事故的原因有（　　）。

A. 出口阀门开得过大　　　B. 进口阀门开得过小

C. 液位计失灵　　　　　　D. 罐壁有鼓包

189. 油罐抽瘪的原因有（　　）和机械呼吸阀冻凝或锈死，罐内形成真空，操作人员检查不及时，外输油泵还在继续运转。

A. 压力表　　B. 放空阀　　C. 排污阀　　D. 液压安全阀

190. 液压安全阀和机械呼吸阀冻凝或锈死，罐内形成真空，操作人员检查不及时，外输油泵还在继续运转会造成油罐（　　）。

A. 抽瘪　　　B. 爆炸　　　C. 冒罐　　　D. 鼓包

191. 油罐抽瘪的原因不包括（　　）。

A. 机械呼吸阀冻凝　　　B. 阻火器畅通

C. 液压安全阀冻凝　　　D. 罐内形成真空

192. 机械呼吸阀和液压安全阀冻凝或锈死、阻火器堵死罐内形成真空，操作人员检查不及时，（　　）还在继续运转会造成油罐抽瘪。

A. 外输水泵　B. 排污泵　　C. 外输油泵　D. 收油泵

193. 油罐液压安全阀冻凝或锈死可能会造成油罐（　　）。

A. 鼓包　　　B. 着火　　　C. 爆炸　　　D. 晃动

194. 油罐（　　）冻凝或锈死可能会造成油罐鼓包。

A. 液压安全阀　B. 放空阀　C. 排污阀　　D. 压力表

195. 油罐（　　）堵死可能会造成油罐鼓包。

A. 放空阀　　B. 阻火器　　C. 排污阀　　D. 压力表

196. 油罐（　　）会造成油罐鼓包。

A. 装满油　　B. 底部冻凝　C. 整体冻凝　D. 顶部冻凝

197. 油罐上部存油冻凝下部加热使上下（　　）会造成油罐

鼓包。

A. 压差过小   B. 压差过大   C. 温差过小   D. 温差过大

198. 油罐液位计失灵会造成油罐（　　）。

A. 抽瘪   B. 鼓包   C. 着火   D. 冒罐泄漏

199. 油罐（　　）会造成油罐泄漏。

A. 罐壁腐蚀   B. 罐壁凹陷   C. 罐壁鼓包   D. 罐壁过厚

200. 油库的油罐设置一般采用（　　）。

A. 地上式   B. 地下式   C. 人工洞式   D. 覆盖式

201. 若油罐泄漏可用（　　）补漏。

A. 胶水粘结法   B. 生漆刷涂法
C. 焊修法   D. 黏土填补法

202. 油罐上的液压安全阀安装位置一般应比（　　）低。

A. 机械呼吸阀   B. 阻火器
C. 压力表   D. 泡沫发生器

203. 腰轮流量计属于（　　）流量计。

A. 速度式   B. 容积式   C. 质量式   D. 差压式

204. 腰轮流量计误差不得超过（　　）。

A. 1%   B. 2%   C. 3%   D. 4%

205. 腰轮流量计故障现象有（　　）、轴向密封联轴器漏油等。

A. 腰轮不转   B. 指针转动
C. 误差不超 0.5%   D. 密封部位无渗漏

206. 腰轮流量计故障现象中发信块（　　）不当，极性接反造成无信号。

A. 形状   B. 位置   C. 重量   D. 质量

207. 刮板流量计故障现象有（　　）不转等。

A. 调节器   B. 发迅器   C. 传感器   D. 变送器

208. 刮板流量计故障现象有（　　）无脉冲信号。

A. 调节器　　B. 发迅器　　C. 传感器　　D. 变送器

209. 智能旋进旋涡流量计表头故障现象有温度、瞬时流量有显示，（　　）与实际工作压力指示不符。

A. 设计压力　　B. 压力　　C. 转速　　D. 电流

210. 智能旋进旋涡流量计发生故障，若压力示值为"80"或流量计"压力上限"外接一新压力传感器，若表头显示为（　　），则证明流量计主板坏。

A. 60　　B. 70　　C. 80　　D. 90

211. 智能旋进旋涡流量计发生故障，若压力示值为"80"或流量计"压力上限"外接一新压力传感器，表头显示当地（　　），则原传感器损坏。

A. 温度　　B. 湿度　　C. 含氧量　　D. 大气压

212. 智能旋进旋涡流量计发生故障，温度示值为（　　）或超过"100℃"则温度传感器损坏。

A. -45℃　　B. -55℃　　C. -65℃　　D. -75℃

213. 智能旋进旋涡流量计发生故障，流量计无（　　）电压。

A. 12V　　B. 24V　　C. 36V　　D. 48V

214. 电磁流量计发生故障可能是液体中含有（　　）。

A. 原油　　B. 水　　C. 气泡　　D. 蜡

215. 电磁流量计发生故障可能是（　　）过低。

A. 电导率　　B. 电阻率　　C. 电磁率　　D. 电效率

216. 电磁流量计发生故障可能是外部（　　）干扰。

A. 强电压　　B. 强电磁场　　C. 强电流　　D. 强电阻

217. 油气分离器压力过低的原因可能是（　　）指示不正确。

A. 压力表　　B. 液位计　　C. 界面计　　D. 温度计

218. 油气分离器压力过低的原因可能是分离器（　　）阀门

开度过小，造成分离器压力过低。

  A. 直通   B. 旁通   C. 进口   D. 出口

  219. 油气分离器压力过低的原因可能是（ ）阀门未关闭造成的。

  A. 伴热   B. 来液   C. 放空   D. 放水

  220. 油气分离器压力过低的原因可能是（ ）调节阀失灵，阀芯被卡，调节失效造成的。

  A. 压力   B. 温度   C. 加药   D. 界面

  221. 油气分离器天然气管线进油的故障原因有（ ）调节机构失灵造成的。

  A. 伴热   B. 温度   C. 液位   D. 加药

  222. 油气分离器天然气管线进油的故障原因有（ ）阀门卡死，发生液体排放不及时造成的。

  A. 出水   B. 出油   C. 出气   D. 加药

  223. 油气分离器天然气管线进油的故障原因有天然气（ ）阀门开得过大造成的。

  A. 进口   B. 伴热   C. 排污   D. 出口

  224. 油气分离器天然气管线进油的故障处理有关小（ ）阀门。

  A. 天然气进口   B. 天然气出口

  C. 油出口   D. 水出口

  225. 油气分离器压力过高的原因可能是（ ）阀门开度过小造成的。

  A. 天然气伴热   B. 天然气出口

  C. 排污   D. 水出口

  226. 油气分离器压力过高的原因可能是（ ）管线堵塞造成的。

  A. 天然气出口   B. 放空

C. 排污　　　　　　　D. 天然气进口

227. 油气分离器压力过高的原因可能是（　　）太大造成的。

A. 出液量　　B. 放空量　　C. 来液量　　D. 排污量

228. 检查并疏通（　　）管线使气体外输正常是油气分离器压力过高的处理方法之一。

A. 出液　　B. 出水　　C. 出油　　D. 天然气

229. 油气分离器液位过低的原因有油（　　）阀门开度过大，造成液位过低。

A. 出口　　B. 进口　　C. 伴热　　D. 天然气

230. 油气分离器液位过低的原因有（　　）阀门开的过小，气体输不出去，气压高造成液位过低。

A. 出口　　B. 进口　　C. 直通　　D. 天然气

231. 油气分离器液位过低的原因有（　　）阀门不严，造成液位过低。

A. 出口　　B. 进口　　C. 加药　　D. 排污

232. 油气分离器液位过低的原因有（　　）不足，造成液位过低。

A. 来液量　　B. 出液量　　C. 进气量　　D. 排污量

233. 油气分离器（　　）阀门开度过大导致液位过低，造成出油管线窜气。

A. 来液　　B. 出液　　C. 出气　　D. 出水

234. 油气分离器（　　）调节机构失灵导致液位过低，造成出油管线窜气。

A. 加药　　B. 温度　　C. 液位　　D. 伴热

235. 油气分离器（　　）管线堵塞导致压力过高，造成出油管线窜气。

A. 天然气　　B. 出水　　C. 出油　　D. 排污

236. 油气分离器来液含（　　）量多导致压力过高，造成出油管线窜气。

A. 气　　　B. 水　　　C. 油　　　D. 杂质

237. 油气分离器液位过高的原因有（　　）阀门开度过小。

A. 出气　　B. 进液　　C. 加药　　D. 出液

238. 油气分离器液位过高的原因有（　　）阀门开度过大。

A. 天然气　B. 出液　　C. 直通　　D. 排污

239. 油气分离器液位过高的原因有（　　）管线堵塞。

A. 伴热　　B. 进液　　C. 出气　　D. 出液

240. 油气分离器液位过高的原因有（　　）量过大。

A. 天然气　B. 出液　　C. 来液　　D. 排污

241. 四合一装置油、水室液位异常的原因有（　　）误差大。

A. 液位计　B. 压力表　C. 温度计　D. 流量计

242. 四合一装置油、水室液位异常的原因有油、水室（　　）腐蚀穿孔，形成连通。

A. 液位计　B. 隔板　　C. 堰板　　D. 折流板

243. 四合一装置油、水室液位异常的原因有（　　）突然增大。

A. 加药量　B. 注水量　C. 掺水量　D. 含聚量

244. 四合一装置油、水室液位异常的原因有停电造成（　　）无显示。

A. 压力　　B. 温度　　C. 电流　　D. 液位

245. 四合一装置压力突然升高，安全阀动作的原因有来液量突然增大或来液含（　　）量增大。

A. 气　　　B. 水　　　C. 油　　　D. 蜡

246. 四合一装置压力突然升高，安全阀动作的原因有（　　）显示仪表失灵。

A. 温度　　　B. 压力　　　C. 电压　　　D. 电流

247. 四合一装置压力突然升高，安全阀动作的原因有气出口（　　）故障。

A. 分流阀　　B. 减压阀　　C. 调节阀　　D. 放空阀

248. 四合一装置压力突然升高，安全阀动作的原因有（　　）管线充油造成堵塞。

A. 油　　　B. 水　　　C. 加药　　　D. 气

249. 五合一装置电脱水段送不上电的现象有送电时电流（　　），电压（　　），当继续调节调整旋钮时，控制柜跳闸，并报警。

A. 高；低　　B. 高；高　　C. 低；高　　D. 低；低

250. 五合一装置电脱水段送不上电的原因有控制柜（　　）烧坏，控制柜集成电路板烧坏等。

A. 电流表　　B. 可控硅　　C. 电压表　　D. 变阻器

251. 五合一装置电脱水段送不上电的原因有（　　）系统回收老化油集中进入脱水段。

A. 脱水　　B. 注水　　C. 污水　　D. 外输

252. 五合一装置电脱水段送不上电的原因有（　　）系统不正常造成的原油不能正常破乳。

A. 脱水　　B. 注水　　C. 污水　　D. 加药

253. 五合一装置油水界面异常，通常是（　　）含油严重超标。

A. 油水混合物　　　　B. 油气混合物
C. 气水混合物　　　　D. 杂质水

254. 五合一装置油水界面异常的现象有（　　）段油水界面过低。

A. 分离　　B. 脱水　　C. 缓冲　　D. 加热

255. 五合一装置油水界面过低时应将（　　）出口调节控制

阀更改为手动控制，并将其关闭，提高水室液位。

A. 油　　　　B. 气　　　　C. 水　　　　D. 加药

256. 五合一装置脱水段内的油水界面达到（　　）左右时，将水出口调节阀手动控制打开，使水室内的污水缓慢排出。

A. 1m　　　　B. 1.5m　　　C. 2m　　　　D. 2.5m

257. 五合一装置中气管线进油的现象有（　　）低、（　　）高。

A. 温度；压力　　　　　　B. 液位；温度
C. 压力；温度　　　　　　D. 压力；液位

258. 五合一装置中气管线进油的现象有（　　）管线温度高。

A. 气　　　　B. 水　　　　C. 油　　　　D. 加药

259. 五合一装置中气管线进油的原因有系统压力控制过低，油无法进入（　　）内，使油室液位快速升高，进入气管线内，严重时进入加热炉供气管线内。

A. 沉降罐　　B. 缓冲罐　　C. 过滤罐　　D. 除油罐

260. 五合一装置中气管线进油的原因有（　　）室液位计失灵。

A. 气　　　　B. 水　　　　C. 油　　　　D. 收油

二、判断题

1. 二合一加热炉来水量减少、供水压力降低，会造成液位过高。　　　　　　　　　　　　　　　　　　　　（　　）

2. 二合一加热炉进口管线堵塞或进口阀门开得过小，会引起液位过高。　　　　　　　　　　　　　　　　　（　　）

3. 运行中的二合一加热炉出现液位过高，应检查二合一加热炉出口管线、出口阀门以及外输水泵是否有异常，同时要开大出口阀门，关小进口阀门。　　　　　　　　　　　　（　　）

第六章　集输容器

4. 二合一加热炉在运行时如果液位过低,应及时关小出口阀门、开大进口阀门或调整外输掺水泵排量。　　　　（　　）

5. 二合一加热炉运行中,当浮子液位调节阀损坏时,会造成二合一加热炉液位过低。　　　　　　　　　　　　（　　）

6. 二合一加热炉气平衡管发生冻结造成炉内产生罐压不上液位时,可以用热水浇烫冻结的气平衡管,保持气平衡管畅通。
　　　　　　　　　　　　　　　　　　　　　　　（　　）

7. 冬季运行的二合一加热炉如果持续出现高液位,会导致调节阀长时间处于开启状态,岗位员工如果发现不及时容易造成调节阀冻结。　　　　　　　　　　　　　　　　　　（　　）

8. 二合一加热炉调节阀发生冻结,处理方法是:将调节阀用热水烫开,适当控制泵出口阀门,调整二合一加热炉液位,保证调节阀处于正常工作状态。　　　　　　　　　　（　　）

9. 二合一加热炉调节阀发生锈蚀结垢卡死,应用除锈剂进行局部除锈、定期清垢或对杠杆轴进行润滑。　　　　（　　）

10. 运行中的二合一加热炉出现浮球液位计失灵,原因之一是浮球液位计连杆脱落。　　　　　　　　　　　　（　　）

11. 运行中的二合一加热炉浮球液位计失灵,原因之一是液位计浮球破裂进水。　　　　　　　　　　　　　　（　　）

12. 岗位员工在处理二合一加热炉浮球液位计失灵时,首先应关闭二合一加热炉的出口阀门,然后进行停炉操作。（　　）

13. 二合一加热炉溢流管管线外保温层部分破损时,容易导致二合一加热炉发生偏流的现象。　　　　　　　　（　　）

14. 运行过程中的二合一加热炉出口阀门开得过小或出口管线发生堵塞时,会引起二合一加热炉发生偏流。　（　　）

15. 二合一加热炉燃气阀门开得过大,出口温度过高,严重时会造成二合一加热炉发生偏流。　　　　　　　　（　　）

16. 外输油泵在运行过程中如果发生偷停,会造成二合一加

热炉液位不断上升。　　　　　　　　　　　　　　（　　）

17. 二合一加热炉的燃气量、燃气压力的不断上升，容易引起二合一加热炉温度过高。　　　　　　　　　　　（　　）

18. 二合一加热炉在运行过程中出现温度过高时，应及时调整加热炉的燃气压力、燃气量，逐渐降低炉膛温度。　（　　）

19. 二合一加热炉在运行过程中出现温度过高时，应检查或更换压力指示仪表。　　　　　　　　　　　　　　（　　）

20. 岗位员工处理二合一加热炉温度过高时，处理方法是关小出口阀门、清理堵塞管线或更换出口阀门。　　（　　）

21. 运行过程中的二合一加热炉水流量少，会导致加热炉汽化。　　　　　　　　　　　　　　　　　　　　（　　）

22. 二合一加热炉发生汽化的主要原因是燃气压力突然下降。
　　　　　　　　　　　　　　　　　　　　　　（　　）

23. 二合一加热炉燃气阀门开得过大，会造成二合一加热炉汽化。　　　　　　　　　　　　　　　　　　　（　　）

24. 掺水泵发生偷停时，岗位员工发现不及时会造成二合一加热炉抽空。　　　　　　　　　　　　　　　　（　　）

25. 二合一加热炉发生汽化时，岗位员工应立即开大汽化二合一加热炉的炉火。　　　　　　　　　　　　　（　　）

26. 二合一加热炉发生汽化时，如果是泵内进气，岗位员工应立即停运掺水泵，放净泵内及管线内的气体后，重新启泵。
　　　　　　　　　　　　　　　　　　　　　　（　　）

27. 运行中的二合一加热炉进出口阀门发生闸板脱落，会导致二合一加热炉温度突然上升。　　　　　　　　（　　）

28. 转油站二合一加热炉在正常运行过程中，燃气压力突然下降，会引起二合一加热炉温度突然下降。　　　（　　）

29. 岗位员工在处理二合一加热炉温度突然上升时，应及时控制炉火并降低泵的排量。　　　　　　　　　　（　　）

第六章　集输容器

30. 运行中的二合一加热炉出口温度突然上升，应及时调整燃气压力或降低燃气量，以降低炉膛温度。　　　　（　　）

31. 冬季生产中，运行的二合一加热炉炉内有挥发的油、水蒸气，易造成二合一加热炉溢流阀结霜冻堵。　　（　　）

32. 冬季生产中，运行的二合一加热炉溢流阀未关闭或闸板脱落，则会引起加热炉溢流阀冻堵。　　　　（　　）

33. 二合一加热炉在冬季运行过程中如果发生汽化，容易引起二合一加热炉溢流阀冻堵。　　　　　　（　　）

34. 加热炉烟囱冒黑烟的原因是燃料和空气配比不当，燃料过少，燃烧不完全。　　　　　　　　　（　　）

35. 运行中的加热炉炉管烧穿不严重的情况下，应按加热炉的停炉操作程序进行停炉，然后采取措施进行处理。（　　）

36. 如果运行中的加热炉火焰发生偏烧时，导致炉管局部过热产生高温氧化，则会造成加热炉炉管烧穿。　（　　）

37. 加热炉发生炉管烧穿的原因有燃料燃烧完全、雾化不良等因素。　　　　　　　　　　　　　（　　）

38. 引起正常运行的加热炉发生炉管烧穿的原因是是油、水及高温烟气对材质的腐蚀、产生局部斑点、麻坑等破坏因素。
　　　　　　　　　　　　　　　　　　（　　）

39. 离心泵正常运行时，机组工作电流不能超过额定电流的2/3。　　　　　　　　　　　　　　　（　　）

40. 加热炉炉管局部结垢堵塞，管内介质不流动而引起加热炉凝管时，应当采用小火烘炉法。　　　　（　　）

41. 加热炉进、出口管线内有异物或阀门故障发生堵塞而引起加热炉凝管时，应当采用小火烘炉法。　（　　）

42. 真空加热炉在运行过程中出现真空阀动作的原因有流程未倒通，盘管内无加热介质流动。　　　　（　　）

43. 真空加热炉真空阀发生故障时，容易引起真空阀动作。

· 245 ·

44. 加热炉在正常运行过程中，如果进口管线堵塞、进口阀门未开或未开到位，会引起加热炉出现憋压的现象。（　）

45. 加热炉盘管内结垢或有异物堵塞，容易出现加热炉憋压的现象。（　）

46. 加热炉盘管内有气阻造成加热炉憋压时，处理方法是放净加热炉盘管内气体或清通盘管。（　）

47. 真空相变加热炉盘管内有空气，会出现换热效果差的现象。（　）

48. 加热炉烟管内有大量烟灰时，会引起加热炉换热效果差。（　）

49. 运行过程中的加热炉燃料流量过多时，会引起加热炉换热效果差。（　）

50. 如果加热炉超负荷运行或参数设置错误，会导致加热炉换热效果差。（　）

51. 加热炉法兰垫子螺栓紧偏或螺栓松动时，容易造成加热炉进、出口法兰垫子刺。（　）

52. 加热炉进、出口法兰垫子质量不合格，是造成加热炉进、出口法兰垫子刺的原因之一。（　）

53. 加热炉进、出口法兰垫子螺栓紧偏或螺栓松动造成法兰垫子刺的时候，应立即使用工具进行紧固。（　）

54. 真空加热炉在运行过程中，发生进、出口压差大的原因之一是连通阀门未开到位或发生故障。（　）

55. 真空加热炉内的盘管结垢或内部弯头有管堵时，容易造成真空加热炉进出口压差大。（　）

56. 真空加热炉进出口阀门未开到位而引起进出口压差大时，应及时调整阀门开度。（　）

57. 真空加热炉内的盘管结垢或内部弯头有管堵引起进出口

压差大时，应及时更换盘管。　　　　　　　　　　（　　）

58. 真空加热炉排烟温度高的原因之一是炉管内有少量积灰。
　　　　　　　　　　　　　　　　　　　　　　　　（　　）

59. 真空加热炉燃烧器运行负荷超出额定负荷时，容易引起排烟温度高。　　　　　　　　　　　　　　　　　（　　）

60. 真空加热炉内产生大量积灰影响排烟温度时，处理方法是停炉、清理烟管内积灰。　　　　　　　　　　　（　　）

61. 真空加热炉燃烧器运行负荷超出额定负荷时，会导致真空加热炉真空阀动作。　　　　　　　　　　　　　（　　）

62. 造成真空加热炉液位计失灵的原因之一是加热炉水质不合格。　　　　　　　　　　　　　　　　　　　　（　　）

63. 真空加热炉液位计内部不干净时，会造成真空加热炉液位计显示不准确或失灵。　　　　　　　　　　　（　　）

64. 如果真空加热炉液位计磁浮子进水而引起液位计失灵时，处理方法是更换液位计磁浮子。　　　　　　　（　　）

65. 如果真空加热炉液位计内部不干净而引起液位计失灵时，处理方法是更换液位计。　　　　　　　　　　（　　）

66. 真空加热炉液位计进出口阀门未打开会引起液位计失灵。
　　　　　　　　　　　　　　　　　　　　　　　　（　　）

67. 真空加热炉燃烧装置的外界连锁装置出现外界温度或压力控制没有到达启动上限时，会引起加热炉自动点火启动失灵。
　　　　　　　　　　　　　　　　　　　　　　　　（　　）

68. 真空加热炉燃烧装置的程控器故障没有进行复位时，会引起加热炉自动点火启动失灵。　　　　　　　　（　　）

69. 真空加热炉自动点火启动失灵的原因之一是燃烧装置的风机电动机过热保护，未对热继电器进行复位。（　　）

70. 真空加热炉燃烧装置的控制柜启动按钮失灵或接触不良时，会引起真空加热炉自动点火启动失灵。　　（　　）

71. 运行的三相分离器上游来液量过小，会造成三相分离器压力过高。（   ）

72. 运行的三相分离器油出口阀门开得过小或外输油泵排量过小，会导致三相分离器液位升高。（   ）

73. 运行中的三相分离器气出口阀门开得过小，会导致气压降低。（   ）

74. 运行中的三相分离器液位过高的原因之一是放水阀门开得过小，分离出来的游离水排不出去。（   ）

75. 运行中的三相分离器油出口阀门开得过大或外输油泵排量过大，会造成三相分离器液位过低。（   ）

76. 运行中的三相分离器液位突然下降，与外输油泵排量大小无关。（   ）

77. 运行中的三相分离器浮漂连杆机构失灵无法控制液位时，会造成三相分离器油位迅速上升进入气管线。（   ）

78. 运行中的三相分离器的放水阀开得过小或自动放水阀失灵时，会导致水位上升。（   ）

79. 三相分离器在运行过程中，出现排污阀泄漏、管线穿孔或倒错流程等情况时，容易引起三相分离器油水界面过低。（   ）

80. 三相分离器油水界面过低时，应及时检查放水阀的开度、排污阀、管线以及出油阀、外输泵是否运行正常，根据不同的原因进行相应的处理。（   ）

81. 三相分离器在运行过程中出现油水界面过高的原因是放水阀开得过大或自动放水阀打不开分离出的水放不出去。（   ）

82. 三相分离器在运行过程中，如果发生出油管线穿孔或下站倒错流程以及三相分离器抽偏的情况时，会导致三相分离器出现油水界面过高。（   ）

83. 运行中的三相分离器放水阀开得过小而引起三相分离器

油水界面过高时，处理方法是开大放水阀或打开自动放水阀旁通阀，加大放水量降低油水界面。（　　）

84. 运行中的三相分离器由于抽偏而引起三相分离器油水界面过高时，处理方法是检查并调整抽偏的三相分离器气出口阀门，降低油的外输量使油水界面恢复正常。（　　）

85. 三相分离器破乳剂加入量不够造成油水分离效果差时，会引起三相分离器气管线见油。（　　）

86. 运行中的三相分离器放水阀门开得过大或自动放水阀失灵时，会导致油水界面过低，油从油出口处排出。（　　）

87. 运行中的三相分离器出水管线见油时，其原因是出油阀门开的过大或出油管线堵塞，外输油泵停泵、抽空。（　　）

88. 三相分离器运行时，如果岗位员工操作不平稳，会导致油被水流旋出而引起三相分离器出水管线见油。（　　）

89. 如果运行中的三相分离器气出口阀门开得过小或出口管线堵塞，会造成三相分离器压力升高，处理方法是开大气出口阀门，清通堵塞管线。（　　）

90. 运行中的三相分离器连通阀门开得过大或连通管线有刺漏时，会造成三相分离器压力降低。（　　）

91. 运行中的三相分离器容器本体发生泄漏而引起压力降低时，应立即启用备用三相分离器。（　　）

92. 运行中的三相分离器发生油仓抽空时，原因之一是三相分离器气出口阀门开度过大引起的。（　　）

93. 造成三相分离器油仓抽空的原因是分离器液位调节机构失灵，放水阀门开得过大，使油位过低无法进入油仓。（　　）

94. 外输油泵排量过大或者是多台三相分离器同时运行发生偏抽时，会造成三相分离器水仓抽空。（　　）

95. 三相分离器的气出口阀门未开或开得过小，外输气管线堵塞压力过高，将液位压得过低油无法进入油仓时，处理方法是

开大气出口阀门，打开紧急放空阀，调整天然气压力，并进行解堵处理恢复液位高度。（　　）

96. 多台三相分离器同时运行发生偏抽而引起油室抽空时，应及时调整三相分离器的进口阀门开度。（　　）

97. 在油气集输站库系统中，安全阀动作是造成三相分离器压力突然上升的主要原因。（　　）

98. 在油气集输站库系统中，天然气管线发生堵塞时，会造成运行中的三相分离器压力上升。（　　）

99. 运行中三相分离器出油阀门卡死，外输泵偷停或突然停电而引起三相分离器压力突然上升时，应及时维修或更换出油阀门，启泵或倒通越站流程。（　　）

100. 三相分离器在运行过程中，压力突然下降的原因之一是排污阀门、放空阀门打开。（　　）

101. 三相分离器在运行过程中如果出现穿孔泄漏时，容易引起三相分离器压力突然下降。（　　）

102. 三相分离器在运行过程中，油出口阀门开得过大，会造成三相分离器液位过高。（　　）

103. 三相分离器在运行过程中，如果放水阀门开得过小或关死而造成放水管线堵塞，容易引起三相分离器液位升高。（　　）

104. 由于来液量突然猛增，未及时进行处理，使三相分离器液位升高造成天然气除油器进油，应及时开大放水阀门，提高外输油量。（　　）

105. 在油气集输站库系统中，如果三相分离器油、水出口阀门闸板脱落而引起冒罐事故，应立即倒运备用三相分离器并进行紧急处理。（　　）

106. 运行中的三相分离器发生冒罐，分析其产生的原因主要是外输油泵偷停、进出口阀门闸板脱落或过滤器堵塞造成的。（　　）

· 250 ·

第六章 集输容器

107. 运行中的三相分离器发生冒罐，应立即加大外输泵排量，开大气出口阀门降低液位。（　　）

108. 集输系统中常用的二合一加热炉是以隔板为界划分为加热段和分离段两个部分。（　　）

109. 运行中的二合一加热炉发生冒罐，应立即关闭出口阀门，关小其他运行二合一加热炉出口阀门。（　　）

110. 转油站在双侧电运行时，发生全部停电，应当立即倒混输流程。（　　）

111. 加热炉在运行过程中如果是气管线跑油造成加热炉烧火间发生着火事故的，要查找原因，进行处理，并打开放空阀放净气管线内的油。（　　）

112. 加热炉在运行过程中如果是由于火管破裂造成加热炉烧火间发生着火事故的，应立即停炉并组织专业人员进行补焊，故障处理完毕后，按操作规程重新启运加热炉。（　　）

113. 在站库系统中，污水处理生产工艺常常采用的是三段常规处理流程。（　　）

114. 操作时开关阀门不平稳，是造成电脱水器电场波动的原因之一。（　　）

115. 电脱水器内的进液温度过高会造成电脱水器电场波动。（　　）

116. 电脱水器内破乳剂加入量过多时，会造成来液破乳效果差。（　　）

117. 电脱水器安装绝缘棒时，如果绝缘棒台阶处有裂痕是不能安装的。（　　）

118. 电脱水器按操作规程更换合格的绝缘棒后，应重新添加变压器油。（　　）

119. 加大电脱水器放水，防止水位过高，降低顶部净化油含水是预防电脱水器跑油的一项措施。（　　）

· 251 ·

120. 电脱水器硅板击穿，转换为直流挡位时，可以缓慢恢复送电。（　　）

121. 处理电脱水器硅板击穿、变压器油变质时，应先适当调整其他运行电脱水器工作压力及处理量，保证正常生产，然后再停运故障电脱水器进行处理。（　　）

122. 电脱水器内油水界面过高造成水淹电极，是电脱水器电场破坏的原因之一。（　　）

123. 电脱水器的油出口排量突然减少是造成电脱水器电场破坏的原因之一。（　　）

124. 游离水脱除器调节阀失灵会造成游离水脱除器运行时压力异常。（　　）

125. 上游转油站来液忽高忽低不会造成游离水脱除器运行时压力异常。（　　）

126. 为了保证游离水脱除器含水不超标，应侧身缓慢开关阀门，平稳操作。（　　）

127. 上游转油站来油油质差，含有老化油或来液量增大，不是影响游离水脱除器油出口含水超过标准的原因之一。（　　）

128. 上游来液量大会导致游离水脱除器运行时压力过高。（　　）

129. 电脱水岗控制出口排量会导致游离水脱除器运行时压力过高。（　　）

130. 下游倒错流程或管线、容器有穿孔泄漏会造成游离水脱除器运行时压力过高。（　　）

131. 上游来液量低可导致游离水脱除器运行时压力过低。（　　）

132. 当游离水脱除器的放水调节阀失灵，应适当开启游离水脱除器放水调节阀旁通阀门，关闭游离水脱除器放水调节阀前后控制阀门，逐步恢复游离水脱除器的油水界面。（　　）

133. 当游离水脱除器的放水调节阀失灵时会有大量原油进入污水过滤罐。( )

134. 游离水脱除器内沉积泥沙过多，游离水脱除器内有效沉降空间加大会造成运行时界面过高。( )

135. 游离水脱除器运行时，放水阀门开的过小会造成油水界面过高。( )

136. 油出口阀门开得过小或管线堵塞，会造成游离水脱除器运行时油水界面过低。( )

137. 游离水脱除器运行时油水界面过低是油出口阀门开得过大造成的。( )

138. 机械呼吸阀和液压安全阀卡阻、锈蚀或冻结会使其不动作造成憋压。( )

139. 检修和校验机械呼吸阀或液压安全阀时应对阀盘清除锈蚀，检查液压安全阀内有无结冰，对结冰处进行热水浇烫，并检查液压安全阀的油位是否正常，如果油位不够应及时加油。( )

140. 当量油孔盖打不开时应用热水浇烫量油孔盖进行加热，使凝油、石蜡、冻凝的水蒸气融化。( )

141. 油罐量油孔盖打不开的原因有凝油或石蜡粘黏、水蒸气冻凝等。( )

142. 油温过低使原油凝固会造成量油时量油尺下不去。( )

143. 降低油品黏度、提高油温是处理量油时量油尺下不去的方法。( )

144. 原油的含气量减少可造成油罐进、出液时发生轻微振动。( )

145. 控制油罐进出液流量，可避免油罐进、出液时发生轻微振动。( )

146. 油罐排污阀结垢或有杂物堵塞可造成排污阀不排液。( )

147. 油罐排污阀门不排液的处理方法有更换或维修损坏阀门。( )

148. 油罐连接部位渗漏会造成环境污染,严重时会发生着火爆炸事故。( )

149. 油罐连接部位螺栓松动会造成连接部位渗漏。( )

150. 油罐加热盘管不热时可提高伴热管的蒸气压力。( )

151. 油罐加热盘管不热时要更换油罐进油阀门。( )

152. 油罐液位计失灵出现假液位,会发生冒罐跑油事故。( )

153. 油罐阀门或管线冻裂、密封垫片损坏,会发生冒罐跑油事故。( )

154. 油罐机械呼吸阀和液压安全阀堵死,罐内形成真空,若操作人员检查不及时,外输油泵还在继续运转,会发生油罐抽瘪事故。( )

155. 油罐液压安全阀和机械呼吸阀冻凝或锈死、阻火器堵死,外输油泵还在继续运转会造成油罐冒罐事故。( )

156. 油罐液压安全阀冻凝或锈死、泡沫发生器堵死会造成油罐鼓包事故。( )

157. 当油罐上部存油冻凝时,若在下部加热,使上下温差过大,会造成油罐鼓包事故。( )

158. 油罐整体冻凝会造成油罐鼓包事故。( )

159. 油罐进出口管线穿孔或法兰垫子刺会造成油罐泄漏。( )

160. 油罐运行中出现假液位,应及时检查更换压力表。( )

161. 油罐罐壁腐蚀会造成油罐泄漏。( )

162. 腰轮流量计过滤器完好,输送的介质含杂质过多进入流量计,会造成腰轮卡死。( )

· 254 ·

163. 腰轮流量计更换轴承、维修变齿处的计量箱壁和齿轮时，只要转动灵活，保证所需间隙，维修后可直接投入使用。
（   ）

164. 刮板流量计中的刮板严重磨损或破损会造成刮板流量计故障。
（   ）

165. 检查过滤器清除杂质更换滤网是防止刮板流量计卡死的方法。
（   ）

166. 智能旋进旋涡流量计使用的电源是36V。（   ）

167. 智能旋进旋涡流量计发生故障，主板损坏，应及时更换。
（   ）

168. 电磁流量计发生故障可能是电极腐蚀、结垢或短路造成的。
（   ）

169. 电磁流量计发生故障可能是电导率过高造成的。（   ）

170. 电磁流量计发生故障可能是液体没有充满管线造成的。
（   ）

171. 电磁流量计发生故障可能是衬里变形造成的。（   ）

172. 油气分离器来液少、液位过低会造成分离器压力过高。
（   ）

173. 油气分离器压力过低时应将手控改为自控，打开调节阀旁通阀，关闭调节阀前后控制阀手动调节油气分离器的压力。
（   ）

174. 油气分离器天然气管线进油时，应及时检查维修或更换进油阀门。
（   ）

175. 浮漂连杆机构失灵无法调节液位可造成油气分离器压力过高。
（   ）

176. 出油阀卡死可造成油气分离器压力过高。（   ）

177. 天然气出口阀开得过大，气体输不出去，气压高造成油气分离器液位过低。
（   ）

178. 排污阀门不严或油气分离器有漏会造成油气分离器液位过低。   （   ）

179. 油气分离器天然气管线堵塞导致压力过高造成出油管线窜气。   （   ）

180. 油气分离器来液量不足，导致液位过低造成出油管线窜气。   （   ）

181. 油气分离器液位过高时，可开大油出口阀门，疏通出口管线。   （   ）

182. 油气分离器液位过高时，可开大气出口阀门。 （   ）

183. 四合一装置油、水室液位异常的现象有水室液位低、油室液位高。   （   ）

184. 四合一装置中油、水室排污阀门均应关严，以免形成连通造成液位异常。   （   ）

185. 四合一装置运行中液位正常，压力突然增大，应关小气出口阀门。   （   ）

186. 四合一装置运行中液位高，压力大，应开大放水调节阀的旁通阀门进行调整。   （   ）

187. 四合一装置运行中气管线充油，应开大放水阀门或油出口阀门，降低液位，打开气出口放空，放净气管线内原油。
                                                      （   ）

188. 四合一装置运行时，如果站内停电，应打开四合一进出口连通，倒通故障流程，或投用备用四合一，查明原因，恢复生产。   （   ）

189. 控制柜调节旋钮损坏会造成五合一装置电脱水段送不上电。   （   ）

190. 快速地回收污水系统中的原油，可以保证五合一装置电脱水段正常运行。   （   ）

191. 五合一运行过程中，油室不进油造成五合一装置油水界

· 256 ·

面异常。 （ ）

192. 五合一油水混层处理完毕，五合一油室正常进油，水室液位正常，才可将五合一全部投运自动控制。 （ ）

193. 五合一系统压力控制过低，油无法进入缓冲罐内，使油室液位快速升高，进入气管线内。 （ ）

194. 五合一油室液位控制过高，会造成原油进入气管线内。
（ ）

第七章　油气田水处理

一、选择题

1.污水处理站压力过滤罐来水（　　）或来水中含油黏稠，会造成滤层顶部结油帽。

　　A.压力低　　　　　　　　B.温度低

　　C.铁菌含量高　　　　　　D.细菌含量高

2.污水处理站压力过滤罐清洗滤料时，洗液浓度按（　　）配制，浸泡时间应视滤料结垢或被污染的状况而定，若清洗无效，则需要更换滤料。

　　A.细菌含量　　　　　　　B.铁菌含量

　　C.硫化氢含量　　　　　　D.设计方案

3.当脱水站送来的含油污水水质及水量变化比较大时，污水处理站最好选用（　　）来处理。

　　A.三段污水处理流程　　　B.二段污水处理流程

　　C.自流处理流程　　　　　D.压力密闭流程

4.污水处理站三段污水处理流程指（　　）。

　　A.自然除油—混凝除油—压力过滤

　　B.自然除油—过滤—浮选

　　C.粗粒化—混凝除油—单阀滤罐过滤

　　D.自然除油—混凝除油—单阀滤罐过滤

5.污水处理站压力过滤罐反冲洗时间不足会导致过滤效果差，为了保证良好的过滤效果，反冲洗时间一般为（　　）。

　　A.3～5min　　B.5～10min　　C.5～15min　　D.10～15min

6.污水处理站输水管道和污水泵的滤网中会出现絮状污垢，这种污垢实际上是一种（　　），定期投加药剂，可防止输水管线及污水泵滤网被其堵塞。

A. 油膜　　　B. 水膜　　　C. 泥膜　　　D. 细菌膜

7. 污水处理站压力过滤罐反冲洗排污时要打开（　　）。

A. 进水阀门　B. 出水阀门　C. 放气阀门　D. 收油阀门

8. 污水处理站为提高压力过滤罐的冲洗效果和节省冲洗水量，可改用（　　）。

A. 酸液浸洗　B. 离线清洗　C. 提温反洗　D. 蒸汽焖洗

9. 压力过滤罐过滤效果差时，要加强水样中悬浮物含量的监测，测定时要将洗涤后的滤膜片放入低温烘箱中烘干（　　）。

A.1h　　　B.1.5h　　　C.2h　　　D.2.5h

10. 污水处理站日常生产管理中，当发现压力过滤罐过滤效果差时，要加强污水悬浮物的监测，测定中要将滤膜片从低温烘箱内取出放入干燥器内冷却到（　　）。

A.30℃　　　B.40℃　　　C.50℃　　　D. 室温

11. 污水处理站日常生产管理中，为保证压力过滤罐的过滤效果，应查找不同时期过滤罐对（　　）含量的去除率，是确定过滤罐反冲洗周期的重要依据。

A. 固体悬浮物　　　　B. 氯离子

C. 钙离子　　　　　　D. 细菌

12. 污水处理站日常生产管理中，通过查找不同时期过滤罐（　　）随时间的变化情况，可确定过滤罐反冲洗周期，以保证压力过滤罐良好的过滤效果。

A. 进、出口压力差　　B. 滤料粒径

C. 铁离子　　　　　　D. 钙离子

13. 污水处理站日常生产管理中，合理的反冲洗周期是保证压力过滤罐过滤效果的基础，确定过滤罐反冲洗周期不需考虑的因素是（　　）。

A. 不同时期过滤罐对悬浮物固体含量的去除率

B. 过滤罐进、出口水质指标

C. 过滤罐进、出口压力差随时间的变化情况

D. 过滤罐进、出口温度差

14. 污水处理站的压力过滤罐发生冻堵故障时，在停运、放空、污物排尽后要（　　）。

  A. 打开出口阀门   B. 打开反冲洗阀门

  C. 关闭反冲洗阀门   D. 打开顶部放气阀门

15. 污水处理站回收水池中的污水，是靠（　　）作用使泥沙等颗粒沉入池底的。

  A. 离心力   B. 絮凝   C. 吸附   D. 重力

16. 污水处理站上游来水水质不达标，使压力过滤罐来水含油高，造成过滤效果差，为保证好的过滤效果，来水含油不应超过（　　）。

  A. 30mg/L   B. 50mg/L   C. 100mg/L   D. 200mg/L

17. 污水处理站的压力过滤罐压力超高，是因为反冲洗时间短、强度小或次数少，造成（　　）。

  A. 滤层堵塞   B. 滤料流失

  C. 来水水质超标   D. 筛管损坏

18. 污水处理站压力过滤罐压力超高时，可打开压力过滤罐的放空阀门进行泄压解堵，增加反冲洗时间、强度和次数，并适量投加（　　），减少堵塞情况的发生。

  A. 杀菌剂   B. 絮凝剂   C. 助洗剂   D. 破乳剂

19. 污水处理站化验滤前来水，水质严重超标时，及时和上游联系，控制来水水质指标使其在合理范围内，并加强（　　）收油。

  A. 净化水罐   B. 污水沉降罐

  C. 升压缓冲罐   D. 回收水池

20. 污水处理站压力过滤罐（　　）未开造成憋压，会使压

力过滤罐人孔渗漏。

  A. 进口阀门　　　　　　　　B. 放空阀门

  C. 反冲洗出口阀门　　　　　D. 出口阀门

  21. 污水处理站压力过滤罐发生冻堵时,(　　)出口压力高,声音异常,泵体振动。

  A. 清水泵　　B. 收油泵　　C. 升压泵　　D. 污水回收泵

  22. 污水处理站压力过滤罐发生冻堵时,(　　)压力值过高。

  A. 出口管线　B. 进口管线　C. 收油管线　D. 加药管线

  23. 污水处理站压力过滤罐反冲洗操作时,阀杆断、(　　)或电动执行机构与阀杆连接部位损坏,会导致反冲洗阀门打不开或关不上。

  A. 电动阀限位螺栓松动　　　B. 电动机轴承间隙大

  C. 密封填料损坏　　　　　　D. 阀芯被异物卡住

  24. 下列不会导致污水沉降罐液位计失灵故障的是(　　)。

  A. 罐间压力变送器未接地

  B. 一次仪表与二次仪表传感器信号异常

  C. 浮球失灵

  D. 罐间压力变送器损坏

  25. 污水处理站压力过滤罐反冲洗完毕后,(　　)液位仍然上涨,是由反冲洗出水电动阀门关不严引起的。

  A. 除油罐　　B. 沉降罐　　C. 升压罐　　D. 回收水池

  26. 污水处理站回收压力过滤罐反冲洗水时,要根据(　　)的变化来停泵,停止回收。

  A. 回收水池液位　　　　　　B. 收油罐液位

  C. 排污水水质　　　　　　　D. 反冲洗泵出口压力

  27. 污水处理站压力过滤罐反冲洗电动阀失灵的故障原因不包括(　　)。

A. 电源系统发生故障　　　　B. 反冲洗强度过大
C. 电动阀启动开关失灵　　　D. 电动阀内部电路故障

28. 污水处理站压力过滤罐电动阀门（　　）有杂物，接触面磨损，使电动阀不能完全关闭。

A. 密封填料内　B. 阀门垫片处　C. 阀门丝杆处　D. 闸板槽内

29. 污水处理站压力过滤罐电动阀关不严的故障原因不包括（　　）。

A. 电动机构过扭矩
B. 电动阀行程控制器未调整好
C. 蝶形弹簧扭矩太小
D. 蝶形弹簧背帽脱落

30. 污水沉降罐停运放空后应清理检查罐内污物，操作人员进罐之前必须通风（　　）以上。

A. 1h　　　B. 2h　　　C. 3h　　　D. 4h

31. 污水沉降罐停运放空的整个操作中的进气通道是（　　）。

A. 液压安全阀　B. 出水阀门　C. 排污阀　D. 呼吸阀

32. 污水沉降罐投产操作时打开进水阀门后，待液面达到（　　）时，应停止进水，观察30min检查罐体基础情况及罐体法兰有无渗漏。

A. 1/2　　　B. 1/3　　　C. 2/3　　　D. 3/4

33. 污水沉降罐进口阀门损坏，停产更换后，投产操作中待罐正常出水后应（　　）。

A. 关闭呼吸阀密封面　　　B. 打开呼吸阀密封面
C. 关闭排污阀门　　　　　D. 关闭进水阀门

34. 污水沉降罐投产操作时应先打开进水阀门，待水位达到设计要求时再打开（　　）。

A. 出水阀门　B. 收油阀门　C. 泄压阀门　D. 水位阀门

35. 污水沉降罐的液位未达到（　　）的高度，收油泵将无法回收到污油。

A. 堰板　　B. 集油槽　　C. 进水阀门　　D. 出水阀门

36. 为了避免污水沉降罐收油操作时收不到油，应使沉降罐油水界位保持在高于集油槽（　　）。

A.1～5cm　　B.2～5cm　　C.3～5cm　　D.4～5cm

37. 污水沉降罐发生溢流时，在未进行反冲洗操作的情况下，（　　）液位上涨迅速。

A. 污水沉降罐　　　　B. 净化水罐

C. 升压缓冲罐　　　　D. 回收水池

38. 污水沉降罐溢流故障的原因不包括（　　）。

A. 上游脱水站来水量过大

B. 污水沉降罐进口阀门开度大，出口阀门开度小，进出不均衡

C. 污水泵排量过大

D. 升压缓冲罐进口阀门开度小

39. 污水处理站定期检测污水沉降罐出水水质，保证良好的沉降效果，避免造成压力过滤罐来水水质超标，造成过滤效果差，主要检测的控制指标包括：（　　）和悬浮物含量。

A. 细菌含量　　B. 铁菌含量　　C. 腐生菌　　D. 含油量

40. 污水沉降罐出水水质超标是由于未及时进行（　　）操作，使沉降罐内的油层过厚，导致出水含油超标。

A. 排泥　　B. 加药　　C. 收油　　D. 杀菌

41. 污水沉降罐出水悬浮物超标是由于未及时进行排泥操作，使污水沉降罐底部积泥区存泥较多，接近或淹没（　　），使出水水质变差。

A. 加药口　　B. 收油口　　C. 进水口　　D. 出水口

42. 污水沉降罐来水水质（　　）超标，会使污水沉降罐内

沉降出较多的杂质，造成底部积泥区存泥较多。

A.悬浮物含量　　　　　　B.氯离子含量
C.铁菌含量　　　　　　　D.细菌含量

43.为了保证污水沉降罐的除油效果，其入口含油应不超过（　　）。

A.2000mg/L　B.3000mg/L　C.4000mg/L　D.5000mg/L

44.当污水沉降罐出口含油不超过（　　）时，可保证压力过滤罐进口水质，避免其过滤效果差。

A.100mg/L　　B.200mg/L　　C.300mg/L　　D.400mg/L

45.污水沉降罐投运时，应先打开罐底及收油槽内的（　　）阀门。

A.排污　　　B.溢流　　　C.伴热　　　D.置换

46.当污水沉降罐进口阀门损坏时，应及时进行更换，停运操作中，要先打开（　　）阀门，后关闭进口与出口阀门。

A.排污　　　B.收油　　　C.旁通　　　D.伴热

47.污水沉降罐排泥故障的处理方法不包括（　　）。

A.缩短排泥周期　　　　　B.缩短排泥时间
C.提高罐内液体温度　　　D.更换加热盘管进、出口阀门

48.污水沉降罐排污操作时，罐底有排污反冲设施的，要反冲（　　），然后放净罐内液体。

A.1次　　　B.2次　　　C.3次　　　D.多次

49.污水沉降罐收油前应开大（　　）阀门开度，加大循环量，保证罐内液体的流动性。

A.入口　　　B.出口　　　C.伴热　　　D.收油

50.污水沉降罐收油时要控制沉降罐（　　），提高罐内液位，使罐顶污油能够进入集油槽内。

A.进口阀门　B.调节堰　C.排污阀门　D.收油阀门

51.污水处理站收油泵发生抽空故障的现象不包括（　　）。

第七章 油气田水处理

A. 泵体振动 B. 电流下降

C. 声音异常 D. 压力表指针波动

52. 污水沉降罐收油前应用（　　）置换收油管线，使管内凝油熔化，不堵塞管线。

A. 热水　　　B. 污水　　　C. 冷水　　　D. 热油

53. 污水处理站收油负荷大易冒罐的原因不包括（　　）。

A. 收油阀门开得过大 B. 收油泵排量过小

C. 收油罐液位计损坏 D. 收油泵出口阀门开得过大

54. 污水处理站生产过程中，关小外输泵出口阀门开度或停运外输泵，会直接提升（　　）液位。

A. 污水沉降罐 B. 污水池

C. 升压缓冲罐 D. 净化水罐

55. 在污水处理站正常生产过程中，当（　　）来水量过多，超过升压缓冲罐出水水量时，严重时会引起升压缓冲罐溢流或冒罐。

A. 净化水罐 B. 压力过滤罐

C. 污水沉降罐 D. 反冲洗水罐

56. 污水处理站升压缓冲罐溢流或冒罐是由（　　）引起的。

A. 升压泵出口阀门开度过大

B. 下游用水量过大

C. 升压泵汽蚀或抽空

D. 污水沉降罐来水量少

57. 污水处理站收油过程中，进口阀门闸板脱落、进口管线堵塞、进液端密封不严、（　　）和罐液位过低，会导致收油泵抽空。

A. 出口阀门闸板脱落 B. 出口管线穿孔

C. 进口阀门开得过大 D. 进口过滤器堵塞

58. 污水处理站收油罐壁泄漏是由于腐蚀穿孔或密封垫、圈

265

老化断裂引起的，应降低液位后打开（　　），清扫置换，经安全部门检测合格后进行补焊或者更换密封垫和密封圈。

　　A. 安全阀　　　　　　　　B. 罐底排污阀

　　C. 进口阀门　　　　　　　D. 出口阀门

59. 污水处理站岗位员工巡检时发现污油泄漏后，立即分析判断事故原因，汇报值班干部，及时对泄漏污油进行（　　），污油泄漏区域必须由专人看守，禁止无关人员或车辆靠近。

　　A. 掩埋　　　B. 引燃　　　C. 清水冲洗　　D. 回收

60. 在污水处理站收油操作当中，由于收油阀未关严或收油阀（　　）被杂物卡住，会使收油罐溢流或冒罐。

　　A. 手轮　　　B. 丝杆　　　C. 阀芯　　　D. 密封填料

61. 污水处理站准备收油之前，将污水沉降罐液位控制在高于（　　）4～5cm 的高度，以保证收油泵能够持续收油。

　　A. 堰板　　　　　　　　　B. 集油槽

　　C. 泡沫发生器　　　　　　D. 进水口

62. 污水处理站各储罐液位溢流后，各罐污水会流至（　　）。

　　A. 淤泥罐　　　　　　　　B. 事故罐

　　C. 下一级储罐　　　　　　D. 回收水池

63. 污水处理站日常生产管理中，启动（　　）后其发生故障，未能及时发现，易造成回收水池（罐）液位迅速上升，跑油跑水。

　　A. 升压泵　　B. 反冲洗泵　　C. 回收水泵　　D. 清水泵

64. 污水处理站反冲洗（　　）不严或损坏，如发现不及时易造成回收水池（罐）液位迅速上升，跑油跑水。

　　A. 安全阀　　B. 放气阀　　C. 进口阀门　　D. 出口阀门

65. 污水处理站横向流聚结除油器（　　）或进口与出口压差过大时，可判断为横向流聚结除油器存在憋压现象。

· 266 ·

A. 来水温度高　　　　　B. 进口压力低
C. 进口压力高　　　　　D. 出口压力高

66. 污水处理站横向流聚结除油器设备内部堵塞时，可造成（　　）。

A. 进口与出口压差过大　B. 进口与出口压差过小
C. 进口压力低　　　　　D. 出口压力高

67. 污水处理站横向流聚结除油器（　　）时，可造成憋压现象。

A. 进口阀门开度小　　　B. 进口阀门开度大
C. 出口阀门开度大　　　D. 出口阀门开度小

68. 污水处理站紫外线杀菌装置内有水渗出，是由于（　　）断裂、漏水引起的。

A. 进口管线　B. 出口管线　C. 石英套管　D. 伴热管线

69. 污水处理站紫外线杀菌装置过滤器堵塞，会引起过滤器（　　）。

A. 前后压差减小　　　　B. 前后压差增大
C. 进口压力低　　　　　D. 出口压力高

70. 污水处理站射流气浮装置（　　）阀门开度小，可使该装置产生憋压。

A. 稳压罐　　B. 升压罐　　C. 过滤罐　　D. 调储罐

71. 污水处理站射流气浮装置（　　）堵塞、过滤器堵塞，会使射流气浮装置压力升高。

A. 进口管线　B. 喷嘴　　　C. 进口阀门　D. 放空阀门

72. 污水处理站加药系统中，加药箱（　　）过滤器堵塞，会使加药泵抽空。

A. 进口　　　B. 出口　　　C. 内部　　　D. 中部

73. 污水处理站加药泵吸入阀、排出阀关闭不严时，停运加药泵，清除吸入阀和排出阀处的杂物或更换（　　）。

A. 阀座　　　B. 阀杆　　　C. 阀体　　　D. 阀

74. 污水站日常生产中，当运行设备连接松动，元器件腐蚀老化产生（　　），会产生跳闸或配电盘有焦糊味甚至冒烟。

A. 硫化层　　B. 氧化层　　C. 氯化层　　D. 氢化层

二、判断题

1. 当压力过滤罐上游来水水质不达标，会造成压力过滤罐来水含油高，压力超高。（　　）

2. 由于压力过滤罐过滤效果差，会造成污水处理站水质化验含油和悬浮物超标。（　　）

3. 对压力过滤罐水质进行化验时，化验药品超过使用期限、化验仪器超过检定期限或操作时人为误差，会使水质化验有误。（　　）

4. 未定期对压力过滤罐内滤料进行清洗、更换，会造成滤层结垢或滤料被油污染。（　　）

5. 造成压力过滤罐过滤效果差的原因是来水温度高或水中含油黏稠，在滤层顶部结油帽。（　　）

6. 反冲洗操作时，反冲洗周期过长或反冲洗时间短，会造成压力过滤罐过滤效果差。（　　）

7. 压力过滤罐过滤效果差时，应进行水质化验数据收集，制订相应的水质变化曲线，掌握水质变化规律，合理确定反冲洗周期。（　　）

8. 倒换流程时，压力过滤罐进口阀门没打开或开度过小，会造成压力过滤罐压力超高。（　　）

9. 当压力过滤罐负荷过大时，会造成压力过滤罐压力超高。（　　）

10. 压力过滤罐反冲洗时间短、强度小或周期长，会造成滤层堵塞。（　　）

11. 压力过滤罐压力超高时，打开压力过滤罐的放空阀门进行泄压解堵，增加反冲洗时间、强度和次数，并适量投加杀菌剂，减少堵塞情况的发生。（　　）

12. 压力过滤罐的人孔发生渗漏故障时，人孔处有液体渗出或罐壁有碱印出现。（　　）

13. 压力过滤罐由于长时间使用或压力的冲击等原因，使人孔垫子损坏，造成压力过滤罐人孔渗漏。（　　）

14. 当压力过滤罐人孔法兰处螺栓松动时，会造成压力过滤罐人孔渗漏故障，应定期对压力过滤罐人孔螺栓依次进行紧固。（　　）

15. 处理压力过滤罐人孔渗漏故障时，按操作规程停运压力过滤罐后，便可更换人孔垫子。（　　）

16. 压力过滤罐反冲洗周期短、反冲洗时间长、反冲洗强度低等情况，会造成滤料污染堵塞严重。（　　）

17. 污水处理站冬季生产操作时，流程切换错误会导致管线冻堵。（　　）

18. 由于滤前水质严重超标导致压力过滤罐发生大面积堵塞时，升压泵出口压力低，声音异常，泵体振动，压力过滤罐压差超过正常生产数值。（　　）

19. 冬季生产中，压力过滤罐进口与出口阀门闸板脱落或卡住，过滤罐走水不畅时间过长会造成冻堵。（　　）

20. 处理压力过滤罐冻堵故障时，应按操作规程停运过滤罐，对滤料进行清洗或更换。制订合理的反冲洗周期，按要求的反冲洗时间与反冲洗强度进行冲洗滤料。（　　）

21. 压力过滤罐反冲洗操作时，发现电动阀失灵应倒手动控制流程，立即汇报，查找原因检修电动阀。（　　）

22. 压力过滤罐反冲洗过程中，自控系统故障导致反冲洗阀门打不开或关不上时，倒手动反冲洗，并通知仪表工迅速修复自

控系统。 （ ）

23. 压力过滤罐反冲洗操作中，阀杆断、阀芯被异物卡住导致反冲洗阀门打不开或关不上时，应停运压力过滤罐，更换或修复阀门。 （ ）

24. 当电源系统发生故障时，压力过滤罐反冲洗电动阀失灵，此时应立即停止反冲洗操作，并手动关闭电动阀，倒回正常流程。 （ ）

25. 判断反冲洗出口电动阀是否关严，可在压力过滤罐反冲洗过程中，查看出水电动阀阀体处有无介质流动的声音，如有声音可判断为该电动阀关不严。 （ ）

26. 压力过滤罐反冲洗电动阀关不严时，应调整电动阀行程控制器，将行程控制在正常范围。 （ ）

27. 压力过滤罐反冲洗电动阀关不严时，应将蝶形弹簧扭矩调小或检查紧固备帽。 （ ）

28. 压力过滤罐反冲洗电动阀关不严时，应清除密封填料内杂物。 （ ）

29. 污水处理站来水悬浮物含量高，使污水沉降罐中沉降出的污油过快过多，增大收油负荷。 （ ）

30. 污水沉降罐回收污油时，收油泵放空放出的是水而不是油，应降低污水沉降罐液位超过收油槽高度8～10cm。 （ ）

31. 在污水处理站收油过程中，当收油泵采用连续收油流程发生抽空时，应适当降低污水沉降罐收油液位高度。 （ ）

32. 仪表故障导致假液位，污水沉降罐收不到油时，应进行人工检尺，确定并控制好液位高度，及时维修故障仪表。（ ）

33. 污水沉降罐发生溢流时，污水沉降罐液位计显示数值会达到其至超过设计溢流液位高度。 （ ）

34. 污水沉降罐溢流管线有介质流动的声音，可确定污水沉降罐发生了溢流。 （ ）

第七章　油气田水处理

35. 污水沉降罐上游脱水站（放水站）来水量过小，可造成污水沉降罐溢流。　　　　　　　　　　　　　　　（　　）

36. 污水沉降罐出口阀门开度大，进口阀门开度小，进出不均衡，易造成沉降罐溢流。　　　　　　　　　　（　　）

37. 升压缓冲罐进口阀门开度小，使污水沉降罐出水不畅，会造成污水沉降罐溢流。　　　　　　　　　　　（　　）

38. 当污水沉降罐发生溢流时，应及时通知上游脱水站（放水站）减少来液量，降低污水沉降罐液位。　　　（　　）

39. 收油后将污水沉降罐液位恢复正常生产液位，避免污水沉降罐液位提升过高，造成溢流。　　　　　　　（　　）

40. 污水处理站反冲洗时，回收水池（罐）内液位过高未及时发现，易造成回收水池冒顶。　　　　　　　　（　　）

41. 污水沉降罐出水水质超标是由于未及时进行排泥操作，使沉降罐内的油层过厚，导致出水含油超标。　　（　　）

42. 当污水沉降罐未及时进行排泥操作时，污水沉降罐底部积泥区存泥较多，接近或淹没进水口，使出水水质变差，悬浮物含量过高。　　　　　　　　　　　　　　　　　　（　　）

43. 污水处理站上游脱水站（放水站）来水水质超标，导致污水沉降罐出水水质超标时，应加密上游脱水站（放水站）来水水质化验，及时和上游联系，使来水水质在合格范围内。（　　）

44. 当污水沉降罐未及时排泥，导致底部积泥区存泥较多，接近或淹没出水口，使出水水质变差，悬浮物含量过高时，应缩短排泥周期，缩短排泥时间。　　　　　　　　　　　　（　　）

45. 当污水沉降罐出水颜色发黑，化验出水含油和悬浮物超标后，应加强污水沉降罐排泥操作。　　　　　　（　　）

46. 污水沉降罐加热盘管循环不畅，使罐内收油槽处液体温度低，造成收油不畅。　　　　　　　　　　　　（　　）

47. 污水沉降罐停产放空时，为了避免中心筒严重变形，首

先排放中心反应筒内的水。（ ）

48. 污水沉降罐溢流时，需调整进出水量使之趋于平衡，应及时与上游岗位协调减少污水沉降罐进口来液量。（ ）

49. 污水处理站的外输水罐仪表故障可导致假液位，当外输水罐实际液位低于仪表显示液位值时，会使外输水罐液位过低，严重时造成外输泵抽空；当外输水罐实际液位高于仪表显示液位值时，会使外输水罐液位过高，严重时发生溢流或冒罐。（ ）

50. 污水处理站的外输水罐出口阀门开度大或外输泵发生故障，都会造成外输水罐溢流或冒罐。（ ）

51. 当污水沉降罐、升压缓冲罐或外输水罐其中任何一个罐发生溢流时，回收水池（罐）在压力过滤罐未进行反冲洗操作的情况下，液位都会迅速上涨。（ ）

52. 污水处理站升压缓冲罐仪表故障，导致假液位，造成溢流或冒罐时，应先立即汇报值班干部，通知专业人员检修仪表故障，仪表恢复后，再增大升压泵排量，降低液位。（ ）

53. 污水处理站升压泵排量控制过低，易造成升压缓冲罐溢流或冒罐。（ ）

54. 污水处理站正常生产过程中，岗位员工应做到对生产运行参数勤检查、勤分析、勤调整。（ ）

55. 污水处理站收油操作过程中，收油泵抽空时，收油泵出口压力表指针来回摆动，电流表数值降低。（ ）

56. 污水站收油操作过程中，当收油泵发生汽蚀时，污油流量计无流量显示。（ ）

57. 污水处理站收油泵出液端密封不严或漏气，导致泵内进气，会造成收油泵抽空。（ ）

58. 污水处理站收油泵出口阀门、出口管线堵塞或过滤器堵塞等，会引起收油泵抽空。（ ）

59. 污水处理站收油罐进油过快，严重时会发生冒罐，是由

于污水站收油罐容积小，收油阀门开得过大引起的。　　（　　）

60. 污水处理站收油操作时，调整收油泵排量，使收油罐进液量与出液量趋于平衡，避免收油罐因出液量大于进液量而发生冒罐。　　　　　　　　　　　　　　　　　　　　　　　（　　）

61. 污水处理站的回收水池发生冒顶时，应立即启动回收水泵，降低回收水池（罐）内液位，相应降低运行泵排量，提高储罐液位高度，保证储罐液位在正常范围内。　　　　　（　　）

62. 当污水处理站回收水池（罐）发生冒顶时，应停止反冲洗，降低回收水池（罐）内液位。反冲洗前应检查回收水池液位可预防回收水池（罐）发生冒顶。　　　　　　　　　（　　）

63. 污水处理站的横向流聚结除油器外部堵塞时，可造成憋压现象。　　　　　　　　　　　　　　　　　　　　　　　（　　）

64. 污水处理站的横向流聚结除油器产生憋压时，联系上游岗位增大来水量，对设备进行排污，解决堵塞问题。（　　）

65. 污水处理站的紫外线杀菌装置灯管运行时，配电柜与灯管连接处虚接或灯管损坏，会导致紫外线杀菌装置灯管不亮。
　　　　　　　　　　　　　　　　　　　　　　　　　　（　　）

66. 污水处理站的紫外线杀菌装置内有水渗出时，应先关闭紫外线杀菌装置前后的切断阀门，再倒通旁通流程，放空后对石英套管断裂、漏水处进行处理。　　　　　　　　　（　　）

67. 污水处理站的紫外线杀菌装置过滤器前后压差减小时，清除过滤器内的淤积物，维修、更换过滤器滤网。　　（　　）

68. 污水处理站的射流气浮装置喷嘴堵塞，会使该装置压力降低，产生憋压。　　　　　　　　　　　　　　　　　（　　）

69. 当污水处理站的射流气浮装置产生憋压时，应调整降压罐阀门开度，使压力降低。　　　　　　　　　　　　　（　　）

70. 污水处理站加药系统中，当发生加药箱进口过滤器堵塞或损坏，应停运加药泵，清除加药箱进口过滤器杂物或更换过

滤网。 （   ）

71. 污水处理站加药泵吸入阀、排出阀关闭不严时，加药泵会产生流量不足。 （   ）

72. 污水处理站日常生产中，使运行设备负荷在额定范围内，密封门窗，防止电缆沟进入小动物，可有效避免运行设备产生跳闸或配电盘有焦糊味甚至冒烟情况的发生。 （   ）

73. 污水处理站日常生产中，配电盘长时间运行后，易产生零部件连接松动，元器件腐蚀老化等现象，应定期紧固零部件松动，打磨清除氯化层或更换元器件。 （   ）

第八章 注 水 站

一、选择题

1. 高压注水电动机启动时，要检查电源电压是否在（　　）之间，以防止启动时电压过高或过低造成电动机过热。
   A.220～380V   B.380～660V
   C.660～6000V   D.6000～6200V

2. 高压离心式注水泵对供电系统要求：注水电动机必须具有以下几种保护措施：电流速断保护、单相接地保护、过载荷保护和（　　）保护。
   A. 低油压　　B. 低电压　　C. 变频　　D. 速断

3. 高压离心式注水泵机组的低油压保护是当润滑油系统的分油压低于（　　）时，机组轴承润滑不好，电动机自动跳闸，以确保电动机和注水泵的安全。
   A.0.01MPa　　B.0.02MPa　　C.0.03MPa　　D.0.06MPa

4. 高压离心式注水泵机组的低水压保护主要是防止泵出现抽空和（　　）现象。
   A. 汽蚀　　B. 脉动　　C. 反转　　D. 泄露

5. 造成高压注水电动机不能启动的原因是（　　）。
   A. 控制设备接线错误　　B. 电动机外壳接地
   C. 电动机功率太大　　D. 电动机轴承缺油

6. 高压注水电动机工作时，实际工作电流不允许（　　）额定工作电流，以防止电动机过载。
   A. 低于　　B. 等于　　C. 高于　　D. 少于

7. 高压注水电动机在运行过程中，如果发现温度升高，（　　）降低，立即查明原因，清除故障。

· 275 ·

A. 速度 B. 压力 C. 绝缘 D. 声音

8. 高压注水电动机在运行时,当切断电路开关后,设备均不允许( )。

A. 运行 B. 带电 C. 停止 D. 反转

9. 高压注水电动机的通风路线部分堵塞或出现短路,会造成高压注水电动机( )局部过热。

A. 转子 B. 定子 C. 线圈 D. 轴承

10. 高压注水电动机在运行过程中,若电源缺相则电动机的转速( )。

A. 加快 B. 变慢 C. 为零 D. 不变

11. 高压注水电动机正常运行时的允许电压波动应在额定电压的( )以内。

A. ±5% B. ±10% C. ±15% D. ±20%

12. 注水电动机启动前如发现熔断器熔断,只能用( )做保险丝,以防止出现电器故障。

A. 导线 B. 其他金属 C. 熔断丝 D. 导体

13. 在启动注水电动机时,由于启动电流可达电动机额定电流的4~7倍,选择熔断器时,熔体的额定电流可取为电动机额定电流的( )倍,防止启动时电流过大造成电动机过载现象。

A. 1~2 B. 2.5~3 C. 3~5 D. 4~7

14. 在启动注水电动机时,如电动机不转或转速很慢、声音不正常时,应( )进行查找原因并处理故障。

A. 继续运行 B. 及时汇报 C. 分析原因 D. 立即停机

15. 启动注水电动机时对电动机有严格的要求,电动机在冷态下不能连续启动( ),避免频繁启动对机泵造成危害。

A. 3次 B. 2次 C. 多次 D. 4次

16. 启动高压注水电动机时,必须要有( )配合。

A. 电工　　　B. 泵工　　　C. 维修人员　　D. 调度员

17. 电动机保护零线必须用螺栓加弹簧垫片紧固在电动机接地点上，防止因（　　）导致接地点接触不良。

A. 振动　　　B. 热胀冷缩　　C. 膨胀　　　D. 摩擦

18. 高压注水电动机温升一般采用（　　）测量。

A. 电流法　　B. 电阻法　　C. 温度计法　　D. 电偶法

19. 高压注水泵机组大部分都采用B级绝缘，电动机最高允许温升为（　　），在运行过程中要严格控制在标准范围内。

A.60℃　　　B.70℃　　　C.90℃　　　D.110℃

20. 星点柜将电动机三项绕组末端引出来接在一起，构成Y形连接，便于对（　　）进行电气性能检查，防止出现电器事故。

A. 电动机转子　　　　　B. 电动机绕组
C. 电缆接头　　　　　　D. 接地线

21. 每台注水泵机组旁都设有一座星点柜，星点柜盘面上设有（　　），出现故障时，以便紧急停机。

A. 电压表　　　　　　　B. 过载保护
C. 就地启动按钮　　　　D. 就地停机按钮

22. 引起高压注水电动机振动过大的原因是（　　）。

A. 电动机转子失去平衡　　B. 电动机发热
C. 电动机超负荷运行　　　D. 电动机散热不好

23. 高压注水电动机运行时，为确保机泵的正常运转，机泵轴窜量应在（　　）范围内。

A.2~3mm　　B.2~4mm　　C.2~5mm　　D.2~6mm

24. 高压注水电动机发生转子扫膛时，正确的处理方法为调整定子与转子（　　）间隙。

A. 径向　　　B. 气隙　　　C. 轴向　　　D. 串动

25. 高压注水电动机在运行过程中，若电源缺相可造成电动机的转速（　　）。

　　A. 加快　　　B. 变慢　　　C. 为零　　　D. 不变

26. 高压注水电动机运行时，导致电流表指针来回摆动的原因是（　　）。

　　A. 电动机发热　　　　　B. 电动机外壳接地不好

　　C. 电动机一相接触不良　D. 电动机缺油

27. 发现高压注水电动机缺相运行时，声音异常，电动机转数（　　）。

　　A. 升高　　　B. 不变　　　C. 降低　　　D. 忽高忽低

28. 高压注水电动机在运行过程中，电动机发热，温度上升很快，导致电动机故障的原因是（　　）。

　　A. 泵机组不同心　　　　B. 振动过大

　　C. 缺相运行　　　　　　D. 不能启动

29. 高压注水电动机在电机缺相运行时，缺相电流（　　），会造成其他两相电流升高。

　　A. 为零　　　　　　　　B. 降低到某一值后，保持不变

　　C. 上下波动　　　　　　D. 升高

30. 兆欧表主要是用来测量（　　），使用时要根据电压等级选择合适量程的兆欧表。

　　A. 电流　　　B. 电压　　　C. 功率　　　D. 绝缘电阻

31. 注水站所用的电动机通常为大型三相高速笼式异步电动机，而电动机转子的转数，决定旋转磁场的转数，而旋转磁场的转数又是由（　　）产生的。

　　A. 电流　　　B. 电压　　　C. 效率　　　D. 交流电

32. 造成高压注水电动机绝缘下降的原因是（　　）引起的。

　　A. 电动机定子绕组破损　B. 电动机绕组短路

　　C. 电动机绕组受潮　　　D. 电动机电源缺相

33. 使用兆欧表测量电气设备的绝缘电阻时，首先必须切断

电源，然后对其进行（   ），以确保人身安全和测量准确。

A. 检查　　　B. 清洁　　　C. 放电　　　D. 充电

34. 在（   ）电源时，不要用手接触触电者，以免造成触电事故。

A. 切断　　　B. 未切断　　C. 接通　　　D. 通电

35. 在线路或设备装有防止触电的断电保护情况下，人体允许通过的最大电流为（   ）。

A.25mA　　　B.30mA　　　C.35mA　　　D.40mA

36. 准备启动高压离心式注水泵机组时，首先检查机泵循环油路是否（   ），确保机泵轴瓦安全。

A. 运动　　　B. 有水　　　C. 动作　　　D. 畅通

37. 高压离心式注水泵启泵前，检查联轴器间隙是否合适，然后扳动转子检查（   ）在规定的范围内，确保启动后机泵正常运转。

A. 间隙　　　B. 是否松动　C. 余量　　　D. 窜量

38. 高压离心式注水泵启泵前，要严格控制好（   ）冷却水量，防止水浸溢到泵轴瓦油盒中去，造成润滑油进水事故。

A. 电动机　　B. 平衡管　　C. 密封填料　D. 冷却器

39. 启动高压离心式注水泵前应检查联轴器（   ）是否合适，达到规定要求。

A. 联结　　　B. 大小　　　C. 间隙　　　D. 接触

40. 启动高压离心式注水泵时，待电流降至（   ）运行电流时，应平稳打开泵出口阀门，防止开阀过快造成电动机过载。

A. 正常　　　B. 空载　　　C. 额定　　　D. 最小

41. 高压离心式注水泵启动后要检查测量泵的振动情况，振动不超过（   ），防止振动过大造成机泵损害。

A.0.06mm　　B.0.05mm　　C.0.02mm　　D.0.08mm

42. 高压离心式注水泵机组出现不正常的响声或剧烈的振动

时必须紧急（　　），查找原因进行处理。

　　A.报告　　　B.停泵　　　C.处理　　　D.拉闸

43.若高压离心式注水泵出现严重的位移现象时，超过（　　）时，必须紧急停泵进行处理。

　　A.2mm　　　B.3mm　　　C.4mm　　　D.6mm

44.启动高压离心式注水泵时，禁止在泵管压差较大的情况下（　　）启动，其目的：一是防止启动电流过大损毁电动机；二是防止启动后导致瞬时失压造成泵汽蚀。

　　A.打开泵进口阀　　　　　B.关闭泵出口阀

　　C.打开泵出口阀　　　　　D.打开压力表放空阀

45.高压离心式注水泵抽空或发生（　　）现象，是由于储水罐液位过低或上水不好引起的。

　　A.发热　　　B.噪声　　　C.振动　　　D.汽蚀

46.高压离心式注水泵运行时，导致密封填料不耐用是由于（　　）表面磨损严重。

　　A.泵轴　　　B.轴套　　　C.轴承　　　D.压盖

47.更换高压离心式注水泵密封填料时，每圈密封填料之间接口处应错开（　　），最后一道密封填料的接口应向下。

　　A.90°　　　B.60°　　　C.45°　　　D.30°

48.更换高压离心式注水泵密封填料时，压盖应均匀上紧，达到不偏不斜，压盖压入深度不能小于（　　），防止高压水刺出伤人。

　　A.5mm　　　B.0.5mm　　　C.3mm　　　D.1mm

49.高压离心式注水泵在运行过程中产生异常响声是由（　　）造成的。

　　A.汽蚀　　　B.流量过大　　C.泵压过高　　D.转数过高

50.高压离心式注水泵的总扬程不够的原因之一，是由于吸入压力与（　　）之间的压差不够产生的。

A. 排出压力　　B. 平衡压力　　C. 汽化压力　　D. 摩擦阻力

51. 高压离心式注水泵使用出口阀门调节流量，当使泵的流量减小时，关小出口阀门，则泵的扬程就会（　　）。

A. 下降　　　B. 升高　　　C. 不变　　　D. 波动

52. 高压离心式注水泵采用回流阀门调节离心式注水泵流量时，开大回流阀门，泵提供给管网的（　　）。

A. 流量升高，扬程降低　　　B. 流量降低，扬程升高

C. 流量、扬程均升高　　　D. 流量、扬程均降低

53. 高压离心式注水泵采用节流调节的缺点是在（　　）上消耗的能量大，泵装置的调节效率低。

A. 吸入阀门　　B. 进口导叶　　C. 排出阀门　　D. 回流阀门

54. 高压离心式注水泵吸入压力低，泵压低且波动，不出水，其原因为（　　）。

A. 出口阀门没打开或闸板脱落

B. 进口阀门没打开或闸板脱落

C. 抽空

D. 发生汽蚀

55. 高压离心式注水泵启动后泵压高，电流很低，说明注水泵的（　　）过小。

A. 扬程　　　B. 功率　　　C. 负荷　　　D. 效率

56. 高压离心式注水泵运行中泵压高，电流低，不出水，其原因是（　　）。

A. 泵抽空或发生汽蚀　　　B. 出口管线堵塞

C. 泵各部分间隙磨损严重　　D. 泵内出现了严重故障

57. 高压离心式注水泵，泵压高，电流低，吸入压力正常，不出水，主要由于（　　）原因。

A. 出口阀门没打开或闸板脱落

B. 进口阀门没打开或闸板脱落

C. 泵启动后抽空

D. 发生汽蚀现象

58. 高压离心式注水泵启泵后，噪声大、振动大，电动机电流下降且摆动，泵压表指针摆动大且下降，排量减少是因为有（　　）出现。

A. 汽蚀　　　B. 缺相　　　C. 出口未开　　D. 进口未开

59. 如果泵的运行参数正常，泵内只传出摩擦声，表明叶轮与导叶或（　　）发生轻微的摩擦。

A. 轴承　　　B. 泵壳　　　C. 平衡　　　D. 中段

60. 高压离心式注水泵振动并发出较大噪声是由于（　　）引起的。

A. 泵转速太低　　　　　B. 叶轮损坏

C. 泵转向不对　　　　　D. 电动机缺相

61. 高压离心式注水泵，泵的响声大，发热，电流低且波动，压力低，不出水，其原因是（　　）。

A. 出口阀门没打开或闸板脱落

B. 进口阀门没打开或闸板脱落

C. 泵发生汽蚀

D. 阀门开的过快、过早

62. 高压离心式注水泵整体发热，后部温度与前部温度相比略高，是由于启泵后出口阀门没打开，（　　）转变成热能所致。

A. 有效功率　　B. 轴功率　　C. 效率　　D. 额定功率

63. 高压离心式注水泵在运行时，整体发热，后部比前部温度略高，是由于启泵后（　　），轴功率变成热能所致。

A. 出口阀门没打开　　　　B. 阀门开得太快

C. 平衡机构失灵　　　　　D. 密封圈压得过紧

64. 启动高压离心式注水泵时，泵内没有（　　），会造成离心泵发热和振动。

A. 进液　　　B. 排液　　　C. 进气　　　D. 排气

65. 高压离心式注水泵运行中，吸入压力低，密封处漏气，严重时不出水，其原因是启泵时（　　）。

A. 造成抽空或汽蚀

B. 阀门开得过快、过早，密封漏气，抽空

C. 泵内部各间隙磨损严重

D. 出口阀门闸板脱落

66. 高压离心式注水泵密封填料发热的原因之一是密封填料加得过多或（　　）。

A. 密封填料规格小　　　B. 压盖压得过松

C. 压盖压得太紧　　　　D. 切口方向一致

67. 高压离心式注水泵安装水封环时，应使水封环的位置正好对准（　　）以确保延长填料的使用寿命。

A. 油封管　　B. 水封管　　C. 填料函　　D. 水封管口

68. 高压离心式注水泵填料函发热的原因是（　　）没加或加的位置不对，密封填料堵塞了冷却水孔道。

A. 密封填料　　B. 水封环　　C. 压盖　　D. 轴套

69. 高压离心式注水泵的平衡盘、卸压套和轴套端面不平，磨损严重，造成不密封，使高压水窜入，（　　）损坏，是造成密封填料刺出高压水的原因之一。

A. 叶轮　　　　　　　　B. 挡套

C. O形橡胶密封圈　　　D. 轴承套

70. 高压离心式注水泵轴两端的反扣锁紧螺帽没有锁紧，或锁紧螺帽倒扣，（　　）将轴上的部件密封面拉开，造成间隙窜渗影响泵的工作性能。

A. 轴向力　　B. 平衡力　　C. 膨胀力　　D. 径向力

71. 高压离心式注水泵密封填料压得过紧，密封填料与轴套摩擦发热，造成轴套（　　）变形拉伸或压缩轴上部件，冷却后

· 283 ·

轴套收缩,轴上部件间产生间隙窜渗。

A. 收缩　　　B. 磨损　　　C. 发热　　　D. 膨胀

72. 高压离心式注水泵轴套表面磨损严重,(　　)质量差,规格不合适或加入方法不对,是造成密封填料刺出高压水的原因之一。

A. 轴承　　　B. 压盖　　　C. 密封填料　　D. 轴套

73. 高压离心式注水泵轴承间隙过大或(　　),转子扫膛,会造成机泵振动大。

A. 间隙过小　B. 无间隙　　C. 泵轴弯曲　　D. 轴套磨损

74. 高压离心式注水泵机组不同心,会造成注水泵(　　),影响机泵正常运转。

A. 电流下降　B. 转子不动　C. 振动过大　　D. 流量上升

75. 防止高压离心式注水泵内液体泄漏和外部空气进入泵内的是(　　),以减少容积损失,从而提高泵效率。

A. 泵壳部分　B. 密封部分　C. 转动部分　　D. 叶轮部分

76. 高压离心式注水泵,机泵振动大的原因是由于(　　),排量过大或过小造成的。

A. 轴套磨损　　　　　　B. 电流过低

C. 叶轮减级　　　　　　D. 叶轮流道堵塞

77. 高压离心式注水泵如果发生抽空或发生汽蚀现象,应采取(　　)措施。

A. 更换密封填料,重新启动

B. 排掉气体,提高液位,重新启动

C. 解堵

D. 检修各部分间隙

78. 为了避免或减轻高压离心式注水泵运行时产生汽蚀,可采取减小泵管压差的措施,但不可把(　　)控制得太低。

A. 泵压　　　B. 进口压力　C. 平衡压力　　D. 电流

79. 当泵在运行中，发生轻微汽蚀现象时，可以不停泵，采取提高大罐水位，缓慢提高泵压，降低泵的（　　）等措施，直到汽蚀现象消失为止。

　　A. 转速　　　B. 轴功率　　C. 排量　　　D. 效率

80. 高压离心式注水泵发生汽蚀或吸入管路气阻时，应提高吸入压力或降低输送介质（　　）。

　　A. 温度　　　B. 浓度　　　C. 流速　　　D. 压力

81. 造成高压离心式注水泵的轴窜量过大是因为定子或转子（　　）误差过大，装上平衡盘后，没进行适当调整就投入运行。

　　A. 制造　　　B. 装配　　　C. 累积　　　D. 校正

82. 由于高压离心式注水泵平衡盘或平衡套材质差，（　　）会造成注水泵轴窜量增大。

　　A. 质量差　　B. 精度低　　C. 加工粗糙　D. 磨损快

83. 高压离心式注水泵由于定子或转子级间累积误差过大造成的泵轴窜量过大可以用缩短（　　）长度的办法来调整。

　　A. 平衡盘脖颈　B. 泵轴　　　C. 轴套　　　D. 平衡套脖颈

84. 导致高压离心式注水泵总扬程低的原因是由于泵（　　）造成的。

　　A. 排量高　　B. 转速低　　C. 功率大　　D. 电压高

85. 启动高压离心式注水泵后不出水，泵压很高，电流小，吸入压力正常，其原因是（　　）造成的。

　　A. 大罐液位过低

　　B. 泵内各部件间隙过大，磨损严重

　　C. 出口阀门未打开或闸板脱落

　　D. 泵抽空或汽蚀

86. 启动高压离心式注水泵后不出水，泵压过低且泵压表指针波动，其原因是（　　）。

　　A. 大罐液位过低　　　　　B. 出口阀门未打开

C.管压超过泵的死点扬程　　D.排出管线冻结

87.启动高压离心式注水泵后不出水,泵压过低,且泵压表波动大,电流小,吸入压力正常,且伴随着泵体振动,噪声大,这是因为(　　)。

　　A.出口阀门未打开　　　B.进口阀门闸板脱落

　　C.泵发生汽蚀　　　　　D.泵内各部件间隙过大

88.启动高压离心式注水泵后不出水,泵压过低,电流小,吸入压力正常,其原因是(　　),磨损严重,造成级间窜水。

　　A.出口阀门未打开　　　B.进口阀门闸板脱落

　　C.泵抽空或汽蚀　　　　D.泵内各部件间隙过大

89.高压离心式注水泵的扬程过低,流量过大,超过规定范围时,会使离心泵(　　)。

　　A.不上油　　　　　　　B.转子不动

　　C.泵耗功率过大　　　　D.轴承润滑不良

90.造成高压离心式注水泵启泵后不上水,压力表无读数,吸入真空压力表有较高负压的原因是(　　)。

　　A.罐内液位低　　　　　B.过滤器堵死

　　C.单流阀卡死　　　　　D.出口管线堵塞

91.高压离心式注水泵的(　　)在填料函内放置不当,挡住了液体的进入,造成密封填料冷却不好,影响密封填料寿命。

　　A.轴封　　B.轴套　　C.导叶　　D.水封环

92.高压离心式注水泵安装过程中,由于离心泵和电动机不同心,正确的排除方法是(　　)。

　　A.换泵　　　　　　　　B.校正同心度

　　C.更换电动机　　　　　D.紧固地脚螺栓

93.高压离心式注水泵,在做叶轮静平衡的偏重不大于(　　),并不得在同一个方位上。

　　A.2gf　　B.3gf　　C.4gf　　D.5gf

94. 造成高压离心式注水泵振动并发出较大噪声，是由于（　）现象引起的。

A. 泵转向不对　　　　　　B. 泵发生汽蚀

C. 润滑油不足　　　　　　D. 密封填料漏失严重

95. 高压离心式注水泵平衡盘与（　）的径向配合间隙过大，会造成平衡管压力过高。

A. 平衡套　　B. 泵壳　　C. 叶轮　　D. 轴承

96. 高压离心式注水泵转子轴向指示位置变动过大，产生的原因是由于（　）造成的。

A. 平衡套径向尺寸磨损　　B. 平衡盘磨损

C. 轴承磨损　　　　　　　D. 轴套磨损

97. 由于高压离心式注水泵（　）不好用，在故障停泵或出口阀门未关严的情况下停泵会出现机组反转现象。

A. 进口阀门　　　　　　　B. 出口电动阀

C. 出口止回阀　　　　　　D. 出口回流阀

98. 高压离心式注水泵平衡机构失效，造成（　）过大，会影响轴承的使用寿命。

A. 径向力　　B. 径向推力　　C. 轴向推力　　D. 摩擦力

99. 高压离心式注水泵叶轮入口孔与叶轮端面（　），可造成泵内有异常响声。

A. 不同心　　B. 不垂直　　C. 不重合　　D. 不平行

100. 高压离心式注水泵进口法兰前、出口法兰后（　）处焊接测温管，以便于测量温度变化。

A. 50mm　　B. 100mm　　C. 150mm　　D. 200mm

101. 造成高压离心式注水泵转子转不动的原因，是由于（　）。

A. 密封填料压得太紧　　　B. 润滑不良

C. 泵内未进液　　　　　　D. 联轴器同心度偏差大

102. 高压离心式注水泵密封填料压得太紧，会造成离心泵转子无法转动，排除故障的方法是（　　）。

A. 应松开填料压盖

B. 应取出填料，再慢慢上紧压盖

C. 应松开填料压盖螺帽，再慢慢上紧

D. 应取出密封填料，再慢慢上紧

103. 启动高压离心式注水泵时，平衡盘未打开与（　　）相研磨，致使平衡盘严重磨损，造成窜量过大。

A. 平衡套　　B. 叶轮　　C. 轴套　　D. 密封圈

104. 高压离心式注水泵平衡盘或平衡套材质较差，磨损较快，会使（　　）变大。

A. 平衡间隙　B. 轴向间隙　C. 径向间隙　D. 轴窜量

105. 高压离心式注水泵机组的轴瓦通常采用的是滑动轴承，在滑动轴承中不允许出现（　　）状态。

A. 干摩擦　　B. 边界摩擦　C. 液体摩擦　D. 半液体摩擦

106. 高压多级离心泵机组的润滑方式大部分采用强制润滑，滑动轴承的（　　）状态又称为液体润滑状态，是最理想的情况。

A. 干摩擦　　B. 边界摩擦　C. 液体摩擦　D. 非液体润滑

107. 油田注水泵机组的润滑方式就是采用（　　）方式进行润滑。

A. 滴油润滑　　　　　B. 油壶间歇供油

C. 强制润滑　　　　　D. 润滑脂

108. 高压离心式注水泵在检修时，测量瓦顶间隙可使用压（　　）丝法进行测量。

A. 铁　　　B. 铝　　　C. 铜　　　D. 铅

109. 高压离心式注水泵中的密封环可以减小（　　）损失。

A. 摩擦　　B. 能量　　C. 容积　　D. 水力

第八章 注 水 站

110. 高压离心式注水管路系统的某处引起气阻的原因是（　　）及配件的尺寸过小造成的。

A. 吸入管路　　B. 排出管路　　C. 润滑管路　　D. 阀门

111. 机械密封的动环和静环所用材料硬度不同，一个材料的硬度低，另一个材料的硬度较高，另外用（　　）制成的不同形状密封环，即可密封，因有弹性又可吸收振动。

A. 碳素纤维　　　　　　　B. 铅粉石棉绳

C. 石墨　　　　　　　　　D. 橡胶或塑料

112. 机械密封的动环和静环是由弹簧的弹力使两环紧密接触，运行中，两环间形成一层很薄的液膜，这层液膜起到（　　）、润滑和冷却端面的作用。

A. 填充　　B. 吸收振动　　C. 降压　　D. 平衡压力

113. 高压离心式注水泵叶轮止口或级间密封磨损严重都会造成（　　）。

A. 泵汽化　　B. 泵振动　　C. 泵压过低　　D. 憋压

114. 为防止高压离心式注水泵内部液体外流或外部空气进入泵体内，在（　　）与泵壳之间装有密封装置。

A. 轴承　　B. 轴套　　C. 轴　　D. 端盖

115. 高压离心式注水泵和电动机不对中，会引起泵（　　）。

A. 不上油　　　　　　　　B. 振动

C. 转子不动　　　　　　　D. 吸入管路堵塞

116. 高压离心式注水泵振动并发出较大噪声，是由于（　　）引起的。

A. 泵轴弯曲变形　　　　　B. 泵的运转温度过高

C. 泵转向不对　　　　　　D. 密封填料压得太紧

117. 造成高压离心式注水泵轴向力过大的原因是（　　）引起的。

A. 轴弯曲变形　　　　　　B. 平衡盘损坏

· 289 ·

C. 转子不平衡 D. 叶轮损坏

118. 输送液体密度超过原设计值时，会造成高压离心式注水泵（　　）。

A. 振动　　B. 有噪声　　C. 不上油　　D. 泵耗过大

119. 造成高压离心式注水泵泵耗过大的原因有（　　）。

A. 泵转速过高　　　　　B. 泵转向不对

C. 泵转速过低　　　　　D. 地脚螺栓松动

120. 造成高压离心式注水泵流量不够，达不到额定排量是由于（　　）。

A. 来水阀门未开　　　　B. 填料压得太紧

C. 管径太小　　　　　　D. 电压太低

121. 高压离心式注水泵启动后达不到额定压力是由于（　　）造成的。

A. 出口阀门开启大　　　B. 回压过高

C. 电动机转速高　　　　D. 轴承磨损

122. 高压离心式注水泵进口密封填料漏气严重，会导致泵（　　）。

A. 抽空　　B. 汽化　　C. 停运　　D. 反转

123. 高压离心式注水泵汽蚀发生时，泵会产生噪声和振动，其性能参数变化为（　　）。

A. 流量下降，扬程和效率增高

B. 流量、效率下降，扬程增高

C. 流量、扬程下降，效率增高

D. 流量、扬程和效率均降低

124. 高压离心式注水泵发生汽化时产生的汽泡越大，其凝结溃灭时所产生的局部水击压强就（　　）。

A. 越大　　B. 越小　　C. 恒定不变　　D. 上下波动

125. 当听到高压离心式注水泵内有"噼噼、啪啪"的爆炸声，同时机组振动，说明高压离心式注水泵（　　）。

A. 刚发生汽蚀　　　　　B. 汽蚀严重

C. 产生汽化现象　　　　D. 泵轴弯曲

126. 高压离心式注水泵汽蚀严重时，流量、扬程和效率均会明显下降，在泵性能曲线上出现的是（　　）工况。

A. 断裂　　B. 连续　　C. 波动　　D. 最佳

127. 汽蚀对造成高压离心式注水泵最严重的部位是（　　）。

A. 泵轴　　B. 轴套　　C. 叶轮的叶片　D. 泵体

128. 高压离心式注水泵是依靠吸入罐液面上与叶轮入口处的（　　）将液体吸入离心泵的。

A. 压力　　B. 压力差　　C. 高度　　D. 高度差

129. 高压离心式注水泵汽蚀的产生是由于叶轮入口处的（　　）所造成的。

A. 蒸气压降低　　　　　B. 压力降低过大

C. 外界压力降低　　　　D. 饱和压力降低

130. 造成高压离心式注水泵发生汽蚀的地方是泵内液体压力（　　）的地方，流速（　　）、压力不高的区域。

A. 最大；快　B. 较大；慢　C. 最小；快　D. 最小；慢

131. 高压离心式注水泵叶片进口边向吸入口延伸越多，抗汽蚀性能（　　）。

A. 越好　　B. 越差　　C. 不变　　D. 越不稳定

132. 防止高压离心式注水泵发生汽蚀，保持一定进口液面高度，一般大罐水位不低于（　　）。

A.4.5m　　B.4.0m　　C.3.5m　　D.2.5m

133. 高压离心式注水泵由于轴向推力的增加，由摩擦引起轴承严重发热，对于单级单吸的水泵，应加强注意（　　）的疏通。

A. 平衡孔　　B. 平衡盘　　C. 平衡环　　D. 泄压套

134. 高压离心式注水泵平衡盘咬死时，会使泵产生（　　）。

　　A. 振动　　　B. 轴向力　　　C. 温度过高　　　D. 转不动

135. 造成高压离心式注水泵转不动的原因是（　　）引起的。

　　A. 泵卡住　　　　　　　B. 温度过高

　　C. 排出阀未开　　　　　D. 叶轮磨损

136. 高压离心式注水泵试运前，需要充分地清洗（　　），这是因为若有异物，短时间运行就会将其损坏，造成事故。

　　A. 叶轮　　　B. 联轴器　　　C. 轴承　　　D. 管路

137. 造成高压离心式注水泵轴承发热的原因，是由于（　　）引起的。

　　A. 润滑油压力高　　　　B. 润滑油质量差

　　C. 轴套磨损　　　　　　D. 密封填料压偏

138. 造成高压离心式注水泵轴承发热的原因，是由于泵轴（　　），使轴承受力不均匀。

　　A. 腐蚀　　　B. 功率过低　　　C. 转速太低　　　D. 弯曲

139. 高压离心式注水泵在试运前，要制订临时（　　）的预防和处理方法。

　　A. 注水站　　　B. 突发故障　　　C. 试运　　　D. 措施

140. 润滑油系统中缓冲管（罐）的作用是润滑油泵发生突然停转时，给操作人员处理故障带来（　　），保证机泵轴瓦正常润滑。

　　A. 充裕时间　　　B. 一定机会　　　C. 安全保证　　　D. 压力保证

141. 缓冲管（罐）内的润滑油利用（　　）在一段短时间内继续给机泵轴瓦供油。

　　A. 重力　　　B. 重量　　　C. 液位　　　D. 高度差

142. 当（　　）已停止运行，而高压注水泵机组仍在运转的状态下，缓冲管（罐）能供给机组一定数量的润滑油，保证机组短时间内正常运转。

A. 冷却泵　　B. 润滑油泵　　C. 过滤器　　D. 冷却器

143. 下列不是注水站润滑油系统中的设备是（　　）。

A. 滤油机　　　　　　B. 冷却粗滤器

C. 高压油开关　　　　D. 润滑油泵

144. 检修备用润滑油泵首先将油泵自动切换开关指向（　　），方可进行操作。

A. 备用泵　　　　　　B. 运行泵

C. 中间位置　　　　　D. 备用泵或运行泵

145. 在启、停润滑油泵时，要解除（　　）保护开关，防止压力波动过大造成甩泵。

A. 低水压　　B. 低电压　　C. 过负荷　　D. 低油压

146. 润滑油泵倒泵要做到先启后停，保证（　　）供油不间断，防止油压过低时造成低油压保护动作致使注水电动机跳闸。

A. 畅通　　B. 油量　　C. 充足　　D. 轴瓦

147. 润滑油泵倒泵正常后，要将切换开关指向（　　）的自动启动位置。

A. 运行泵　　B. 停运泵　　C. 备用泵　　D. 中间位置

148. 稀油站油泵出口回流阀门关小时总油压（　　）。

A. 升高　　B. 下降　　C. 不变　　D. 为零

149. 高压离心式注水泵机组轴瓦的润滑方式大多数采用（　　），是一种连续的压力润滑。

A. 油环润滑　　B. 强制润滑　　C. 油杯润滑　　D. 复合润滑

150. 当稀油站的冷却器内部穿孔时，从油箱放油孔放油，可发现下部有（　　）现象。

A. 白油　　B. 黑油　　C. 杂质　　D. 水滴

151. 润滑油在运行中变为黄锈色或黑灰色，证明（　　）较严重。

A. 油质变化　　B. 锈蚀磨损　　C. 设备漏水　　D. 掺进杂质

152. 注水泵机组正常运行时，稀油站油箱液位大幅度升高表明（　　）。

　　A. 润滑油进水　　　　　　B. 油温升高
　　C. 回油压力高　　　　　　D. 回油量小

153. 润滑油含水规定不超过（　　），否则将严重破坏润滑油形成油膜，使润滑效果变差。

　　A.3%　　　B.0.3%　　　C.0.03%　　　D.0.03‰

154. 冷却粗滤器的冷却水进水压力不得高于润滑油总油压（　　），避免当冷却粗滤器中的冷油管穿孔时，造成冷却水渗漏到油中。

　　A.0.0294～0.049MPa　　　　B.0.0294～0.059MPa
　　C.0.294～0.49MPa　　　　　D.0.0294～0.49MPa

155. 启动润滑油泵，调整好回油阀门，使总油压在0.15～0.20MPa，且总油压（　　）冷却水压力。

　　A. 低于　　B. 等于　　C. 高于　　D. 达到

156. 观察润滑油颜色，如油品呈（　　）则可判断进水。

　　A. 乳白色　　B. 黄褐色　　C. 黑灰色　　D. 赤红色

157. 润滑油进水量大，轴瓦润滑不好，轴瓦温度（　　）。

　　A. 升高　　B. 降低　　C. 不变　　D. 合适

158. 检查板框式精滤器低质滤纸，如果滤纸（　　）可判断油中进水。

　　A. 无变化　　B. 变色　　C. 变软　　D. 变黑

159. 对稀油站润滑油进行过滤时，首先打开油箱底部（　　），排净油箱底部沉积物和积水。

　　A. 回油阀　　B. 连通阀　　C. 排污阀　　D. 取样阀

160. 注水泵机组启动前，首先将分油压调整到（　　）。

　　A.0.01～0.03MPa　　　　　B.0.03～0.04MPa

C.0.035～0.045MPa   D.0.074～0.083MPa

161. 由于（　　）密封不好，可造成机泵轴瓦向外窜油。

A. 看窗   B. 挡油环   C. 轴瓦   D. 填料函

162. 造成注水泵机组轴瓦窜油的原因之一是轴承盖上（　　）破裂或轴承盖螺栓没拧紧。

A. 压板   B. 壳体   C. 石棉垫片   D. 密封

163. 稀油站油箱（　　）易造成润滑油泵打不起压力、吸不上油或吸气较多。

A. 容积大   B. 液面高   C. 液面低   D. 回油管进气

164. 润滑油泵打不起压的原因是由于润滑油系统中出油管线（　　）或分油压阀门开得过大造成的。

A. 堵塞   B. 穿孔   C. 太粗   D. 太细

165. 稀油站的润滑油箱应（　　）清洗一次，确保油箱清洁，润滑油应定期过滤。

A. 两年   B. 每年   C. 每季度   D. 每月

166. 在润滑油系统中，回流阀门开得过大或（　　）失灵或回油量大，可造成油泵打不起压力。

A. 回油阀   B. 限压阀   C. 单流阀   D. 安全阀

167. 润滑油的选用原则是根据载荷特性和（　　）选用标号的润滑油。

A. 润滑特性   B. 转速大小   C. 抗氧化性   D. 耐高温性

168. 润滑油黏度随温度的升高而（　　）。

A. 降低   B. 升高
C. 不变   D. 先升高后降低

169. 润滑油在保管使用过程中都有可能发生变质，在加油或换油时必须经过（　　）过滤，严禁各种杂质进入油内。

A. 一级过滤   B. 二级过滤   C. 三级过滤   D. 检验杂质

170. 开关阀门时，应尽量用手操作，必要时可以采用

（　　）来操作。

A. 管钳　　　B. "F"扳手　　C. 撬杠　　　D. 活动扳手

171. 当阀门完全打开后，手轮应（　　），避免因误操作损坏阀门。

A. 回关一圈　B. 回关两圈　C. 回关半圈　D. 卡住不动

172. 在开关阀门时，人的身体应该站在阀门的（　　），防止阀门手轮因压力过高弹出或因液体刺出而伤人。

A. 正面　　　B. 侧面　　　C. 前面　　　D. 后面

173. 在安装法兰连接、螺纹连接的阀门时，阀门应处在（　　）状态下才能进行安装。

A. 全开　　　B. 半开　　　C. 关闭　　　D. 运行

174. 阀门在安装前应（　　）检查填料以及其压盖螺栓是否有调节余量，以确保阀门灵活好用。

A. 逐个　　　B. 分批　　　C. 抽样　　　D. 无需

175. 目前，阀门大多是根据（　　）来分类的。

A. 压力和结构　　　　　B. 压力和材质
C. 结构和介质　　　　　D. 结构和连接方式

176. 高压截止阀根据连接方式的不同可分为（　　）两种。

A. 螺纹连接和卡箍连接　B. 螺纹连接和焊接
C. 法兰连接和焊接　　　D. 螺纹连接和法兰连接

177. 截止阀是依靠改变阀盘和阀座之间的（　　），即可改变通道截面积的大小，从而控制和截断流量。

A. 方向　　　B. 距离　　　C. 方位　　　D. 角度

178. 截止阀是根据介质的流动（　　）来安装的。

A. 方向　　　B. 距离　　　C. 速度　　　D. 流量

179. 截止阀的结构形式有多种，主要有标准式、（　　）、角式和直流式。

A. 活塞式　　B. 平行式　　C. 螺纹式　　D. 流线式

第八章 注水站

180. 闸阀的特点是结构复杂、尺寸较大、开启缓慢、易调节流量、流体阻力（　　）。

  A. 大　　　　B. 非常大　　　C. 小　　　　D. 为零

181. 闸阀的阀体主要是有灰铸铁、铸钢和（　　　）来制成。

  A. 可锻铸铁　　B. 硬铅　　　　C. 球墨铸铁　　D. 高碳钢

182. 阀门在试压时，应不渗不漏，并进行开、关状态的试验。要求公称直径小于或等于150mm的阀门试压（　　　）后无渗漏为合格。

  A.5min　　　　B.10min　　　　C.15min　　　　D.30min

183. 阀门在试压时，要求公称直径大于150mm的阀门试压（　　　）后无渗漏为合格。

  A.5min　　　　B.10min　　　　C.15min　　　　D.30min

184. 安装阀门时，除了（　　　），其他阀门都要注意阀体上所指的液流方向。

  A. 止回阀　　　B. 旋塞阀　　　C. 闸板阀　　　D. 安全阀

185. 高压柱塞泵无液体排出是由于（　　　）严重损坏，使空气进入泵内。

  A. 单流阀　　　B. 安全阀　　　C. 密封圈　　　D. 柱塞

186. 造成柱塞泵无液体排出现象是由于泵腔内有（　　　）引起的。

  A. 液体　　　　B. 水　　　　　C. 空气　　　　D. 杂质

187. 为防止柱塞泵汽蚀，下列措施中,（　　　）对保证柱塞泵正常工作是无效的。

  A. 降低泵的安装高度　　　　B. 缩短吸入管线
  C. 装吸入空气包　　　　　　D. 提高吸入口压力

188. 为了避免柱塞泵汽蚀，则应使液缸内的最小吸入压力始终（　　　）液体在同温度时的汽化压力。

  A. 大于或等于　　　　　　　B. 远小于

C. 小于 D. 大于

189. 为防止柱塞泵汽蚀,下列措施中,（　　）对保证柱塞泵正常工作是有效的。

A. 提高液体温度 B. 提高吸入口压力
C. 降低泵的安装高度 D. 降低泵内的真空度

190. 汽蚀对柱塞泵影响最大的是（　　）。

A. 泵的扬程 B. 泵的功率
C. 冲击和振动 D. 泵的流量

191. 柱塞泵的（　　），是用来传递泵在运行中所产生压力的主要部件。

A. 柱塞 B. 曲轴 C. 连杆 D. 十字头

192. 柱塞泵吸入和排出液体的过程是不连续的,因此（　　）不均匀,使泵在运行中容易产生冲击和振动。

A. 冲程 B. 扬程 C. 流量 D. 冲次

193. 柱塞泵不能在关闭点运转,故在往复柱塞泵装置中必须安装（　　）。

A. 安全阀 B. 止回阀 C. 电动阀 D. 回流阀

194. 柱塞泵能产生的压力,受泵缸、活塞强度和（　　）所限制。

A. 密封装置 B. 冲程 C. 冲次 D. 活塞直径

195. 柱塞泵上安装空气室的目的是来减少流量和压力的（　　）。

A. 升高 B. 降低 C. 脉动 D. 冲击

196. 泵缸中或液体内可能含有气体,影响其充满程度,因而减少了（　　）。

A. 流量 B. 扬程 C. 功率 D. 压力

197. 造成柱塞泵实际流量与理论流量差别的原因不能忽略,当柱塞泵压力较高时,液体具有（　　）。

A. 流动性　　B. 压缩性　　C. 挥发性　　D. 溶解性

198. 在柱塞泵上加装空气包的作用是（　　）吸入管内液体的惯性水头。

A. 降低　　B. 升高　　C. 缩短　　D. 缓冲

199. 为了保证柱塞泵正常吸入的充分条件应尽量（　　）吸入管线。

A. 增长　　B. 缩短　　C. 加粗　　D. 变细

200. 在柱塞泵的排出过程终了时，由于排出管内的惯性水头损失达到最大值，有可能引起液体与活塞脱离，发生（　　）现象。

A. 水击　　B. 抽空　　C. 脉动　　D. 断流

201. 高压柱塞泵油压过高会造成（　　）。

A. 密封垫片渗油　　B. 润滑不良　　C. 皮带磨损

D. 填料失效

202. 柱塞泵油压过低会造成（　　）。

A. 密封垫片渗油　　B. 润滑不良

C. 皮带磨损　　D. 填料失效

203. 造成柱塞泵排量不足的原因之一是（　　）。

A. 进口阀门未打开　　B. 出口阀门未打开

C. 单流阀卡死　　D. 泵阀遇卡

204. 造成柱塞泵机油压力过低的原因是由于（　　）。

A. 机油温度过低　　B. 机油变质

C. 机油泵损坏　　D. 机油温度过高

205. 柱塞泵浮动套漏油是由于密封件损坏或（　　）造成的。

A. 流量过大　　B. 弹簧失灵　　C. 污物进入　　D. 内部漏失

206. 柱塞泵电动机安装在（　　）便于调节皮带松紧，方便拆装皮带。

A. 导轨　　　B. 底座　　　C. 基础　　　D. 钢架

207. 柱塞泵液力端有不正常响声的原因之一是（　　）。

A. 连杆瓦严重磨损　　　　B. 阀腔内有硬块物相碰

C. 减速齿轮磨损　　　　　D. 连通阀未开

208. 柱塞泵密封圈（　　）或损坏，使泵排量不足。

A. 发热　　　B. 太紧　　　C. 未压紧　　　D. 变形

209. 高压柱塞式注水泵压力和排量不能自行调节，而是靠更换柱塞直径来完成，在行程和冲次不变的情况下，柱塞直径越（　　），排量（　　），压力（　　）。

A. 小；小；高　　　　　　B. 小；大；高

C. 小；小；低　　　　　　D. 小；大；低

210. 柱塞式注水泵连杆瓦、主轴瓦磨损，间隙过大会造成（　　）。

A. 机油过少　　　　　　　B. 机油压力过低

C. 机油压力过高　　　　　D. 机油飞油溅不起来

211. 更换柱塞泵柱塞操作时，从泵头安装新柱塞，用（　　）敲击柱塞至连杆处。

A. 扳手　　　B. 铜棒　　　C. 手锤　　　D. 大锤

212. 柱塞泵的柱塞与（　　）相连接的卡箍松动，造成动力端出现敲击声。

A. 铜套　　　B. 轴承　　　C. 十字头　　　D. 阀体

213. 柱塞泵具有（　　）、压力大、振动大和不平稳（压力和排量波动大）等特点。

A. 排量大　　B. 排量小　　C. 效率高　　　D. 功率大

214. 柱塞泵连杆螺栓、螺母松动，可造成（　　）出现敲击声。

A. 动力端　　B. 液力端　　C. 进液阀　　　D. 排液阀

二、判断题

1. 高压离心式注水泵对供电系统要求：注水电动机必须具有电流速断保护，单相接地保护，低水压保护和低电压保护。
（　　）

2. 当注水电动机出现过载，接地或电压过低的异常情况时，保护系统会使开关或其他保护装置迅速跳闸断电。（　　）

3. 高压注水电动机轴承缺油是造成电动机不能启动的原因之一。（　　）

4. 熔断器在电路中主要用作短路保护。（　　）

5. 高压注水电动机启动前，应检查电动机和启动装置的外壳是否带电。（　　）

6. 更换高压注水电动机熔断器操作前必须切断电源，防止触电造成人身伤亡。（　　）

7. 启动高压注水电动机时，必须要有电工配合，分、合闸刀时操作人员应站在正面，防止电弧光灼伤。（　　）

8. 高压注水电动机在装、卸接线柱紧固螺栓时，应用钢丝钳进行紧固。（　　）

9. 高压注水电动机缺相运转时，转数降低，电流相应减小，电动机发热，温度上升快。（　　）

10. 在注水站高压注水泵房内设有星点柜，星点柜盘面上设有就地停机按钮，以便紧急停机。（　　）

11. 高压注水泵启动以后泵压高、电流低，说明了注水泵的负荷大。（　　）

12. 高压注水泵启动泵后响声大，发热，电流低且波动，压力低，不出水，其原因是泵启动后抽空或发生汽蚀现象。（　　）

13. 为防止在电气工作中发生事故，要在电器设备系统和有关工作场所安装安全警示标志。（　　）

14. 启动高压离心式注水泵前,按泵的旋转方向反向盘泵2～3圈,无发卡现象。( )

15. 启动高压离心式注水泵时,发现泵压、电流波动较大,压力低,声音异常时,应继续密切观察。( )

16. 高压离心式注水泵上水不足,电动机转数不够会使泵轴功率过大。( )

17. 高压离心式注水泵叶轮流道堵塞时,不会造成泵压力不足。( )

18. 高压离心式注水泵出口阀门开得过大会使离心泵流量不够,达不到额定排量。( )

19. 高压离心式注水泵流量不够,达不到额定排量可能是由于泄压套间隙过大,平衡压力过高。( )

20. 高压离心式注水泵的允许吸入真空高度,决定了离心泵的安装位置、进口管直径和管路损失。( )

21. 高压离心式注水泵的转子不平衡会造成泵发热或卡死。
( )

22. 高压离心式注水泵的平衡机构由平衡盘、平衡套和平衡套压盖等零件组成。( )

23. 高压离心式注水泵抽空或发生汽蚀现象,泵压变化异常必须紧急停泵。( )

24. 高压离心式注水泵填料函发热的原因是轴承的润滑不良,油加得太多或太少而造成。( )

25. 高压离心式注水泵轴承内或润滑油里有水或泥砂、铁屑、杂质,都会使轴承锈蚀,磨损和转动不灵活,转动时容易发热。
( )

26. 高压离心式注水泵平衡管堵塞,不影响泵的正常运行。
( )

27. 高压离心式注水泵停泵时,应先缓慢关闭泵的出口阀门,

第八章 注 水 站

待电流上升到满载电流时再按停止按钮。　　　　　（　　）

28. 高压离心式注水泵停泵后，机泵发生倒转是由于出口阀门和管路上的止回阀不严。　　　　　　　　　　　（　　）

29. 高压离心式注水泵密封填料压得太紧，会使离心泵产生泵不上油的现象。　　　　　　　　　　　　　　　（　　）

30. 高压离心式注水泵正常运行中应检查润滑油供油情况，包括油温、油压、油色和油质。　　　　　　　　　　（　　）

31. 造成高压离心式注水泵启泵后不上水，压力表无读数，吸入真空压力表有较高负压的原因是进口流程未倒通。（　　）

32. 造成高压离心式注水泵启泵后不上水，压力表无读数，吸入真空压力表有较高的负压的原因就是大罐液位过高。（　　）

33. 更换高压离心式注水泵密封填料时，要关闭泵的进出口阀，打开放空阀，泄掉泵内余压，禁止带压操作。　（　　）

34. 造成高压离心式注水泵启动时转不动的原因是：电动机缺相运行、泵卡住、密封填料压得太紧。　　　　　（　　）

35. 高压离心式注水泵检查和清洗过滤器及滤网时首先应停泵，挂上"有人工作"标志牌。　　　　　　　　　（　　）

36. 清洗高压离心式注水泵过滤器滤网时，可以用钢丝刷来清洗干净过滤器及滤网的堵塞物。　　　　　　　　（　　）

37. 高压离心式注水泵与管路联合工作时，只有一个工况点，且必须是泵效率的最高点。　　　　　　　　　　（　　）

38. 提高离心式注水泵转速或装入直径稍大的叶轮都可提高泵的总扬程。　　　　　　　　　　　　　　　　　（　　）

39. 高压离心式注水泵平衡装置的作用是：平衡泵在运行过程中产生的轴向力。　　　　　　　　　　　　　　（　　）

40. 高压离心式注水泵平衡管结垢严重，可导致平衡管压力过高。　　　　　　　　　　　　　　　　　　　　（　　）

41. 高压离心式注水泵平衡盘装置的组成是，与泵一起旋转

· 303 ·

的平衡盘和静止不动的平衡环两部分组成。　　　　（　　）

42. 高压离心式注水泵转子零件和定子零件有摩擦会使离心泵泵耗过大。　　　　　　　　　　　　　　　　（　　）

43. 高压离心式注水泵的并联就是几台泵的进口连接在同一汇管上吸入，出口连接在同一汇管上排出的连接方式。（　　）

44. 高压离心式注水泵，泵轴弯曲变形是造成泵振动并发出较大噪声的原因之一。　　　　　　　　　　　　（　　）

45. 高压离心式注水泵运转期间空气渗入泵内，应边启动边排除空气。　　　　　　　　　　　　　　　　　（　　）

46. 如果高压离心式注水泵的总扬程不够时，泵可以并联运行。　　　　　　　　　　　　　　　　　　　　（　　）

47. 高压离心式注水泵平衡机构主要作用是平衡泵在运行中的离心力。　　　　　　　　　　　　　　　　　（　　）

48. 高压离心式注水泵启动后，整体发热，后部温度比前部略高，是由于抽空汽化造成的。　　　　　　　（　　）

49. 高压离心式注水泵启动后泵体不热，平衡机构尾盖和平衡管发热，是由于平衡机构失灵或平衡盘没打开而造成平衡盘与平衡套发生严重研磨。　　　　　　　　　　　　　（　　）

50. 高压离心式注水泵密封填料发热，是由于密封填料加得不好或压得过紧造成。　　　　　　　　　　　（　　）

51. 高压离心式注水泵运行中有轻微汽蚀发生时，应提高储水罐水位，缓慢提高泵压，降低排量。　　　（　　）

52. 高压离心式注水泵发生汽蚀现象可采取提高吸入压力和逐渐降低泵压的措施。　　　　　　　　　　　（　　）

53. 高压离心式注水泵启泵后，吸入压力低，泵压低，且波动、不出水，说明出口阀门没打开或闸板脱落。（　　）

54. 高压离心式注水泵启泵时，平衡盘没打开，与平衡套相研磨，致使平衡盘严重磨损，造成泵轴窜量过大。（　　）

第八章 注水站

55. 高压离心式注水泵平衡管堵塞，不会影响泵的正常运行。
（　　）

56. 高压离心式注水泵泵轴弯曲变形是造成泵振动并发出较大噪声的原因之一。
（　　）

57. 高压离心式注水泵平衡部分的作用是平衡泵在运行中的径向力。
（　　）

58. 高压离心式注水泵水封环位置装得不对，会使离心泵运转过程中填料函发热。
（　　）

59. 高压离心式注水泵水封管中的压力水对填料函起润滑冷却作用。
（　　）

60. 机械密封是由动环（旋转环）部分、静环（不动环）部分组成。
（　　）

61. 高压离心式注水泵内或管路中存在气囊会使离心泵启动后短时间有压头，泵不上水。
（　　）

62. 高压离心式注水泵密封圈与轴套配合太松或太紧会使机械密封出现突然性漏失。
（　　）

63. 高压离心式注水泵内改进叶轮材质和进行流道表面喷镀是防止汽蚀的方法。
（　　）

64. 高压离心式注水泵叶轮尺寸过小，是造成泵轴功率过高的原因之一。
（　　）

65. 高压离心式注水泵内有空气，打开排空阀门放净气体，是防止轴功率过低的方法之一。
（　　）

66. 为保证高压离心式注水泵不发生汽蚀，其条件是：叶轮入口处的液流最低压力小于该温度下液体的饱和蒸气压力。
（　　）

67. 高压离心式注水泵在工作过程中，要产生一个和泵轴方向一致，指向叶轮进口的轴向推力。
（　　）

68. 高压离心式注水泵安装机械密封时，应按照先装静环后

·305·

装动环顺序。   (   )

69. 拆卸机械密封前，拆卸部位要清洗干净，并涂上机油，以免卡死或卡坏。   (   )

70. 拆卸机械密封过程中，如遇部件发生位移或变形时，应动手拆卸，尽快进行维修。   (   )

71. 高压离心式注水泵机组找正时先调整左右，再调整高低，最后调整轴向偏差。   (   )

72. 在高压离心式注水泵内液体的汽化、凝结、冲击和对金属剥蚀的综合现象就称为"汽蚀"。   (   )

73. 当高压离心式注水泵吸入口处的液体压力降低到饱和蒸气压力时，液体就产生汽蚀。   (   )

74. 听到高压离心式注水泵内有"噼噼啪啪"的爆炸声，同时机组振动，在这种情况下，机组可以继续运行。   (   )

75. 高压离心式注水泵开始发生汽蚀时，汽蚀区域较小，对泵的正常工作没有明显影响，在泵性能曲线上也没有明显反映。
                                              (   )

76. 当高压离心式注水泵汽蚀到一定程度时，会使泵流量、压力、效率下降，严重时出现断流，吸不上液体。   (   )

77. 防止高压离心式注水泵汽蚀的方法是降低液体的输送温度，以增加液体的饱和蒸气压力。   (   )

78. 高压离心式注水泵进口与出口的温度既能反映泵内损失的大小，又能反映泵的效率。   (   )

79. 高压离心式注水泵机组运行时间过长，轴瓦比较热，油液就会变为黄锈色或灰黑色，证明锈蚀和磨损较严重。 (   )

80. 润滑油路回油不畅，有堵塞现象是造成机泵轴瓦窜油的原因之一。   (   )

81. 润滑油的主要作用有 3 种：润滑作用、冷却作用和密封作用。   (   )

·306·

第八章 注水站

82. 润滑油进水量大，轴瓦润滑不好，轴瓦温度降低。（　　）
83. 注水泵启动后分油压应降到 0.054～0.064MPa。（　　）
84. 注水泵机组润滑大部为强制润滑，少量注水泵为复合润滑，个别泵为油环润滑。（　　）
85. 强制润滑是一种间断的压力润滑。（　　）
86. 缓冲管（罐）作用是在事故状态下，在一定时间内供给该机泵润滑油。（　　）
87. 注水泵机组润滑油系统中的分油压表可以使用普通的压力表。（　　）
88. 在启、停润滑油泵时要解除低油压保护，油压调整正常后立即投上低油压保护。（　　）
89. 注水泵运行时倒润滑油泵，必须先停止运行油泵，再启动备用油泵。（　　）
90. 注水站润滑油系统的润滑油泵一般选用齿轮泵。（　　）
91. 注水泵运行时润滑油系统的总油压控制在 0.074～0.083MPa。（　　）
92. 温度低，润滑油中微小汽泡很多时，润滑油呈微黄色。（　　）
93. 润滑油是否进水，在油箱下的放油孔放油可以看出油中是否带水珠。（　　）
94. 定期取样化验，发现润滑油中含水及杂质时，要及时进行过滤或更换。（　　）
95. 润滑油进水量大，轴瓦温度升高，运行一段时间水就会自动消失。（　　）
96. 在润滑油添加剂中，还没有防锈添加剂。（　　）
97. 润滑油在储存、使用过程中都可能发生变质。（　　）
98. 润滑油高温氧化生成酸性物质，是由于其抗腐性差。（　　）

99. 阀门是用来对管道及设备内的介质流量进行调节和控制，或对流向进行改变的装置。（　　）

100. 在选用阀门时，要注意阀门的压力范围与管路或设备内的压力是否相符。（　　）

101. 安装水平管道上的阀门，要垂直向上或水平安装，向下要倾斜30°角。（　　）

102. 目前，阀门大多是根据压力和材质来分类的。（　　）

103. 截止阀是利用阀盘控制启闭的阀门，主要启闭零件是阀盘和阀座。（　　）

104. 截止阀的结构特点是操作可靠、关闭严密、不易于调节流量。（　　）

105. 闸阀是利用闸板来控制启闭的阀门，其主要启闭零件是闸板和阀座。（　　）

106. 为了保证闸阀关闭严密，闸板和阀座之间不能进行研磨。（　　）

107. 电动阀和一般阀门的区别就是在于它附有一套电力驱动装置。（　　）

108. 阀门通过改变管道通道的方向来实现调节流量。（　　）

109. 试验不合格的阀门，应解体检查重新组装。（　　）

110. 阀门型号表示了阀门的类别、驱动方式、连接方式、结构形式、密封或衬里材料、公称压力及阀体材料7个单元。（　　）

111. 为了避免柱塞泵汽蚀，则应使液缸内的最小吸入压力始终大于液体在同温度时的汽化压力。（　　）

112. 为防止柱塞泵汽蚀，尽量缩短吸入管线，装吸入空气包以降低吸入管内液体的惯性水头，是保证柱塞泵正常工作的有效措施之一。（　　）

113. 柱塞泵一般应用于断块油田，且地层压力较低，注水量

第八章 注水站

较大的地区注水。 （ ）

114. 柱塞泵的动力端主要是由曲柄、连杆、十字头、柱塞等组成。 （ ）

115. 柱塞泵的冲程是指柱塞在缸内两死点之间的运动距离。
（ ）

116. 柱塞泵的冲次是指柱塞在缸内每秒钟往复运动的次数。
（ ）

117. 柱塞泵所产生的扬程可以无限地高。 （ ）

118. 柱塞泵的十字头是起导向作用的连接部件，连接连杆及柱塞，并且传递作用力。 （ ）

119. 柱塞泵的连杆是将十字头的旋转运动转变为柱塞往复运动的部件。 （ ）

120. 造成柱塞泵实际流量与理论流量差别的原因是：由于排出阀和吸入阀开闭的迟缓引起的。 （ ）

121. 当柱塞在吸入行程终了时，吸入阀处于关闭状态，排出阀处于开启状态。 （ ）

122. 柱塞泵的密封填料漏失量应以线状为宜。 （ ）

123. 柱塞泵启动前，只打开入口管线上的阀门。 （ ）

124. 柱塞泵在运行中，应检查进出口压力表波动是否正常。
（ ）

125. 高压柱塞式注水泵不适宜输送黏度随温度变化的液体。
（ ）

126. 柱塞泵运行时，吸入口与排出口是互相连通的。（ ）

127. 柱塞泵降低泵管压差的措施是：改变柱塞往复次数、柱塞直径和排出压力。 （ ）

128. 柱塞泵无液体排出的原因之一是由于吸入或排出管线堵塞造成的。 （ ）

129. 柱塞泵泵腔内有空气不会影响柱塞泵的正常运行。（ ）

·309·

130. 柱塞式注水泵润滑不良只和机油压力有关与机油多少无关。（   ）

131. 柱塞泵液力端零部件对精度影响较大的是吸液阀、排液阀及柱塞的密封。（   ）

132. 柱塞泵密封填料组装不当，会使柱塞与密封填料间摩擦加剧，导致漏失量增大。（   ）

第九章 注聚站

一、选择题

1. 注聚泵（　　）堵塞，母液无法进入注聚泵导致注聚泵无流量。

A. 进口过滤器　　　　　　B. 出口过滤器

C. 泄压阀　　　　　　　　D. 回流阀

2. 注聚泵泵腔内的进口阀或出口阀损坏，虽然柱塞运动，但母液进不到泵阀内，导致注聚泵输出压力（　　），泵内无流量。

A. 不变　　B. 上下波动　　C. 降低　　D. 升高

3. 注聚泵安全阀设定压力过低会导致安全阀（　　），使母液从安全阀处泄漏，引起注聚泵内无流量。

A. 不动作　　　　　　　　B. 检验周期缩短

C. 提前开启　　　　　　　D. 自动关闭

4. 注聚泵（　　）会导致母液形成无效循环，泵内无流量。

A. 压力高　　　　　　　　B. 进口阀开启

C. 连通阀开启　　　　　　D. 连通阀关闭

5. 注聚站母液储罐抽空时，应及时（　　），同时通知配制站增大供液。

A. 启泵　　B. 停泵　　C. 憋压　　D. 关井

6. 注聚泵内有空气，母液无法充满泵腔，造成（　　）磨损，导致噪声增大。

A. 密封填料　　B. 铜套子　　C. 泵阀　　D. 连杆

7. 注聚泵储罐液位（　　），进口过滤器堵塞，使泵的进液阻力（　　），最终导致泵吸空，噪声增大。

A. 过高；增大　　　　　　B. 过低；增大

· 311 ·

C. 过高；减小　　　　　　D. 过低；减小

8. 注入液黏度过大，导致注聚泵的负荷（　　）引起噪声过大。
A. 增大　　B. 减小　　C. 不变　　D. 无法确定

9. 十字头磨损严重，间隙大及十字头套子磨损严重，配合不好引起注聚泵（　　）有异响
A. 电动机　　B. 皮带轮　　C. 配电柜　　D. 曲轴箱

10. 曲轴间隙过小（　　），造成注聚泵曲轴箱有异常响声。
A. 温度降低　　B. 温度升高　　C. 压力过高　　D. 压力过低

11. 连杆螺栓松动，使柱塞动力传导异常，导致注聚泵的（　　）出现异响。
A. 电动机　　B. 皮带轮　　C. 动力端　　D. 液力端

12. 十字头衬套磨损，产生间隙导致注聚泵运转中（　　）。
A. 压力升高　　B. 流量升高　　C. 温度降低　　D. 产生异响

13. 工作腔内有脏物或泵阀组件有损坏，注聚泵工作效率（　　），排出压力达不到要求。
A. 无法确定　　B. 升高　　C. 降低　　D. 不变

14. 由于（　　）的缓冲器工作不正常，缺氮气导致注聚泵排出压力达不到要求。
A. 注聚泵进口　　　　　　B. 注聚泵出口
C. 流量计进口　　　　　　D. 流量计出口

15. 注聚泵的（　　），导致注聚泵的压力达不到要求。
A. 电动机转速过低　　　　B. 电动机转速过高
C. 电动机温度过低　　　　D. 电动机温度过高

16. 注聚泵的（　　）关不严，导致注聚泵的压力达不到要求。
A. 进口阀门　　B. 出口阀门　　C. 连通阀门　　D. 洗井阀门

17. 注聚泵（　　）导致注聚泵变频上的电流表指针摆动大，

出口压力大幅下降。

　　A. 压力升高　　　　　　　B. 温度降低

　　C. 温度升高　　　　　　　D. 进口与出口阀损坏

　　18. 不会导致注聚泵变频上的电流表指针摆动大，出口压力大幅下降的是（　　）。

　　A. 单井母液执行器被脏物堵塞

　　B. 注聚泵进口或出口阀损坏

　　C. 曲轴和十字头磨损严重

　　D. 泵腔内有气体

　　19. 皮带质量差，无法承受（　　）运动的摩擦，导致注聚泵烧皮带，泵停止运行。

　　A. 进口阀　　B. 出口阀　　C. 高转速　　D. 低转速

　　20. 皮带轮加工质量差，表面不光滑，加大了皮带的（　　），导致注聚泵烧皮带泵停止运行。

　　A. 润滑　　　B. 磨损　　　C. 转速　　　D. 传动

　　21. 注聚泵发生故障，排量减少或泵抽空，泵压下降，导致注聚单井压力（　　）。

　　A. 不变　　　B. 升高　　　C. 下降　　　D. 先降后升

　　22. 注入站内阀门、法兰密封圈损坏或管线断裂、腐蚀穿孔等造成跑液，使注聚单井压力突然（　　）。

　　A. 不变　　　B. 升高　　　C. 下降　　　D. 先降后升

　　23. 注水井网突然停泵或穿孔发生泄漏，导致注聚单井压力（　　）。

　　A. 不变　　　B. 下降　　　C. 升高　　　D. 先降后升

　　24. 注入站内由于（　　），泵房内发生跑液现象。

　　A. 来水泵压低　　　　　　B. 井口放空打开

　　C. 来水泵压高　　　　　　D. 泵密封填料刺漏

　　25. 注入站内由于（　　），泵房发生跑液现象。

A. 井口阀门坏 B. 站内管线穿孔

C. 来水泵压高 D. 井口管线穿孔

26. 注入站由于母液储罐（　　），使泵房发生跑液现象。

A. 冒罐　　B. 抽空　　C. 液位高　　D. 液位低

27. 注聚泵（　　）前压盖螺栓松或断导致母液泄漏。

A. 动力端　　B. 电动机　　C. 液力端　　D. 连杆

28. 注聚泵（　　）导致泵的漏失量大。

A. 连杆松 B. 密封填料质量差

C. 连杆断 D. 压盖过紧

29. 注聚泵密封填料刺会导致泵的出口压力（　　）。

A. 不变　　B. 升高　　C. 降低　　D. 上下波动

30. 注聚泵密封填料漏失量过大会导致泵的出口流量（　　）。

A. 不变　　B. 升高　　C. 下降　　D. 上下波动

31. 填加密封填料时，切口错开（　　）为宜，密封填料压盖松紧合适，漏失量在合理的范围内为宜。

A. 90°～120° B. 120°～180°

C. 60°～90° D. 30°～90°

32. 柱塞损坏能导致注聚泵密封填料漏失量（　　）。

A. 过大　　B. 过小　　C. 不变　　D. 无法确定

33. 注聚泵曲轴严重磨损会造成泵轴承温度（　　）。

A. 降低　　B. 升高　　C. 不变　　D. 无法确定

34. 注聚泵曲轴磨损后正确的处理方法是（　　）。

A. 更换注聚泵 B. 加注润滑油

C. 更换曲轴 D. 加强巡回检查

35. 不会导致注聚泵轴承温度升高的原因是（　　）。

A. 润滑油过少 B. 润滑油变质

C. 轴瓦（轴承）磨损 D. 输送介质黏度过小

36. 注聚泵润滑油有杂质或变质失效应（   ）。

A. 填加润滑油　　　　　　B. 放掉多余润滑油

C. 更换润滑油　　　　　　D. 过滤润滑油

37. 注聚泵的排量运行不平稳会导致压力表波动大，正确的处理方法是（   ）。

A. 调整控制泵出口排量，达到平稳运行

B. 调整控制泵进口排量，达到平稳运行

C. 更换压力表

D. 校对压力表

38. 注聚泵压力表齿轮、游丝损坏，导致回程误差增大，造成（   ）。

A. 扁曲弹簧管动作　　　　B. 扁曲弹簧管不动作

C. 指针脱落　　　　　　　D. 指针波动

39. 注聚泵产生汽蚀，要打开（   ），排净泵内气体。

A. 取样阀门　　B. 出口阀门　　C. 进口阀门　　D. 放空阀门

40. 电路问题导致的注聚泵无法启动，应由（   ）维修处理。

A. 岗位员工　　B. 专业电工　　C. 泵修工　　D. 维修班

41. 不会导致注聚泵无法启动的原因是（   ）。

A. 电源刀闸未合　　　　　B. 交流接触器不吸合

C. 电动机接地线松动　　　D. 启动按钮失灵

42. 注聚泵电源保险未安装或损坏会导致机组（   ）从而无法启动。

A. 短路　　　B. 电路不通　　C. 电路虚接　　D. 超载运行

43. 导致注聚泵无法启动的原因是（   ）。

A. 皮带过松　　　　　　　B. 皮带破股

C. 皮带四点不一线　　　　D. 皮带轮破损

44. 注聚泵密封填料压得过紧或压偏，会增加柱塞与密封填料的（　　），导致发热。

A.润滑　　B.重力　　C.摩擦力　　D.拉力

45.柱塞表面不光滑会造成密封填料发热，正确处理方法是（　　）。

A.用粗砂纸打磨　　　　B.用细砂纸打磨

C.用锉刀打磨　　　　　D.用擦布擦拭

46.注聚泵密封填料压得（　　），会导致密封填料发热。

A.过松　　　　　　　　B.松紧适中

C.过松或压偏　　　　　D.过紧或压偏

47.注聚泵与密封填料产生摩擦的部件是（　　）。

A.柱塞　　B.曲轴　　C.电机轴　　D.靠背轮

48.注聚泵（　　）阀门未打开，会造成憋压导致压力升高。

A.进口　　B.出口　　C.取样　　D.放空

49.注入井井口管线冻结会造成注聚泵压力（　　）。

A.上升　　B.下降　　C.不变　　D.波动

50.注聚泵输出排量不变，电动机转速增高，则压力的变化是（　　）。

A.上升　　B.下降　　C.不变　　D.波动

51.注聚泵出口（　　）造成憋压，导致压力升高。

A.阀门漏失　　　　　　B.管线漏失

C.连通阀门漏失　　　　D.单井静态混合器严重堵塞

52.注聚泵出口（　　），导致压力突然降低。

A.堵塞　　　　　　　　B.阀门闸板脱落憋压

C.穿孔漏失　　　　　　D.未打开

53.注聚泵进口过滤器堵塞，导致注聚泵内压力（　　）。

A.升高　　B.降低　　C.不变　　D.波动

54.注聚泵连通阀门（　　），导致泵出口压力降低。

A.关闭　　　　　　　　B.堵塞

C. 冻结   D. 打开或关不严

55. 注聚泵泵腔中的进口阀和出口阀损坏不工作，会导致泵压力（　　）。

A. 上升   B. 下降   C. 不变   D. 无法确定

56. 聚合物母液配制站的来液通过流量计后先进入（　　）。

A. 母液储罐   B. 泵进口   C. 泵出口   D. 过滤器

57. 聚合物母液储罐出口阀门闸板脱落，母液无法泵输出去，配制站母液持续进罐会导致（　　）。

A. 传动皮带断裂   B. 泵抽空

C. 泵汽蚀   D. 冒罐

58. 注聚泵过滤器堵塞后，会造成母液储罐中母液（　　），从而导致冒罐。

A. 进入量大于排出量   B. 进入量小于排出量

C. 进入量等于排出量   D. 无法进入

59. 注聚泵正常运行时，母液来液的直通阀门要（　　）。

A. 稍开 1~2 圈   B. 开大

C. 关严   D. 关闭一半

60. 注聚泵进口软管脱落会导致（　　）。

A. 母液储罐冒罐   B. 母液储罐抽空

C. 皮带断裂   D. 泵压力升高

61. 发现母液来液突然减少，应立即联系（　　）提供正常给液。

A. 联合站   B. 油库

C. 母液配制站   D. 中转站

62. 母液配制站出液正常，但注聚站来液量少的原因可能是（　　）。

A. 来液管线刺漏   B. 泵出口排量过大

C. 泵出口排量过小   D. 泵进口排量过大

· 317 ·

63.母液储罐液位计失灵会造成（　　）。

A.管线刺漏　　　　　　　B.阀门渗漏

C.冻井　　　　　　　　　D.母液储罐抽空或冒罐

64.紧固母液储罐人孔盖螺栓时须（　　）。

A.顺时针紧固　　　　　　B.逆时针紧固

C.对称紧固　　　　　　　D.依次紧固

65.母液储罐人孔泄漏,应倒流程排空罐内液体后,更换（　　）。

A.人孔盖螺栓　　　　　　B.人孔垫子

C.泵进口软管　　　　　　D.进口阀门

66.母液储罐人孔的作用是（　　）。

A.密封母液储罐

B.方便维修人员进入母液储罐

C.观察母液液位

D.控制母液液位

67.注入站取样阀门生锈或结垢导致打不开时,应将取样口弯管向（　　）固定后,灌入柴油浸泡清洗。

A.上方　　　B.下方　　　C.侧方　　　D.侧下方

68.当注入站取样阀门生锈或结垢时,用（　　）可以起到一定的作用。

A.用大锤砸击　　　　　　B.用手锤敲击

C.用撬杠撬动　　　　　　D.用三角刮刀刮削

69.三元注入站和注聚站注聚泵变频器一般加速时间设定为（　　）。

A.5～10min　　B.10～15min　　C.5～10s　　D.20～50s

70.三元注入站和注聚站注聚泵变频器减速时间一般设定为（　　）,根据负荷情况调整。

A.5～10min　　B.10～15min　　C.5～15s　　D.20～50s

·318·

71. 三元注入站和注聚站变频器启动时，由于启动转矩（　　）造成启动电流（　　）。

　　A. 太小；过小　　　　　　B. 太大；过大

　　C. 太大；过小　　　　　　D. 太小；过大

72. 母液执行器的作用是（　　）。

　　A. 调节控制水最大流量　　B. 调节控制母液瞬时流量

　　C. 调节控制水额定流量　　D. 调节控制母液设计流量

73. 母液执行器不动作的原因是（　　）。

　　A. 母液黏度大　　　　　　B. 母液黏度小

　　C. 脏物堵塞　　　　　　　D. 注聚泵压力高

74. 母液执行器的传感器失灵，不能对（　　）进行控制。

　　A. 母液瞬时流量　　　　　B. 清水瞬时流量

　　C. 注聚泵进口压力　　　　D. 注聚泵出口压力

75. 注聚站聚能加热装置中（　　）失灵，导致装置不能正常运行。

　　A. 母液执行器　　　　　　B. 温控传感器

　　C. 压力传感器　　　　　　D. 变频器

76. 注聚站聚能加热装置中，（　　）模块保险烧断或电子板损坏导致加热装置失灵。

　　A. 保温　　　B. 压力控制　　C. 散热　　　D. 加热

77. 聚能加热泵多采用（　　）。

　　A. 离心泵　　B. 螺杆泵　　　C. 射流泵　　D. 深井泵

78. 曲轴箱油位过低引起注聚泵温度异常的原因是（　　）。

　　A. 润滑不好　B. 润滑好　　　C. 散热好　　D. 摩擦减小

79. 注聚泵的泵速过低导致注聚泵流量（　　）。

　　A. 过高　　　B. 过低　　　　C. 增加　　　D. 产生波动

80. 注聚泵泵阀内有（　　），导致注聚泵流量过低。

　　A. 母液　　　　　　　　　　B. 产出液

C. 杂质或空气　　　　　　D. 润滑油

81. 注聚泵连通阀门没关严或漏失会导致泵排量（　　）。

A. 过高　　B. 过低　　C. 不变　　D. 忽高忽低

82. 注聚泵（　　），会造成泵排量过低。

A. 出口阀门不严　　　　　B. 进口过滤器堵塞

C. 连通阀门堵塞　　　　　D. 出口管线刺漏

83. 注聚泵进口软管破裂造成母液泄漏，是由于（　　）。

A. 软管使用周期长　　　　B. 软管使用周期短

C. 钢管强度低　　　　　　D. 钢管生锈腐蚀

84. 注聚泵进口软管如果（　　），在振动下易发生脱落。

A. 固定　　B. 长度合适　　C. 过短　　D. 密封过好

85. 注聚泵上的安全阀提前开启的原因是安全阀定压（　　）。

A. 高于规定压力　　　　　B. 低于规定压力

C. 高于管线承压　　　　　D. 低于管线承压

86. 注聚泵上的安全阀弹簧松弛或腐蚀，开启压力会（　　）。

A. 下降　　B. 上升　　C. 不变　　D. 上下波动

87. 注聚泵上的安全阀若介质温度较高时，应换成（　　）的安全阀。

A. 高压　　B. 低压　　C. 高温　　D. 带散热片

88. 注聚井地面管线堵塞会导致（　　）。

A. 注入压力上升，注入量上升

B. 注入压力下降，注入量下降

C. 注入压力上升，注入量下降

D. 注入压力下降，注入量上升

89. 造成注入压力上升，注入量下降的井筒因素有（　　）。

A. 地面管线堵塞

B. 地面管线刺漏

C. 流量计、压力表计数不准

D. 配水器注入通道堵塞

90. 相连通的机采井泵况如果变差或停产，会造成注聚井地层压力上升，注聚井的变化是（　　）。

A. 注入压力上升，注入量上升

B. 注入压力下降，注入量下降

C. 注入压力上升，注入量下降

D. 注入压力下降，注入量上升

91. 注聚井地层受到伤害造成的堵塞可采取（　　）措施。

A. 压裂或酸化　　　　　B. 洗井

C. 换水嘴　　　　　　　D. 堵水

92. 注聚井地面管线刺漏会导致（　　）。

A. 注入压力上升，注入量上升

B. 注入压力下降，注入量下降

C. 注入压力上升，注入量下降

D. 注入压力下降，注入量上升

93. 造成注聚井注入压力下降，注入量上升的井筒因素有（　　）。

A. 地面管线堵塞　　　　B. 油管堵塞

C. 封隔器失效　　　　　D. 油层伤害

94. 注聚井当油层窜槽会导致（　　）。

A. 注入压力上升，注入量上升

B. 注入压力下降，注入量下降

C. 注入压力上升，注入量下降

D. 注入压力下降，注入量上升

95. 注聚站母液管线穿孔可以造成（　　）事故。

A. 高空坠落　　B. 食物中毒　　C. 环境污染　　D. 物体打击

96. 注聚站母液来液管线穿孔，可导致母液来液管线压力（　　），储罐（　　）。

A. 上升；液位低　　　　　B. 下降；液位低

C. 下降；液位高　　　　　D. 上升；液位高

97. 注聚站母液来液管线穿孔事故发生后应通知配制站（　　），注聚站应（　　）。

A. 打开母液供液阀门；关闭母液供液阀门

B. 关闭母液供液阀门；关闭母液供液阀门

C. 打开母液供液阀门；打开母液供液阀门

D. 关闭母液供液阀门；打开母液供液阀门

98. 注聚站自控系统失灵后，应立即汇报并（　　）。

A. 停泵　　　　　　　　　B. 倒备用泵

C. 通知关井　　　　　　　D. 投入现场手动控制

99. 注聚站自控系统失灵维修完毕后应（　　）。

A. 由手动倒回自控生产系统

B. 启泵

C. 开井生产

D. 维持手动控制

100. 注聚站站内母液管线穿孔事故发生后，应遵循的原则是（　　）。

A. 先治理，后控制　　　　B. 先控制，后治理

C. 先控制，后救人　　　　D. 先灭火，后控制

101. 注聚站站内发生母液管线穿孔事故，应打开注聚站门窗通风，防止（　　）。

A. 起火　　　B. 爆炸　　　C. 中毒　　　D. 环境污染

102. 注聚站内为一泵多井流程时，当站内单井母液管线穿孔后，应先（　　）。

A. 关闭单井母液流程　　　B. 停泵

C. 打开注聚泵连通阀门　　　　D. 关闭配制站来液阀门

103. 注聚站排污池冒池，污水向外渗漏，会污染环境，由于污水中含有母液会变得黏滑，极易造成（　　）。

A. 滑倒摔伤　B. 爆炸　　　C. 中毒窒息　　D. 火灾

104. 注聚泵泵腔内的进口阀或出口阀损坏，虽然柱塞运动，但母液进不到泵阀内，导致注聚泵变频器电流表指针（　　），泵内无流量。

A. 不变　　　B. 上下波动　C. 降低　　　D. 升高

二、判断题

1. 注聚泵进口阀门未打开，母液输送管路不通，导致注聚泵无流量。　　　　　　　　　　　　　　　　　　　　（　　）

2. 注聚泵连通阀开启，导致母液形成无效循环，泵内无流量。　　　　　　　　　　　　　　　　　　　　　　（　　）

3. 注聚泵曲轴间隙调整不合格、基础不牢、地脚螺栓松动，泵产生振动，导致压力增大。　　　　　　　　　　　（　　）

4. 注聚泵电动机与泵的皮带轮四点不一线，导致噪声增大。
　　　　　　　　　　　　　　　　　　　　　　　　（　　）

5. 轴瓦（轴承）磨损严重、间隙过大，会造成注聚泵曲轴箱有异常响声。　　　　　　　　　　　　　　　　　　（　　）

6. 注聚泵曲轴箱润滑油润滑不良或润滑油乳化变质，会加剧曲轴的磨损。　　　　　　　　　　　　　　　　　　（　　）

7. 注聚泵连杆大头磨损，与方卡子之间有间隙，在运转过程中的动力端出现异响。　　　　　　　　　　　　　　（　　）

8. 注聚泵十字头与柱塞相连的方卡子过紧，导致在运转过程中的动力端出现异响。　　　　　　　　　　　　　　（　　）

9. 注聚泵运转机构的零件松动或损坏，导致在运转过程中动力端产生异响。　　　　　　　　　　　　　　　　　（　　）

10. 注聚泵工作腔内有脏物或泵阀组件有损坏，泵效变差，排出压力达不到要求。（　　）

11. 注聚泵液力端处的泵阀损坏，导致泵的压力达不到要求。（　　）

12. 机组安装质量差，电动机皮带轮与泵的皮带轮端面在同一平面，导致注聚泵烧皮带泵停止运行。（　　）

13. 注聚泵负载过大，会导致皮带磨损严重。（　　）

14. 单井管线穿孔或井口放空阀门未关，会导致注聚单井压力突然上升。（　　）

15. 注入站由于泵进口软管脱落，造成泵房发生跑液。（　　）

16. 注入站由于母液储罐抽空，造成泵房发生跑液，通知上游配制站，调整来液量，降低储罐液位。（　　）

17. 提高安全意识，加强技能学习，防止误操作。（　　）

18. 液力端前压盖螺栓松或断，导致注聚泵母液泄漏，应紧固或更换新的液力端前压盖螺栓。（　　）

19. 注聚泵填加密封填料时切口错开60°～90°，这样会使密封填料密封性更好。（　　）

20. 注聚泵柱塞损坏能导致密封填料漏失量过大。（　　）

21. 注聚泵填料压盖偏斜，会导致密封填料漏失量过小。（　　）

22. 注聚泵运转时振动大，可以使用普通压力表。（　　）

23. 电动机电缆接头损坏会导致注聚泵无法启动。（　　）

24. 注聚泵柱塞表面不光滑时，应用锉刀打磨。（　　）

25. 注聚泵密封填料越紧越好，防止泵在运转中出现渗漏。（　　）

26. 注聚泵电动机变频出现故障，转速降低会导致注聚泵压力突然升高。（　　）

27. 注聚泵电动机变频出现故障，转速增加会导致注聚泵压力突然升高。（　　）

28. 注聚泵电动机变频出现故障，应由专业电工进行维修。（　　）

29. 注聚站母液储罐液位计失灵无法真实的反映罐内液位高度，易导致冒罐。（　　）

30. 注聚站母液储罐抽空后不应停运注聚泵，因为在运转状态更易查找故障原因。（　　）

31. 聚合物配制站来液突然增加，发现不及时导致注聚站母液储罐抽空。（　　）

32. 注聚站母液储罐人孔垫子损坏，会导致无法达到密封效果而造成刺漏。（　　）

33. 注聚站母液储罐人孔部位泄漏时，不可排空罐内液体，应立即处理防止事故扩大。（　　）

34. 注聚站变频器加速时间设定过长，容易使变频器输出的转矩长时间过低，而引起启动电流过大。（　　）

35. 注聚站变频器启动转矩过小造成启动电流过大，从而引起电流保护故障。（　　）

36. 注聚站母液执行器被脏物堵塞后执行器无法动作时，应对母液执行器进行冲洗，清除堵塞物。（　　）

37. 注聚泵降低频率会使泵的排量提高。（　　）

38. 注聚泵泵阀密封面磨损严重，间隙过大，导致注聚泵流量过高。（　　）

39. 注聚泵柱塞规格过小会导致母液量过低。（　　）

40. 清洗注聚泵的进口过滤器时，必须停泵，关闭进出口阀门。（　　）

41. 注聚泵进口软管固定端密封不好，母液易从软管接口处发生泄漏。（　　）

42. 注聚泵进口软管固定端密封不好，将软管取下，重新焊接并安装固定注聚泵进口软管。（　　）

43. 注聚泵上安全阀定压低于规定压力会造成安全阀延后开启。（　　）

44. 注聚泵安全阀提前开启是指：运行压力未达到开启压力时安全阀开启。（　　）

45. 注聚泵安全阀弹簧松弛会导致安全阀不动作。（　　）

46. 注聚泵安全阀整定压力设置过低，低于规定压力值会导致安全阀不动作。（　　）

47. 注聚泵安全阀被冻结，达到启动压力后将无法动作。（　　）

48. 阀瓣被脏物黏住或阀门通道被堵塞造成安全阀提前开启。（　　）

49. 运动部件被卡死会造成注聚泵上安全阀无法正常动作。（　　）

50. 注聚泵安全阀开启压力与设备工作压力太接近，使密封比压太低，造成密封面接触不良，会导致安全阀密封不严。（　　）

51. 注聚泵安全阀弹簧松弛或断裂导致的安全阀密封不严，要整体更换安全阀。（　　）

52. 注聚泵安全阀的阀瓣和阀座密封面被磨损会导致密封不严。（　　）

53. 注聚井油层窜槽时可进行验封，换封措施。（　　）

54. 注聚井和机采井要尽量做到注采平衡。（　　）

55. 注聚井配水器注入通道孔眼刺大时，要上报作业修井处理。（　　）

56. 注聚井压力下降，注入量上升的地面原因有地面设备影响，如流量计、压力表计数不准，地面管线堵塞等。（　　）

第九章 注聚站

57. 注聚井井筒管柱堵塞,可进行正洗井解堵。（ ）
58. 注聚井地层压力上升,可根据实际需要调整注采关系。
（ ）
59. 相连通的机采井采取提液等措施造成地层压力下降,导致注聚井注入压力下降、注入量上升。（ ）
60. 注聚站母液来液管线穿孔事故,会造成来液管线压力快速上升,储罐液位低。（ ）
61. 注聚站的上游是聚合物配制站。（ ）
62. 注聚站自控系统失灵后,负责维修的单位是自控系统的使用单位。（ ）
63. 注聚站自控系统失灵维修完毕后,由手动倒回自控生产系统。（ ）
64. 注聚站站内母液管线穿孔事故发生后,员工应立即查找漏点并进行封堵。（ ）
65. 注聚站站内母液管线穿孔事故,单泵单井流程和一泵多井流程处理方法不同。（ ）
66. 注聚站双电源停电后,自控系统将会自动调整模式进行控制。（ ）
67. 注聚站双电源停电后,须汇报值班干部并通知聚合物配制站停止母液输送。（ ）
68. 注聚站排污池冒池,废液向外泄漏扩散,污染环境,废液中有母液,黏滑易使人滑倒摔伤。（ ）
69. 冬季注聚站双电源停电后,如停电时间过长,采暖需放水。（ ）
70. 注聚站排污池冒池后,排污车应将废液运送到指定排污处。（ ）

附录答案

附录一 采 油

一、选择题

1.D	2.B	3.A	4.B	5.A	6.C	7.B	8.B
9.A	10.D	11.A	12.B	13.A	14.C	15.B	16.A
17.C	18.D	19.B	20.D	21.B	22.A	23.C	24.D
25.B	26.B	27.A	28.D	29.B	30.A	31.A	32.B
33.C	34.D	35.A	36.B	37.A	38.C	39.B	40.C
41.D	42.B	43.C	44.B	45.A	46.C	47.D	48.A
49.B	50.C	51.C	52.B	53.C	54.C	55.A	56.D
57.B	58.A	59.B	60.A	61.C	62.B	63.C	64.D
65.B	66.C	67.A	68.D	69.C	70.B	71.B	72.C
73.D	74.A	75.B	76.D	77.B	78.C	79.D	80.A
81.B	82.D	83.C	84.B	85.C	86.B	87.D	88.C
89.D	90.A	91.C	92.B	93.C	94.D	95.B	96.D
97.D	98.A	99.B	100.B	101.D	102.A	103.A	104.C
105.C	106.D	107.B	108.C	109.D	110.C	111.B	112.A
113.D	114.B	115.C	116.A	117.C	118.C	119.D	120.A
121.B	122.C	123.C	124.A	125.D	126.D	127.B	128.D
129.A	130.B	131.B	132.C	133.B	134.A	135.C	136.D
137.A	138.B	139.D	140.A	141.B	142.C	143.B	144.C
145.D	146.B	147.A	148.D	149.B	150.C	151.D	152.B
153.D	154.B	155.A	156.A	157.C	158.D	159.B	160.A
161.D	162.D	163.C	164.B	165.A	166.B	167.D	168.C
169.C	170.A	171.B	172.C	173.D	174.A	175.C	176.C

177.C 178.B 179.C 180.D 181.C 182.B 183.B 184.D
185.C 186.D 187.B 188.C 189.B 190.B 191.A 192.B
193.A 194.C 195.B 196.A 197.C 198.B 199.C 200.A
201.D 202.C 203.B 204.C 205.B 206.C 207.A 208.A
209.B 210.B 211.B 212.D 213.A 214.C 215.B 216.B
217.C 218.D 219.B 220.B 221.A 222.C 223.D 224.C
225.D 226.B 227.D 228.C 229.B 230.C 231.D 232.B
233.C 234.D 235.D 236.D 237.C 238.A 239.B 240.C
241.B 242.B 243.D 244.C 245.C 246.B 247.A 248.B
249.B 250.D 251.A 252.D 253.C 254.B 255.A 256.B
257.C 258.B 259.A 260.C 261.D 262.B 263.C 264.B
265.B 266.D 267.A 268.C 269.D 270.A 271.D 272.D
273.C 274.B 275.A 276.A 277.D 278.C 279.B 280.A
281.C 282.B 283.C 284.B 285.D 286.B 287.C 288.D
289.D 290.C 291.B 292.D 293.C 294.D 295.B 296.A
297.C 298.D 299.C 300.A 301.B 302.B 303.C 304.B
305.A 306.A 307.C 308.B 309.B 310.D 311.A 312.D
313.B 314.C 315.A 316.B 317.D 318.D 319.A 320.C
321.B 322.D 323.A 324.B 325.B 326.B 327.C 328.B
329.C

二、判断题

1. √

2. √

3. × 正确答案：游梁式抽油机皮带拉长时，应调整皮带的拉紧度。

4. √

5. × 正确答案：抽油机刹车行程应合理，最佳刹车行程应在牙盘的 1/2～2/3 之间。

6. √

7. √

8. × 正确答案：游梁式抽油机井回油压力过高时，需提高掺水温度，冲洗地面管线。

9. × 正确答案：抽油机防冲距过大，会导致活塞脱出工作筒，所测示功图右上角有缺失。

10. √

11. × 正确答案：游梁式抽油机巡检时，出现冕形螺母防退线错位，地面有铁屑，或有异常声响，发现上述情况之一应立即停机检查。

12. √

13. √

14. √

15. × 正确答案：冬季掺水阀发生冻堵时，要立即用热水对掺水阀解冻，以免影响油井采出液的正常输送。

16. × 正确答案：油井掺水阀冻堵处理完成后，应按单井实际情况合理调控掺水量。

17. √

18. × 正确答案：处理油管悬挂器顶丝密封处渗漏时，要先压井，倒流程放空后才可进行操作。

19. √

20. × 正确答案：紧固油井胶皮阀门芯子固定螺栓时，力度要适中，即保证螺栓紧固又不能使胶皮芯子变形量过大，否则无法装入胶皮阀门中。

21. √

22. √

23. × 正确答案：对于带脱卡器的抽油泵，不能采用活塞拔出工作筒洗井的方法进行解卡。

24. √

25. √

26. √

27. × 正确答案：游梁式抽油机井发生油管漏失、抽油杆断及抽油泵磨损等故障，应作业处理。

28. √

29. √

30. √

31. × 正确答案：油井结蜡、出砂严重都会造成卡泵。

32. √

33. × 正确答案：处理油井井口装置的渗漏故障时，要倒流程并放空后方可操作。

34. √

35. √

36. √

37. √

38. √

39. √

40. × 正确答案：更换曲柄销时应根据抽油机旋转方向确认好两侧销子的旋向。

41. × 正确答案：抽油机输出轴键槽损坏可使用另一组键槽，或根据键槽加工异形键子。

42. √

43. √

44. √

45. × 正确答案：油井更换上法兰钢圈时，压井后，停止抽油机、断电，关生产阀门，将油管压力放净。

· 331 ·

46. √

47. √

48. × 正确答案：管线不对中会造成采油树卡箍刺漏。

49. √

50. × 正确答案：抽油机冲次过快，惯性过大，导致抽油机整机振动。

51. × 正确答案：抽油机减速箱如果在夏季使用冬季的齿轮油，会造成油品黏度过稀，润滑效果变差。

52. √

53. √

54. × 正确答案：抽油机减速箱齿轮为单项斜齿时，在运行过程中会产生轴向推力造成窜轴。

55. × 正确答案：抽油机运转大皮带轮出现晃动时，皮带四点一线无法调整。

56. √

57. √

58. × 正确答案：平衡块松动移位导致曲柄限位齿损坏，无法正常使用时，若曲柄上为两组平衡块则需要更换曲柄。若曲柄上为单组平衡块，可将平衡块吊装至该曲柄另一平面上，并对应改变另一侧平衡块在曲柄上的安装方向，紧固固定螺栓、锁块螺栓。

59. √

60. × 正确答案：平衡块铸造不符合标准，凸出部分过高，会造成连杆与平衡块摩擦。

61. × 正确答案：剪刀差过大，使抽油机两侧连杆在运转时受力不均匀，在应力的作用下连杆被拉断。

62. √

63. √

64. √

65. √

66. × 正确答案：抽油机超负荷工作，不但对电动机损伤较大，而且导致运转中各部螺栓受力严重不均从而断裂。

67. × 正确答案：抽油机中央轴承座固定螺栓松动，前部的两条顶丝未顶紧中央轴承座，使游梁向"驴头"方向位移。

68. √

69. × 正确答案：抽油机卡泵引起的钢丝绳断裂，应在更换钢丝绳后立即对油井解卡防止再次拉断。

70. √

71. √

72. × 正确答案：更换钢丝绳操作时，应将抽油机"驴头"停在下死点的位置。

73. √

74. √

75. × 正确答案：利用中央轴承座顶丝可以调整抽油机"驴头"与井口对中。

76. √

77. √

78. √

79. × 正确答案：抽油机电动机轴弯曲会造成电动机运转时发生振动。

80. × 正确答案：皮带"四点一线"未调整好会造成抽油机电动机振动。

81. √

82. √

83. × 正确答案：抽油机密封盒压帽过松或密封填料填加量少，格兰无法将密封填料压紧，影响密封性造成渗漏。

84. √

85. √

86. √

87. √

88. × 正确答案：油井结蜡严重会使产量大幅下降，会造成蜡卡或油管堵塞，直接导致油井停产。

89. √

90. √

91. × 正确答案：注水井水表表芯顶尖磨损，导致摩擦力增大，水表指针转速变慢。

92. √

93. × 正确答案：当注水井水表表芯进液孔有脏物进入，阻挡部分流通孔道，但不影响叶轮转动，水流速度加快，水表指针转速加快。

94. × 正确答案：注水井井口取压装置密封圈损坏或取压装置安装不密封，取压时出现渗漏，造成取压值偏低。

95. √

96. √

97. × 正确答案：注水井卡箍钢圈损伤造成渗漏要及时更换，紧固卡箍螺栓时应对称紧固。

98. √

99. √

100. × 正确答案：注水井由于管线内流体介质具有腐蚀性物质，使管线受腐蚀造成砂眼和穿孔。

101. √

102. × 正确答案：注水井泵压上升，会导致注水井油压升高。

103. × 正确答案：与注水井相连通油井采取降产措施，导致注水井油压升高。

104.× 正确答案：由于注入水中脏物堵塞了油层孔道，造成注水井注水量下降。应采取酸化措施，酸化无效后，进行压裂。

105.√

106.× 正确答案：注水井固井质量不合格导致管外水泥窜槽，造成油压下降。

107.× 正确答案：注水井配水器水嘴刺大或脱落时，进行测试更换配水器水嘴。

108.√

109.√

110.× 正确答案：由于地面管线堵塞或冻结，导致注水井洗井不通。要及时对管线进行解堵，并用热水或蒸汽将管线解冻。

111.√

112.√

113.× 正确答案：注水井取样阀门冻结时，应先进行倒流程、泄压后，用热水或蒸汽对阀门进行解冻。

114.× 正确答案：玻璃管量油设备正常的情况下，玻璃管内无液位，分离器内也无液位。

115.× 正确答案：计量间量油时，玻璃管上部控制阀门、下部控制阀门没开或下部控制阀门堵塞，分离器内有液位，但是玻璃管内无液面。

116.√

117.× 正确答案：计量间量油倒流程时，一定要先开后关，分离器不能憋压。

118.× 正确答案：量油时计量间单井掺水阀门未关严，使分离器内液面上升快，导致计量不准。

119.√

120.√

121. × 正确答案：计量间安全阀设定压力过低，量油时安全阀动作易发生冒罐事故。

122. √

123. √

124. √

125. × 正确答案：计量间冻堵处理完成后，恢复量油流程，开始进行量油。

126. √

127. √

128. × 正确答案：法兰螺栓松动，使法兰密封面和垫片不能形成有效密封，导致液体从两法兰密封面间刺漏。

129. √

130. × 正确答案：管线腐蚀，承压能力降低，造成管线穿孔。

131. √

132. × 正确答案：油气集输采用密闭式工艺流程，生产中一旦发生穿孔现象就会造成油、气、水泄漏。

133. √

134. × 正确答案：压力表弹簧管因温度变化或超量程使用产生过量变形，压力值显示不准。

135. √

136. × 正确答案：电动潜油泵机组由于下入套变弯曲井段，引起的过载停机可上提若干根油管避开弯曲井段。

137. × 正确答案：电动潜油泵井泥浆卡泵时，需要进行大排量洗井，同时调整接线盒内任意两根导线相序，做潜油离心泵反向运转处理。

138. √

139. × 正确答案：电泵机组轴断后，潜油电动机空载运行导致欠载停机。

140. √

141. × 正确答案：潜油电泵机组机械磨损用洗井的方法不能排除，需要检泵更换机组。

142. × 正确答案：电动潜油泵井井下电气故障应上报检泵作业。

143. √

144. × 正确答案：电动潜油泵井清蜡时，刮蜡器在井筒内突然遇阻，清蜡钢丝在井口防喷管堵头处积聚脱开滑轮槽，此时刮蜡器突然解卡下行，造成清蜡钢丝跳槽。

145. √

146. √

147. × 正确答案：油井结蜡对电动潜油泵井影响很大，严重时可导致机组无法正常启动。

148. √

149. × 正确答案：泵排不出液体，潜油电动机周围液体停止流动，散热条件变差。

150. √

151. × 正确答案：加深泵挂是解决电动潜油泵抽空的方法。

152. √

153. × 正确答案：电动潜油泵吸入口堵塞，反转有一定的解堵作用。

154. × 正确答案：由于电动潜油泵排量大、扬程高，地面管线堵塞会对电动潜油泵井产生影响。

155. √

156. × 正确答案：电动潜油泵井油管螺纹漏失或油管破裂，产出液回流到油套环形空间，造成泵效降低。

157. × 正确答案：计量间单井回油阀门未开大是造成回压高于正常值的原因。

158. √

159. × 正确答案：电动潜油泵井起刮蜡片时被蜡卡住的现象叫蜡卡，也叫软卡。

160. × 正确答案：电动潜油泵井在机械清蜡时，刮蜡片卡在油管内的某种金属物上的现象叫硬卡。

161. √

162. × 正确答案：螺杆泵井电控箱内交流接触器故障，启动时不吸合，造成电动机无反应。

163. √

164. × 正确答案：处理螺杆泵井井口漏油故障时，对于带压设备进行操作，应完全释放压力后方可操作。165. × 正确答案：对于卡箍钢圈损伤引起的螺杆泵井井口漏油故障，应更换卡箍钢圈。

165. √

166. √

167. √

168. √

169. √

170. × 正确答案：螺杆泵井运转中电动机的转子磁钢脱落，与定子摩擦生热，造成壳体过热。

171. × 正确答案：螺杆泵井电动机内部绕组发生匝间短路故障后，立即停机上报，由专业人员处理。

172. × 正确答案：螺杆泵井井底压力高，连抽带喷生产，停机后井液自喷推动杆柱继续转动。

173. × 正确答案：螺杆泵井变频器启动模块故障，会使电动机无法达到设定转数。

174. √

175. √

176.× 正确答案：采用皮带传动的螺杆泵井，由于皮带具有一定的拉伸性，长时间运转会被拉长，导致皮带抖动、打滑、产生噪声，这时需调整皮带松紧度。

177.√

178.√

179.√

180.× 正确答案：螺杆泵井口放气流程冻堵或放气阀损坏，套压过高，沉没度下降，导致泵效降低。

附录二 采油测试

一、选择题

1.D	2.A	3.D	4.B	5.D	6.B	7.B	8.B
9.A	10.D	11.D	12.D	13.A	14.D	15.A	16.D
17.C	18.D	19.D	20.B	21.B	22.C	23.B	24.C
25.A	26.D	27.A	28.D	29.D	30.C	31.C	32.A
33.B	34.D	35.A	36.D	37.B	38.D	39.C	40.A
41.A	42.C	43.C	44.A	45.D	46.B	47.C	48.C
49.C	50.D	51.B	52.A	53.B	54.C	55.A	56.D
57.C	58.D	59.D	60.A	61.C	62.D	63.B	64.D
65.A	66.A	67.B	68.A	69.B	70.C	71.C	72.B
73.A	74.A	75.A	76.C	77.A	78.D	79.D	80.D
81.C	82.A	83.C	84.D	85.B	86.D	87.C	88.D
89.A	90.A	91.B	92.B	93.A	94.D	95.A	96.B
97.C	98.B	99.D	100.C	101.B	102.D	103.A	104.D
105.C	106.D	107.B	108.A	109.D	110.D	111.B	112.D
113.D	114.A	115.D	116.D	117.B	118.A	119.D	120.D
121.C	122.D	123.A	124.D	125.C	126.C	127.C	128.A
129.B	130.C	131.B	132.B	133.A	134.D	135.B	136.A
137.D	138.A	139.D	140.C	141.D	142.D	143.D	144.B
145.D	146.A	147.D	148.C	149.C	150.B	151.A	152.C
153.D	154.D	155.B	156.B	157.C	158.D	159.D	160.B
161.A	162.A	163.D	164.B	165.B	166.D	167.A	168.C
169.D	170.D	171.A	172.C	173.C	174.B	175.C	176.A
177.D	178.D	179.A	180.A	181.B	182.C	183.C	184.D

185.A	186.D	187.C	188.A	189.B	190.D	191.A	192.C
193.C	194.D	195.C	196.C	197.D	198.A	199.C	200.D
201.A	202.C	203.C	204.B	205.A	206.A	207.D	208.A
209.D	210.C	211.B	212.C	213.D	214.C	215.B	216.D
217.A	218.D	219.D	220.B	221.C	222.D	223.B	224.D
225.C	226.C	227.C	228.B	229.D	230.D	231.B	232.D
233.A	234.D	235.A	236.C	237.D	238.D	239.A	240.D
241.D	242.A	243.A	244.C	245.D	246.D	247.D	248.A
249.D	250.C	251.B	252.A	253.B	254.C	255.C	256.D
257.D	258.B	259.A	260.B	261.B	262.A	263.D	

二、判断题

1. √

2. √

3. × 正确答案：测试时井口压力表指针松动或掉落时，安装牢固后应重新校验。

4. × 正确答案：测试时，取压阀门打开过小，会造成油压表取值不准确。

5. × 正确答案：测试时由于井口过滤器或地面管线堵塞，导致注水井油压与井下仪器压力不符，可采取冲洗地面管线的方法处理。

6. √

7. × 正确答案：吊测对比注水压力时，测试仪器下入井内时，测试仪器尽量与井口压力表在同一水平位置上。

8. √

9. × 正确答案：水表未按时检定，造成水表与井下流量计量误差过大。

10. √

11. × 正确答案：分层流量测试时，地面管线漏，应对穿孔部位进行补焊后再进行测试。

12. √

13. × 正确答案：测试时，发现套管阀门不严应停止测试。

14. √

15. √

16. × 正确答案：井内油管头漏，部分水从套管注入，导致注水井水表计量水量高于井下流量计测量水量。应作业更换油管头。

17. √

18. √

19. × 正确答案：集流式流量计测试时，调整密封圈或皮碗过盈尺寸，损坏应及时更换，加重后应在地面进行试验，保证密封皮碗充分坐封。

20. × 正确答案：测试时来水阀门，跳闸板自动开关，引起井下流量计测量水量异常变化的，应重新控制注水量、压力，稳定 15～20min 后重新测试。

21. √

22. × 正确答案：注水井管柱漏失、管柱脱节，导致测试时井下流量计测量水量猛增。

23. × 正确答案：分层注水井井下水嘴刺大、脱落，造成测试该层段时，井下流量计测量水量增加时，应捞出层段堵塞器，检查更换水嘴后，重新投入堵塞器。

24. √

25. × 正确答案：注水井测试阀门压盖安装偏斜、压盖开裂或压盖密封圈损坏，导致注入水从压盖处漏出。

26. √

27. × 正确答案：注水井井口采油树，注入水从阀门丝杆处渗漏时，应更换丝杆密封圈。

28. √

29. √

30. × 正确答案：根据分层注水井同位素测井资料，可判断分层注水井停注层是否吸水。

31. √

32. × 正确答案：作业修井时，操作不当或未涂高压密封脂，导致油管螺纹漏失。

33. √

34. √

35. √

36. √

37. √

38. √

39. × 正确答案：根据印模判断井下堵塞器打捞杆弯曲方向及弯曲程度时，投捞器过工作筒后上提不要过高，不要猛下，以免造成印模无法辨认。

40. × 正确答案：偏心堵塞器或偏心孔加工不规则，有毛刺变形等质量问题导致偏心堵塞器卡死在偏孔中。

41. √

42. √

43. √

44. √

45. √

46. × 正确答案：使用井下超声波流量计测试时，测试仪器停测在封隔器、配水器等管径较小部位时流量增加。

47. √

48. × 正确答案：存储式井下流量计数据回放仪打印字迹不

清，应对色带加入墨水，若色带损坏应及时更换。

49. √

50. √

51. × 正确答案：联动测试时测调仪加重过小，造成调节头和可调堵塞器结合不紧密，导致调整时层段流量无变化。

52. √

53. √

54. √

55. √

56. × 正确答案：存储式井下流量计地面回放仪打印机色带缺墨，色带损坏，打印机打印后记录纸上字迹不清晰。

57. × 正确答案：存储式井下流量计地面回放仪打印机驱纸胶筒有污物、驱纸机构传动齿轮有卡阻、损坏或打印纸未安装好，打印纸不能自动卷出或打印一部分就停止。

58. √

59. √

60. √

61. × 正确答案：测试曲线显示时间比正常测试时间短，台阶正常，应检查电池电压是否偏低。

62. √

63. √

64. × 正确答案：分层注水井验封密封段胶筒固定挡圈松，会导致起下坐封过程中胶筒被井下工具刮翻。

65. √

66. √

67. × 正确答案：井下电子压力计电池没有电或电池电量不足，井下电子压力计无法正常采集数据。

68. × 正确答案：电子压力计电池电压过高，会导致电子压力计压力示值超差。

69. √

70. √

71. √

72. × 正确答案：严格执行操作标准，测试井测前要稳定生产，仪器起下要保持平稳。否则可能会导致直读式井下电子压力计工作不稳定，测量数据紊乱。

73. √

74. √

75. × 正确答案：测试仪器电池筒密封圈失效，造成地层液体进入电池筒，使电池短路而发生爆炸。

76. √

77. √

78. √

79. √

80. × 正确答案：测试仪器没有放在专用箱或固定在架子上，运送时，仪器晃动或倒下。

81. × 正确答案：测试仪器放入防喷管时，下放过快，发生顿闸板，导致测试仪器损坏。

82. √

83. × 正确答案：综合测试仪井口连接器漏气严重，所测试动液面资料显示异常。

84. √

85. √

86. × 正确答案：液面自动监测仪主机线路板有故障，导致电磁阀不能产生击发所需的磁信号。

87. √

88. × 正确答案：打捞过程中上起仪器速度过快，突然遇阻，易发生井下工具二次掉卡的事故。

89. √

90. √

91. × 正确答案：打捞过程中需放空泄压时，人员分工明确并由一人统一指挥，并注意控制好泄压速度。

92. √

93. × 正确答案：选择打捞矛尺寸时，应考虑到下入深度的管柱直径及绳类落物直径，打捞矛的顺利起下，并能与井下绳类物形成有效缠绕。

94. √

95. √

96. × 正确答案：测试时，滑轮轴承损坏或轮边有缺口时，应停止使用。

97. √

98. × 正确答案：使用卡瓦打捞筒打捞井下落物时，落物被脏物填埋，应反洗井将脏物洗出后再进行打捞。

99. × 正确答案：测试时，若仪器螺纹有损坏，禁止下井使用。

100. × 正确答案：下井前各螺纹连接部位要紧固，密封圈有损坏现象要及时更换，防止造成下井仪器脱扣。

101. × 正确答案：测试仪器螺纹脱扣落物在打捞时，上起打捞工具过快，导致落物掉落。

102. √

103. × 正确答案：测试时，下放速度快，钢丝放的太松，导致测试钢丝从井口滑轮处跳槽。

104. √

105. √

106. × 正确答案：绳帽打得不合要求，圆环有裂痕或圆环过小，导致测试时录井钢丝拔断掉入井内。

107. √

108. × 正确答案：测试井管柱变形或出砂、严重结蜡，造成测试仪器卡钻。

109. √

110. × 正确答案：使用新电缆进行环空测试时，使用前未进行放电缆处理，电缆扭力大，测试时造成仪器缠井。

111. × 正确答案：环空测试时，钢丝绳结不合格，导致仪器随钢丝扭力转动发生缠井故障。

112. √

113. × 正确答案：电泵井清蜡完成后，应停留足够时间再进行测试。

114. √

115. √

116. × 正确答案：试井绞车拉力控制不当，测试前未及时设定好绞车拉力，导致防喷管拉断。

117. √

118. × 正确答案：油井全井或分层产量高，压力高，仪器上起速度小于井内液流速度，易发生顶钻事故。

119. √

120. × 正确答案：若上起仪器发现顶钻，一定要加快仪器上起速度，若来不及，可用人背钢丝加速的办法。

121. √

122. × 正确答案：测试绞车机械计数器内，计数齿轮损坏或卡死时应及时更换计数器。

123. × 正确答案：测试时计量轮轴承损坏，计量轮不能转动，导致机械及电子计数器同时失灵。

124. √

125. √

126. √

127. × 正确答案：分层测试下仪器过程中录井钢丝放得过松，突然遇阻，未及时将刹车刹住，导致录井钢丝从计量轮处跳槽。

128. × 正确答案：联动测试液压电缆绞车溢流阀损坏，自动卸载造成泵及马达内泄大，过油量大，升温过快。

129. √

130. √

131. √

132. √

133. √

134. √

135. × 正确答案：测试绞车刹车带磨损严重或连接件腐蚀、断裂，会导致绞车刹车失灵。

136. × 正确答案：测试绞车滚筒轴承损坏，导致滚筒转动不平稳。

137. √

138. × 正确答案：试井绞车刹车带固定端螺栓脱落，刹车带、刹车联动杆断或螺钉脱落时，拉动刹把时刹车会失灵。

139. √

140. × 正确答案：测试时液压试井绞车电控手柄、放大器损坏出现故障时，检查更换电控手柄线路及保险丝，更换放大器。

141. √

142. √

143. √

144. × 正确答案：液压油温度过低时，黏度大，流动性差，阻力大，导致液压试井绞车运转时振动噪声大、压力失常。

145. √

146. × 正确答案：压力调节阀，调节过小，导致液压试井绞车液压马达转速偏低。

147. × 正确答案：液压试井绞车气动系统控制切换阀损坏，操作气动控制切换阀时，气缸动作过小，绞车无法正常工作。

148. √

149. × 正确答案：抽油机井测试动液面时，等待时间过短，关机过早，造成液面曲线未测出二次波。

150. √

151. √

152. × 正确答案：抽油机井液面曲线未测出液面波，应调大灵敏度重新测试。

153. × 正确答案：注水井进行分层流量测试时，控制流量稳定时间短，导致测试卡片井口前后流量、压力变化过大。

154. √

155. √

156. √

157. √

158. √

159. √

附录三 井下作业

一、选择题

1.D	2.B	3.A	4.A	5.C	6.C	7.D	8.A
9.A	10.A	11.B	12.C	13.D	14.D	15.D	16.B
17.B	18.A	19.B	20.C	21.C	22.C	23.B	24.C
25.C	26.D	27.B	28.A	29.A	30.C	31.D	32.D
33.B	34.A	35.C	36.C	37.D	38.D	39.A	40.B
41.A	42.A	43.B	44.D	45.D	46.B	47.C	48.A
49.A	50.C	51.B	52.D	53.B	54.D	55.A	56.C
57.C	58.A	59.A	60.C	61.B	62.B	63.B	64.C
65.C	66.D	67.D	68.C	69.B	70.C	71.C	72.B
73.A	74.B	75.B	76.C	77.C	78.D	79.A	80.B
81.B	82.D	83.C	84.A	85.D	86.D	87.D	88.D
89.B	90.C	91.C	92.C	93.D	94.C	95.C	96.C
97.C	98.D	99.A	100.A	101.B	102.A	103.B	104.C
105.C	106.A	107.A	108.A	109.C	110.B	111.D	112.D
113.A	114.C	115.C	116.D	117.D	118.B	119.C	120.D
121.D	122.A	123.A	124.B	125.B	126.A	127.A	128.B
129.B	130.A	131.A	132.B	133.B	134.D	135.A	136.A
137.B	138.B	139.C	140.C	141.D	142.B	143.C	144.C
145.D	146.D	147.A	148.A	149.B	150.B	151.B	152.C
153.C	154.B	155.D	156.A	157.C	158.A	159.C	160.D
161.B	162.D	163.C	164.B	165.D	166.A	167.C	168.D
169.A	170.B	171.A	172.B	173.A	174.C	175.A	176.C
177.B	178.A	179.B	180.D	181.C	182.B	183.A	184.C

185.B 186.A 187.D 188.B 189.D 190.C 191.D 192.A
193.C 194.B 195.C 196.A 197.C 198.C 199.C 200.A
201.C 202.A 203.C 204.B 205.B 206.B 207.B 208.A
209.D 210.B 211.B 212.D 213.D 214.A 215.C 216.B
217.B 218.B 219.A 220.C 221.A 222.B 223.C 224.C
225.D 226.C 227.A 228.B 229.C 230.A 231.C 232.A
233.D 234.C 235.A 236.B 237.D 238.C 239.D 240.C
241.B 242.A 243.C 244.A 245.D 246.D 247.D 248.A
249.C 250.C 251.D 252.D 253.C 254.A 255.A 256.D
257.C 258.D 259.B 260.A 261.A 262.A 263.D 264.D
265.B 266.D 267.C 268.D 269.C 270.D 271.C 272.C
273.D 274.B 275.C 276.A 277.C 278.C 279.A 280.B
281.A 282.A 283.A 284.D 285.D 286.D 287.A 288.A
289.C 290.D 291.A 292.B 293.D 294.D 295.D 296.C
297.D 298.D 299.B 300.B 301.C 302.D 303.C 304.A
305.D 306.D 307.B 308.A 309.A 310.A 311.A 312.A
313.A 314.B 315.D 316.C 317.C 318.D 319.B 320.D
321.B 322.D

二、判断题

1. √

2. × 正确答案：使用螺杆钻具时马达传动轴卡死会造成压力表压力突然升高。

3. √

4. √

5. √

6. × 正确答案：使用螺杆钻具时有脱扣渗漏能造成压力表压力缓慢降低。

7. √

8.× 正确答案：使用螺杆钻具时无进尺，采取适当改变钻压和排量措施后（注意两者都必须在允许的范围内），无进尺现象消失，初步可以判断是地层变化造成的。

9. √

10. √

11. √

12.× 正确答案：环形防喷器打开过程中长时间未关闭使用胶芯，使杂物沉积于胶芯槽及其他部位，会造成关闭不严，应清洗胶芯，并按规程活动胶芯。

13. √

14. √

15.× 正确答案：液控管线在连接前，应用压缩空气吹扫，接头要清洗干净再连接。

16. √

17. √

18. √

19. √

20.× 正确答案：闸板防喷器使用过程中,控制台与防喷器连接管线接错。

21. √

22.× 正确答案：闸板防喷器使用过程中液控系统正常，但闸板关不到位，这种情况有可能是由于闸板接触端有泥浆块的淤积。

23. √

24. √

25. √

26.× 正确答案：闸板防喷器使用过程中长期关井不活动，

可造成手动锁紧装置解锁不灵活。

27. √

28. √

29. × 正确答案：闸板防喷器使用过程中控制油路正常，闸板长时间关闭锈蚀卡死，用液压打不开闸板。

30. √

31. √

32. × 正确答案：闸板防喷器使用过程中闸板轴靠壳体一侧密封圈损坏，中间法兰观察孔有井内介质流出，可采取更换损坏的闸板轴密封圈措施处理。

33. √

34. √

35. × 正确答案：如果伤痕是很浅的线状摩擦伤痕或点状伤痕，可用油石修复。

36. √

37. × 正确答案：拨大绳时要用撬杠拨，严禁用手拨钢丝绳，以防挤压。

38. × 正确答案：硫化氢具有极其难闻的臭鸡蛋味，低浓度时容易辨别出，但由于容易很快造成嗅觉疲劳和麻痹，因此气味不能作为警示措施。

39. √

40. × 正确答案：冲砂时，作业机、井口、泵车各岗位要密切配合，根据泵压和出口排量来控制下放速度。

41. √

42. √

43. √

44. √

45. √

46. × 正确答案：磨铣施工过程中，若出现无进尺或蹩钻等现象，应分析原因，采取措施防止磨坏套管。

47. × 正确答案：产生跳钻时，要把转速降低至 50r/min 左右。

48. √

49. × 正确答案：作业洗井时油管悬挂器密封圈刺漏，需要更换密封圈后洗井。

50. √

51. × 正确答案：安装好的小修井固定式井架，当天车、游动滑车大钩、井口三点一线，当游动滑车大钩向井架右前方偏移需要校正井架时，松井架右前方绷绳、紧井架左后方绷绳进行校正，同时调整其他 2 根绷绳。

52. √

53. √

54. √

55. × 正确答案：柴油机进气行程结束时，气缸内的压力不比大气压力高。

56. √

57. √

58. × 正确答案：柴油机的发火顺序是从自由端（或风扇端）开始排列的。

59. √

60. × 正确答案：柴油机油浴式空气滤清器机油量过多，排气会冒蓝烟。

61. × 正确答案：柴油机活塞环卡住或磨损过多，弹性不足，排气会冒蓝烟。

62. √

63. √

64. √

65. √

66. × 正确答案：柴油机三角皮带过松时，水泵的排量会降低，发电机的电压会降低。

67. × 正确答案：充电发电机的调节器电压调整偏低，会使充电不足。

68. √

69. √

70. × 正确答案：柴油机三角皮带过紧时，风扇本身的轴承会磨损加剧。

71. √

72. × 正确答案：柴油机长期低负荷（标定功率40%以下）运转，排气会冒蓝烟，会影响使用，降低寿命。

73. × 正确答案：柴油机的油底壳中有燃气进入时，会使机油面下降较快。

74. √

75. √

76. × 正确答案：柴油机缸套壁腐蚀时，不能用焊补或闷牢的方法修理。

77. √

78. × 正确答案：柴油机喷油器调压弹簧断裂时，会使喷油压力太低。

79. √

80. √

81. × 正确答案：液压系统的滤清器清洗时允许使用汽油、煤油。

82. × 正确答案：液压系统的黄油嘴每工作200h要加注润滑油。

83. √

84. × 正确答案：减压阀的进口压力低于设定的压力值时，出口压力只能与进口压力相等。

85. × 正确答案：作业机气路系统的进气部分堵塞时，会使离合器挂合太慢或不能挂合。

86. × 正确答案：作业机气路系统的熄火汽缸连杆调整不对时，会使发动机自动熄火。

87. √

88. √

89. × 正确答案：修井机角传动箱无动力输出的故障原因是齿轮卡阻或损坏。

90. √

91. √

92. √

93. × 正确答案：挂装置失灵原因导致修井机差速箱无动力输出的故障处理方法是检修摘挂装置。

94. √

95. √

96. √

97. × 正确答案：XJ-80修井机的滚筒与XJ-80-1修井机的滚筒基本相同。

98. × 正确答案：滚筒在起下钻过程中发现刹车毂高热时，此时严禁往刹车毂上浇水。

99. × 正确答案：滚筒停止操作时，各排挡应放在空挡位置。

100. √

101. × 正确答案：用修井机转盘的旋转带动井下整体钻具旋转，达到钻塞的目的。

102. √

附　录　答　案

103.× 正确答案：由于摩擦片损坏严重原因导致修井机转盘传动箱传递扭矩不足的故障处理方法是更换摩擦片。

104.√

105.× 正确答案：由于刹车活端调整不好原因导致修井机刹车失灵的故障处理方法是调整刹车活端。

106.√

107.√

108.× 正确答案：由于刹带与刹车毂间隙太小修井机大钩下放困难的故障处理方法是调整刹带与刹车毂间隙3～5mm。

109.√

110.√

111.√

112.√

113.√

114.× 正确答案：螺杆泵因卡阻造成驱动自动停机可采取泵车套管加压，用热水大排量反洗井。

115.× 正确答案：砂卡类型分为光管柱（钻杆）卡和井下工具卡两种。

116.× 正确答案：应用憋压循环解除砂卡时，憋压压力应由小到大逐渐增加，不可一下憋死。

117.× 正确答案：黏吸卡钻随着时间的延长而益趋严重，所以在发现黏吸卡钻的最初阶段，就应在设备（特别是井架和悬吊系统）和钻柱的安全负荷以内尽最大的力量进行活动，上提不能超过薄弱环节的安全负荷极限，下压不受限制。

118.√

119.√

120.× 正确答案：爆炸解卡是指用电缆将一定数量的导爆索下至卡点处，引爆后利用爆炸震动，可使卡点钻具松动解卡，爆

· 357 ·

炸解卡适用于卡点较深的管柱卡。

121. × 正确答案：一般对于套管变形不严重的井，可采用机械整形或爆炸松扣的方法解除卡钻。

122. √

123. √

124. √

125. √

126. × 正确答案：单一的解卡方式不一定能达到目的，根据井况，可将两种或几种方式交替使用，最终达到安全解除卡钻的目的。

127. × 正确答案：井下作业施工中，压裂和误射孔可能会造成套管损坏，而封隔器坐封和磨铣等常规作业有时也会造成套管损坏。

128. √

129. × 正确答案：压裂施工时在排量不变的情况下，泵压突然大幅下降，套压升高，裂缝延伸过程中窜槽时，可采用修井液进行循环，替净井内的砂子，以防砂卡。

130. √

131. √

132. √

133. √

134. × 正确答案：压裂中发现管线漏失时，应暂停施工，如工艺条件允许可立即更换器件继续施工，否则终止此次施工，循环返排、活动管柱后上提起出。

135. √

136. × 正确答案：酸化施工时酸液挤不进地层时，应起出酸化管柱，核实酸化管柱深度，落实酸化管柱卡点深度。

137. √

/附录 答 案

138.× 正确答案：酸化施工时投暂堵剂后不能正常施工，可以进行循环，替净井内的暂堵剂，以防暂堵剂的凝固。

139.√

140.√

141.√

142.× 正确答案：观察注入头中间部分2个相对应的卡瓦，如果上下面不在同一水平线上，则是2条链条的长度不一样，运转时不同步，发出异响并产生磨痕，此时应同时更换2条链条，不能相互搭配。

143.√

144.× 正确答案：起下连续油管施工时注入头卡瓦打滑，适当加大注入头链条张紧力和夹紧力，打滑现象没解除，需要检查卡瓦是否磨损严重、润滑油是否喷注过量，卡瓦磨损严重的需要更换相应卡瓦。

145.√

146.√

147.√

148.× 正确答案：下连续油管作业时，滚筒转动速度不断加快，调整滚筒备压失效出现失控现象，特别注意不能用滚筒刹车控制，否则会造成滚筒液压马达损坏。

149.√

150.√

151.√

152.√

153.√

154.√

155.√

156.√

157. √

158. × 正确答案：在连续油管作业过程中如果连续油管动力源失效，注入头刹车将自动啮合，立刻用紧急手泵打压保持注入头及防喷器的工作压力，关闭注入头刹车及滚筒刹车，关闭防喷器油管卡瓦，并锁死手动关闭手柄。

159. √

160. √

161. √

162. × 正确答案：连续油管防喷盒密封胶芯失效，不能用关闭防喷器油管半封的方法应急代替防喷盒失效的密封胶芯，要及时更换防喷盒密封胶芯。

163. √

164. × 正确答案：起下连续油管施工时，高压管线泄漏，立即停止起下，关闭半封及悬挂卡瓦并手动锁死半封及悬挂卡瓦，放压，对泄漏管线进行维修或更换，试压合格后继续按设计施工。

165. × 正确答案：连续油管作业工作滚筒旋转接头处泄漏，停止泵入、关闭工作滚筒和旋转接头之间的隔离阀，维修并更换旋转接头或者密封圈，并试压合格，打开隔离阀并恢复连续油管作业。

附录四 站库系统通用机泵故障

一、选择题

1.C	2.D	3.C	4.B	5.C	6.D	7.B	8.D
9.C	10.B	11.D	12.C	13.C	14.D	15.B	16.A
17.A	18.C	19.D	20.A	21.C	22.B	23.C	24.B
25.C	26.A	27.B	28.D	29.B	30.C	31.D	32.A
33.C	34.D	35.B	36.B	37.D	38.B	39.D	40.C
41.A	42.B	43.C	44.D	45.B	46.D	47.C	48.B
49.C	50.A	51.A	52.B	53.C	54.A	55.C	56.D
57.C	58.D	59.C	60.D	61.B	62.A	63.B	64.C
65.D	66.A	67.B	68.D	69.C	70.D	71.B	72.D
73.C	74.C	75.A	76.C	77.A	78.D	79.D	80.A
81.D	82.D	83.C	84.D	85.B	86.D	87.C	88.D
89.D	90.B	91.A	92.C	93.B	94.C	95.B	96.A
97.C	98.A	99.A	100.D	101.B	102.C	103.C	104.A
105.D	106.B	107.C	108.B	109.A	110.B	111.D	112.C
113.A	114.D	115.D	116.C	117.B	118.B	119.B	120.D
121.A	122.D	123.C	124.B	125.C	126.D	127.A	128.A
129.B	130.C	131.D	132.A	133.B	134.C	135.D	136.C
137.A	138.D	139.C	140.B	141.B	142.B	143.D	144.B
145.C	146.B	147.C	148.B	149.C	150.B	151.D	152.A
153.C	154.D	155.A	156.B	157.C	158.A	159.B	160.B
161.C	162.D	163.D	164.C	165.C	166.A	167.A	168.A
169.B	170.D	171.B	172.C	173.B	174.C	175.A	176.D
177.A	178.B	179.A	180.D	181.A	182.B	183.C	184.D

185.B 186.C 187.B 188.A 189.C 190.A 191.B 192.B
193.B 194.C 195.A 196.B 197.D 198.A 199.B 200.A
201.B 202.C 203.D 204.C 205.D 206.B 207.C 208.B
209.A 210.B 211.C 212.A 213.C 214.B 215.A 216.B

二、判断题

1. √

2. × 正确答案：离心泵进口吸入管管道接头处密封不严，导致离心泵灌泵时加不满吸入管应紧固吸入管密封处。

3. √

4. × 正确答案：离心泵各转子部件安装未紧固，机泵运行时轴承锁紧螺母松动造成泵转子部分窜量过大。

5. √

6. × 正确答案：机泵盘泵严重卡阻造成启泵后转不动而不能启泵，应调整泵或电动机转子部件装配间隙或检修、更换泵轴等消除摩擦卡阻。

7. √

8. × 正确答案：离心泵与电动机不同心，振动大造成机泵运转时负荷大。

9. √

10. × 正确答案：离心泵启泵后不吸水，出口压力表无读数，进口压力（真空）表负压较高时应提高输送介质温度，防止输送介质凝结导致离心泵吸入口堵塞。

11. √

12. × 正确答案：供液罐液位低，泵吸入口供液不足使离心泵抽空造成启泵后不吸液，出口压力表和进口压力（真空）表的指针归零。

13. × 正确答案：新装离心泵，由于口环固定销钉未安装紧

附　录　答　案

固，造成离心泵启泵后不上水，内部声音异常振动大应解体机泵，检查修复或更换磨损的叶轮与口环。

14. √

15. × 正确答案：离心泵下游站流程未倒通能造成离心泵运行时出口汇管压力与泵压一致，开大离心泵出口阀门汇管压力不降。

16. √

17. × 正确答案：冬季运行时，常压容器顶部呼吸阀冻凝，泵抽吸量大，短暂形成负压，出水量降低，应检查清理常压容器及出口管线。

18. √

19. × 正确答案：离心泵排液后出现断流现象时，流量示值时走时停，离心泵噪声忽大忽小。

20. × 正确答案：供液容器液位低，罐内出口管线发生涡流造成离心泵排液后出现断流现象时应提高大罐液位，平稳控制罐出口液量。

21. × 正确答案：离心泵运行时叶轮堵塞会造成泵压力值突然低于正常示值，电流值突增、声音异常，关闭泵出口阀门泵压也不正常。

22. √

23. × 正确答案：离心泵运行时轴承发热可检查调整冷却水量。

24. √

25. × 正确答案：离心泵运转时联轴器处有胶垫（圈）粉末散落现象，停泵可见联轴器胶（圈）磨损，可检测和调整离心泵机组同心度，使之达到标准要求。

26. √

27. √

28. √

29. × 正确答案：离心泵过流部件寿命短，应合理控制输送介质温度，加药处理水质。

30. √

31. × 正确答案：由于润滑油的存在，油环和光滑的瓦壳产生吸附作用造成油环偏斜导致离心泵运行时油环转动过慢，带油太少。

32. √

33. × 正确答案：由于离心泵平衡环间隙大或平衡鼓和平衡套及轴套磨损导致间隙过大，压力外泄，平衡压力差，不能产生有效平衡力，造成离心泵运行时平衡盘磨损。

34. × 正确答案：离心泵运行时平衡盘磨损可调整平衡盘间隙，间隙过大，切削平衡盘脖颈。

35. √

36. × 正确答案：离心泵运行时泵体发热应停泵，放空灌满液，降低输送介质温度，使泵在最佳工况下运行。

37. × 正确答案：离心泵高压端轴承损坏可引起泵头温度上升，泵压下降。

38. √

39. √

40. √

41. √

42. √

43. × 正确答案：离心泵运行时联轴器损坏，应及时调整联轴器配合质量，调整泵的工作窜量。

44. × 正确答案：离心泵轴承盒内油过少、太脏或轴承损坏可造成泵运行时振动和噪声。

45. √

附录 答 案

46. × 正确答案：离心泵密封填料质量差、规格不合适或加法不对，接头搭接不吻合，会造成机泵运行时漏失严重或刺水。

47. √

48. × 正确答案：离心泵冷却水管入口与水封环槽没对正可造成离心泵运行时密封填料过热冒烟。

49. √

50. √

51. √

52. √

53. × 正确答案：离心泵密封圈与轴配合太松或太紧，造成机械密封轴向泄漏严重时，应重新调整密封圈与轴的配合间隙，使其合适。

54. √

55. √

56. × 正确答案：由于泵严重抽空，破坏机械密封的性能，使泵运行时机械密封出现突然性漏失，应停泵放空，泵灌满水，重新启动机泵。

57. √

58. × 正确答案：泵内结垢严重，间隙过小，可造成离心泵停泵后转子盘不动。

59. √

60. √

61. × 正确答案：离心泵停泵后反转，应首先检查出口阀门是否关死。

62. × 正确答案：离心泵运行时，流量计进出口压差增大、水量变小，应倒流量计旁通流程，检查流量计准确，计量外输流程畅通。

63. √

64. × 正确答案：离心泵工频运行时，出口流程用水突然变大，会出现电流突然上升现象，应检查出口流程无漏失泄压现象。

65. √

66. × 正确答案：离心泵在极小流量下运转产生振动，可造成离心泵轴承发热和轴承磨损现象。

67. √

68. × 正确答案：离心泵平衡管堵塞启泵后压力正常，随后压力缓慢下降，应停泵拆下平衡管清理堵塞物。

69. √

70. × 正确答案：当往复泵曲轴轴承装配间隙过紧时，会导致动力端曲轴轴承温度过高。

71. √

72. × 正确答案：往复泵油量过多或过少时，动力端油池会出现温度过高现象，应停运往复泵增减油量。

73. √

74. × 正确答案：往复泵在组装过程中，可通过调节柱塞压紧螺栓来调整柱塞密封程度。

75. √

76. × 正确答案：往复泵运转过程中，当电动机转数低、皮带打滑丢转时，会有动力不足的情况出现。

77. √

78. √

79. √

80. × 正确答案：往复泵泵内有气体，发生抽气现象时，打开放气阀直至液体流出。

81. √

82. × 正确答案：往复泵排出阀阀座跳动，会导致压力表指针不正常摆动，液力端有不正常响声。

83. √

84. √

85. × 正确答案：往复泵正常运转时动力端冒烟，是由于连杆瓦烧坏、十字头与下导板无润滑油、油路堵塞或连杆铜套顶丝松动造成的。

86. × 正确答案：往复泵运转时，空气室内有气体会使往复泵产生噪声和振动。

87. √

88. √

89. √

90. √

91. √

92. × 正确答案：往复泵填料筒漏气，会造成启动后不吸液。

93. × 正确答案：往复泵启动后，如出现不吸液的情况，应及时检查、清理吸入管路。

94. √

95. √

96. × 正确答案：往复泵运转中液力端密封圈损坏，会出现泵体发热，流量不足，排出压力低于正常值。

97. × 正确答案：往复泵运转中旁通阀未关严，会导致往复泵流量不足。

98. √

99. √

100. √

101. × 正确答案：往复泵运转过程中，阀箱内有空气导致启动后无液体排出时，应打开进水阀门加水，排除阀箱内空气。

102. √

103. √

104. √

105. √

106. × 正确答案：往复泵运转中，进口液体温度太高产生汽化会造成往复泵抽空。

107. × 正确答案：往复泵活塞螺帽松动会造成泵抽空。

108. √

109. × 正确答案：往复泵运转过程中，进口阀未开或开得太小会造成往复泵抽空。

110. × 正确答案：往复泵运转过程中，阀关不严造成往复泵压力不稳，应研磨阀使其关闭严密。

111. √

112. × 正确答案：当往复泵活塞环在槽内不灵活时，会出现泵压力不稳的情况。

113. × 正确答案：柱塞泵润滑不良时，通常会出现温度高、有铁器摩擦声、有碎屑异物等现象。

114. × 正确答案：柱塞泵机油温度过高及机油型号不对，会使泵产生润滑不良。

115. √

116. × 正确答案：柱塞泵运转过程中，蓄能器气压过高、充气不足及胶囊损坏，会使进口压力表指针剧烈波动。

117. √

118. √

119. × 正确答案：螺杆泵不吸油时会出现无流量、干磨定子发热、电动机功率变大等现象。

120. × 正确答案：螺杆泵运转时，造成不吸油的原因有输送介质黏度过大、吸入管路堵塞或漏气。

121. √

122. √

123. √

124. × 正确答案：螺杆泵运转时，安全阀弹簧太松、螺杆与衬套磨损间隙过大及电动机转速不够会造成泵流量下降。

125. √

126. √

127. × 正确答案：螺杆泵吸入管路堵塞或漏气、输送介质黏度过高，会产生流量计瞬时流量低于正常生产流量的现象。

128. √

129. × 正确答案：螺杆泵的螺杆与衬套严重摩擦、排出管路堵塞及输送介质黏度过高，会造成泵轴功率急剧增大。

130. √

131. √

132. × 正确答案：螺杆泵运转时，螺杆与衬套不同心或间隙大、进口管线吸入空气或液体中混有大量气体，泵内有气，会造成泵振动大有较大噪声。

133. × 正确答案：螺杆泵运转时，输送介质温度过高、机械密封回油孔堵塞或泵内严重摩擦，都会引起泵体发热。

134. √

135. √

136. × 正确答案：螺杆泵运转时，进口管道断裂或万向节断会造成泵不排液。

137. √

138. √

139. × 正确答案：齿轮泵适用于输送无腐蚀性、无固体颗粒的各种油类及有润滑性的液体。

140. × 正确答案：齿轮泵齿宽越大，轴承所承受的负荷越大，泵的尺寸也增大，泵的寿命降低。

· 369 ·

141.× 正确答案：常见的外啮合齿轮泵多采用渐开线齿形，有直齿、斜齿和人字齿。

142.√

143.√

144.√

145.√

146.× 正确答案：齿轮泵的密封填料允许少量漏失。

147.× 正确答案：滤网大小与齿轮泵流量有关。

148.× 正确答案：齿轮泵内未灌满油，会造成泵不吸油。

149.√

150.√

151.√

152.× 正确答案：齿轮泵轴弯曲会使齿轮泵产生异常响声。

153.× 正确答案：齿轮泵的制造和装配精度要求较高，成本较高。

附录五　站库系统通用安全

一、选择题

1.B	2.B	3.B	4.D	5.A	6.C	7.B	8.A
9.D	10.B	11.C	12.B	13.C	14.D	15.B	16.D
17.B	18.D	19.A	20.B	21.C	22.D	23.B	24.C
25.A	26.D	27.C	28.B	29.D	30.A	31.A	32.D
33.C	34.B	35.D	36.D				

二、判断题

1.× 正确答案：在工业生产中常用的电源有直流电源和交流电源。

2.× 正确答案：三相交流电路是交流电路中应用最多的动力电路，通常电路工作电压均为380V。

3.√

4.√

5.× 正确答案：使用二氧化碳灭火器时，应先拔去安全销，然后一手紧握喷射喇叭上的木柄，一手掀动开关或旋转开关，然后提握瓶体。

6.√

7.× 正确答案：石油发生火灾时，严禁用水进行灭火。

8.× 正确答案：在油气集输站库系统中，如果泵房发生原油大量泄漏的紧急情况时，岗位员工应立即在值班室内切断所有电源。

9.× 正确答案：对可能带电的电气设备着火时，应使用二氧化碳灭火器或者干粉灭火器进行灭火。

10. √

11. × 正确答案：事故具有三个重要特征，即因果性、偶然性和潜伏性。

12. × 正确答案：配电盘母联发生烧断着火事故时，操作者可以使用二氧化碳灭火器或干粉灭火器进行灭火。

13. × 正确答案：火灾过程一般分为初起阶段、发展阶段、猛烈阶段、下降阶段和熄灭阶段。

14. √

15. × 正确答案：HSE 的含义是健康、安全与环境管理的英文单词缩写。

16. √

17. √

18. × 正确答案：加热炉烧火间发生着火事故时，应立即关闭站内燃料气供气总阀，然后再进行灭火。

19. √

20. √

21. × 正确答案：油气分离器投入运行前，岗位员工应当检查油气分离器安全阀定压是否为 0.4MPa，并且要关闭油气分离器排污阀门和放空阀门。

22. × 正确答案：油田污水所含的悬浮杂质按颗粒粒径大小可分为悬浮固体、胶体、乳化油、溶解油、浮油以及溶解物质等。

23. × 正确答案：联合站是一个易燃易爆生产场所，属于重大危险点源，站内设有专门的逃生路线提示、图标和图表等。

24. × 正确答案：可燃气体和易燃液体的引压、引源管线管路严禁通过电缆沟引入控制室内。

25. × 正确答案：在油气集输站库系统区域内，不能使用汽油、轻质油等擦地面、设备和衣物，也不能使用苯类溶剂进行擦拭。

26.× 正确答案：便携式红外测温仪无须接触被测物体即可测量出物体表面的温度。

27.√

28.√

29.√

附录六 集输容器

一、选择题

1.B	2.C	3.C	4.D	5.B	6.C	7.A	8.B
9.B	10.B	11.C	12.C	13.C	14.A	15.D	16.C
17.D	18.A	19.B	20.C	21.B	22.C	23.D	24.A
25.A	26.D	27.D	28.C	29.B	30.A	31.B	32.C
33.A	34.D	35.A	36.C	37.C	38.A	39.B	40.C
41.D	42.D	43.B	44.D	45.D	46.B	47.A	48.C
49.B	50.C	51.A	52.B	53.C	54.A	55.C	56.C
57.B	58.D	59.A	60.C	61.A	62.A	63.D	64.C
65.C	66.D	67.D	68.A	69.C	70.A	71.B	72.C
73.D	74.C	75.A	76.B	77.C	78.A	79.B	80.B
81.B	82.C	83.D	84.A	85.B	86.C	87.A	88.D
89.A	90.C	91.D	92.C	93.B	94.D	95.B	96.B
97.A	98.A	99.C	100.B	101.B	102.C	103.C	104.D
105.B	106.A	107.C	108.D	109.D	110.A	111.C	112.B
113.A	114.B	115.D	116.C	117.C	118.C	119.A	120.A
121.C	122.D	123.A	124.B	125.D	126.C	127.A	128.B
129.D	130.A	131.C	132.B	133.B	134.D	135.A	136.A
137.D	138.B	139.C	140.A	141.D	142.C	143.B	144.D
145.A	146.B	147.C	148.C	149.B	150.A	151.B	152.D
153.A	154.B	155.C	156.D	157.A	158.A	159.B	160.C
161.B	162.A	163.D	164.C	165.D	166.D	167.B	168.A
169.B	170.C	171.D	172.A	173.A	174.D	175.D	176.C
177.D	178.A	179.D	180.B	181.C	182.C	183.B	184.B

185.A 186.D 187.C 188.C 189.D 190.A 191.B 192.C
193.A 194.A 195.B 196.C 197.D 198.D 199.A 200.A
201.C 202.A 203.B 204.A 205.A 206.B 207.C 208.B
209.B 210.C 211.D 212.D 213.B 214.C 215.A 216.B
217.A 218.C 219.C 220.A 221.C 222.B 223.D 224.B
225.B 226.A 227.C 228.D 229.A 230.D 231.D 232.A
233.B 234.C 235.A 236.A 237.D 238.A 239.D 240.C
241.A 242.B 243.C 244.D 245.A 246.B 247.C 248.D
249.A 250.B 251.C 252.D 253.A 254.B 255.C 256.B
257.D 258.A 259.B 260.C

二、判断题

1.× 正确答案：二合一加热炉来水量增加、供水压力增大，会造成液位过高。

2.× 正确答案：二合一加热炉进口管线堵塞或进口阀门开得过小，会引起液位过低。

3.√

4.√

5.√

6.√

7.× 正确答案：冬季运行的二合一加热炉如果持续出现高液位，会导致调节阀长时间处于关闭状态，岗位员工如果发现不及时容易造成调节阀冻结。

8.√

9.√

10.√

11.√

12.× 正确答案：岗位员工在处理二合一加热炉浮球液位计

失灵时，首先应关闭二合一加热炉的燃气阀门，然后进行停炉操作。

13. × 正确答案：运行中的二合一加热炉溢流管发生冻堵时，容易导致二合一加热炉发生偏流的现象。

14. √

15. √

16. × 正确答案：掺水泵在运行过程中如果发生偷停，会造成二合一加热炉液位不断上升。

17. √

18. √

19. × 正确答案：二合一加热炉在运行过程中出现温度过高时，应检查或更换温度指示仪表。

20. × 正确答案：岗位员工处理二合一加热炉温度过高时，处理方法是开大出口阀门、清理堵塞管线或更换出口阀门。

21. √

22. × 正确答案：二合一加热炉发生汽化的主要原因是燃气压力突然上升。

23. √

24. × 正确答案：掺水泵发生偷停时，岗位员工发现不及时会造成二合一加热炉冒罐。

25. × 正确答案：二合一加热炉发生汽化时，岗位员工应立即关闭汽化二合一加热炉的炉火。

26. √

27. √

28. √

29. × 正确答案：岗位工在处理二合一加热炉温度突然上升时，应及时控制炉火并加大泵的排量。

30. √

附录 答案

31. √

32. × 正确答案：冬季生产中，运行的二合一加热炉溢流阀未打开或闸板脱落，则会引起加热炉溢流阀冻堵。

33. × 正确答案：二合一加热炉在冬季运行过程中如果发生冒罐，容易引起二合一加热炉溢流阀冻堵。

34. × 正确答案：加热炉烟囱冒黑烟的原因是燃料和空气配比不当，燃料过多，燃烧不完全。

35. √

36. √

37. × 正确答案：加热炉发生炉管烧穿的原因有燃料燃烧不完全、雾化不良等因素。

38. √

39. × 正确答案：离心泵正常运行时，机组工作电流不能超过额定电流。

40. × 正确答案：加热炉炉管局部结垢堵塞，管内介质不流动而引起加热炉凝管时，应当采用压力挤压法。

41. √

42. √

43. √

44. × 正确答案：加热炉在正常运行过程中，如果出口管线堵塞、出口阀门未开或未开到位，会引起加热炉出现憋压的现象。

45. √

46. √

47. √

48. √

49. × 正确答案：运行过程中的加热炉燃料流量过少时，会引起加热炉换热效果差。

377

50. √

51. √

52. √

53. × 正确答案：加热炉进、出口法兰垫子螺栓紧偏或螺栓松动造成法兰垫子刺的时候，应立即进行停炉，然后采取相应措施进行处理。

54. × 正确答案：真空加热炉在运行过程中，发生进、出口压差大的原因之一是进、出口阀门未开到位或发生故障。

55. √

56. √

57. × 正确答案：当真空加热炉内的盘管结垢或内部弯头有管堵引起进出口压差大时，应及时清通盘管。

58. × 正确答案：真空加热炉排烟温度高的原因之一是炉管内有大量积灰。

59. √

60. √

61. × 正确答案：真空加热炉燃烧器运行负荷超出额定负荷时，会导致真空加热炉排烟温度高。

62. √

63. √

64. √

65. × 正确答案：如果真空加热炉液位计内部不干净而引起液位计失灵时，处理方法是拆开液位计，用水冲洗干净。

66. √

67. × 正确答案：真空加热炉燃烧装置的外界连锁装置出现外界温度或压力控制没有到达启动下限时，会引起加热炉自动点火启动失灵。

68. √

69. √

70. √

71. × 正确答案：运行的三相分离器上游来液量过大，会造成三相分离器液位过高。

72. √

73. × 正确答案：运行中的三相分离器气出口阀门开得过大，会导致气压降低。

74. √

75. √

76. × 正确答案：运行中的三相分离器液位突然下降，与上游来液、外输油泵排量以及进、出口阀门开关等因素有关。

77. √

78. × 正确答案：运行中的三相分离器的放水阀开得过大或自动放水阀失灵时，会导致水位下降。

79. √

80. √

81. × 正确答案：三相分离器在运行过程中出现油水界面过高的原因是放水阀开的过小或自动放水阀打不开分离出的水放不出去。

82. √

83. √

84. × 正确答案：运行中的三相分离器由于抽偏而引起三相分离器油水界面过高时，其处理方法是检查并调整抽偏的三相分离器油出口阀门，降低油的外输量使油水界面恢复正常。

85. × 正确答案：三相分离器破乳剂加入量不够造成油水分离效果差时，会引起三相分离器含油污水高。

86. × 正确答案：运行中的三相分离器放水阀门开得过大或自动放水阀失灵时，会导致油水界面过低，油从水出口处排出。

87. × 正确答案：三相分离器出水管线见油时，其原因是出油阀门关闭、卡死或出油管线堵塞，外输油泵停泵、抽空。

88. √

89. √

90. × 正确答案：运行中的三相分离器气出口阀门开得过大或出口管线有刺漏时，会造成三相分离器压力降低。

91. √

92. × 正确答案：运行中的三相分离器发生油仓抽空时，原因之一是三相分离器油出口阀门开度过大引起的。

93. √

94. × 正确答案：外输油泵排量过大或者是多台三相分离器同时运行发生偏抽时，会造成三相分离器油室抽空。

95. √

96. × 正确答案：多台三相分离器同时运行发生偏抽而引起油室抽空时，应及时调整三相分离器的出口阀门开度。

97. × 正确答案：在油气集输站库系统中，安全阀动作不是造成三相分离器压力突然上升的主要原因。

98. √

99. √

100. √

101. √

102. × 正确答案：三相分离器在运行过程中，气出口阀门开得过大，会造成三相分离器液位过高。

103. √

104. √

105. √

106. √

107. × 正确答案：运行中的三相分离器发生冒罐，应立即加大外输泵排量，开大放水阀门降低液位。

108.× 正确答案：集输系统中常用的二合一加热炉是以隔板为界划分为加热段和缓冲段两个部分。

109.× 正确答案：运行中的二合一加热炉发生冒罐，应立即关闭进口阀门，关小其他运行二合一加热炉出口阀门。

110.× 正确答案：转油站在双侧电运行时，发生全部停电，首先通知矿调度室，汇报本站双排电全部停电，询问停电原因与停电时间，如果确定是长时间停电，则申请倒混输流程。

111. √

112. √

113. √

114. √

115.× 正确答案：电脱水器内的进液温度过低会造成电脱水器电场波动。

116.× 正确答案：脱水器内破乳剂加入量过少时，会造成来液破乳效果差。

117. √

118. √

119.× 正确答案：加大电脱水器放水，防止水位过高，降低顶部净化油含水是预防电脱水器绝缘棒击穿的一项措施。

120.× 正确答案：电脱水器硅板击穿，转换为交流挡位时，可以缓慢恢复送电。

121. √

122. √

123.× 正确答案：电脱水器的油出口排量突然增加是造成电脱水器电场破坏的原因之一。

124. √

125.× 正确答案：上游转油站来液忽高忽低会造成游离水脱

· 381 ·

除器运行时压力异常。

126. √

127. × 正确答案：上游转油站来油油质差，含有老化油或来液量增大，是影响游离水脱除器油出口含水超过标准的原因之一。

128. √

129. √

130. × 正确答案：下游倒错流程或管线、容器有穿孔泄漏会造成游离水脱除器运行时压力过低。

131. √

132. √

133. × 正确答案：当游离水脱除器的放水调节阀失灵时会有大量原油进入污水沉降罐。

134. × 正确答案：游离水脱除器内沉积泥沙过多，游离水脱除器内有效沉降空间减小会造成运行时界面过高。

135. √

136. √

137. × 正确答案：游离水脱除器运行时油水界面过低是水出口阀门开得过大造成的。

138. √

139. √

140. √

141. √

142. √

143. √

144. × 正确答案：原油的含气量过大可造成油罐进、出液时发生轻微振动。

145. √

146. √

147. √

148. √

149. √

150. √

151. × 正确答案：油罐加热盘管不热时要检查并开大伴热阀门。

152. √

153. √

154. √

155. × 正确答案：油罐液压安全阀和机械呼吸阀冻凝或锈死、阻火器堵死，外输油泵还在继续运转会造成油罐抽瘪事故。

156. × 正确答案：油罐液压安全阀冻凝或锈死、阻火器堵死会造成油罐鼓包事故。

157. √

158. √

159. √

160. × 正确答案：油罐运行中出现假液位，应及时检修或更换液位计。

161. √

162. × 正确答案：腰轮流量计过滤器损坏，输送的介质含杂质过多进入流量计，会造成腰轮卡死。

163. × 正确答案：腰轮流量计更换轴承、维修变齿处的计量箱壁和齿轮时，即使转动灵活，保证所需间隙，维修后也要重新校验后再投入使用。

164. √

165. √

166. × 正确答案：智能旋进旋涡流量计使用的电源是24V。

167. √

168. √

169. × 正确答案：电磁流量计发生故障可能是电导率过低造成的。

170. √

171. √

172. × 正确答案：油气分离器来液少、液位过低会造成分离器压力过低。

173. × 正确答案：油气分离器压力过低时应将自控改为手控，打开调节阀旁通阀，关闭调节阀前后控制阀手动调节油气分离器的压力。

174. × 正确答案：油气分离器天然气管线进油时，应及时检查维修或更换液位调节机构。

175. √

176. √

177. × 正确答案：天然气出口阀开得过小，气体输不出去，气压高造成油气分离器液位过低。

178. √

179. √

180. √

181. √

182. × 正确答案：油气分离器液位过高时，可关小气出口阀门。

183. √

184. √

185. × 正确答案：四合一装置运行中液位正常，压力突然增大，应开大气出口阀门。

186. √

187. √

188. √

189. × 正确答案：控制柜可控硅烧坏会造成五合一装置电脱水段送不上电。

190. × 正确答案：平稳地回收污水系统中的原油，可以保证五合一装置电脱水段正常运行。

191. √

192. √

193. √

194. √

附录七　油气田水处理

一、选择题

1.B	2.D	3.A	4.A	5.D	6.D	7.C	8.C
9.B	10.D	11.A	12.A	13.D	14.D	15.D	16.C
17.A	18.C	19.B	20.D	21.C	22.B	23.D	24.A
25.D	26.A	27.B	28.D	29.A	30.A	31.D	32.A
33.A	34.A	35.B	36.D	37.D	38.C	39.D	40.C
41.D	42.A	43.D	44.A	45.C	46.C	47.B	48.D
49.C	50.B	51.D	52.A	53.D	54.D	55.C	56.C
57.D	58.B	59.D	60.C	61.B	62.D	63.C	64.D
65.C	66.A	67.D	68.C	69.B	70.A	71.B	72.B
73.D	74.B						

二、判断题

1.× 正确答案：当压力过滤罐上游来水水质不达标，会造成压力过滤罐来水含油高，过滤效果差。

2.√

3.√

4.√

5.× 正确答案：造成压力过滤罐过滤效果差的原因是来水温度低或水中含油黏稠，在滤层顶部结油帽。

6.√

7.√

8.× 正确答案：倒换流程时，压力过滤罐出口阀门没打开或开度过小，会造成压力过滤罐压力超高。

附录 答案

9. √

10. √

11. × 正确答案：压力过滤罐压力超高时，打开压力过滤罐的放空阀门进行泄压解堵，增加反冲洗时间、强度和次数，并适量投加助洗剂，减少堵塞情况的发生。

12. √

13. √

14. × 正确答案：当压力过滤罐人孔法兰处螺栓松动时，会造成压力过滤罐人孔渗漏故障，应停运泄压后，对压力过滤罐人孔螺栓对角进行紧固。

15. × 正确答案：处理压力过滤罐人孔渗漏故障时，按操作规程停运压力过滤罐，排污泄压后方可更换人孔垫子。

16. × 正确答案：压力过滤罐反冲洗周期长、反冲洗时间短、反冲洗强度低等情况，会造成滤料污染堵塞严重。

17. √

18. × 正确答案：由于滤前水质严重超标导致压力过滤罐发生大面积堵塞时，升压泵出口压力高，声音异常，泵体振动，压力过滤罐压差超过正常生产数值。

19. √

20. √

21. √

22. √

23. √

24. √

25. × 正确答案：判断反冲洗出口电动阀是否关严，可在压力过滤罐反冲洗结束后，查看出水电动阀阀体处有无介质流动的声音，如有声音可判断为该电动阀关不严。

26. √

27.× 正确答案：压力过滤罐反冲洗电动阀关不严时，应将蝶形弹簧扭矩调大或检查紧固备帽。

28.× 正确答案：压力过滤罐反冲洗电动阀关不严时，应清除闸板槽内杂物。

29.× 正确答案：污水处理站来水含油高，使污水沉降罐中沉降出的污油过快过多，增大收油负荷。

30.× 正确答案：污水沉降罐回收污油时，收油泵放空放出的是水而不是油，应降低污水沉降罐液位超过收油槽高度4～5cm。

31.× 正确答案：在污水处理站收油过程中，当收油泵采用连续收油流程发生抽空时，应适当升高污水沉降罐收油液位高度。

32. √

33. √

34. √

35.× 正确答案：污水沉降罐上游脱水站（放水站）来水量过大，可造成污水沉降罐溢流。

36.× 正确答案：污水沉降罐进口阀门开度大，出口阀门开度小，进出不均衡，易造成沉降罐溢流。

37. √

38. √

39. √

40. √

41.× 正确答案：污水沉降罐出水水质超标是由于未及时进行收油操作，使沉降罐内的油层过厚，导致出水含油超标。

42.× 正确答案：当污水沉降罐未及时进行排泥操作时，污水沉降罐底部积泥区存泥较多，接近或淹没出水口，使出水水质变差，悬浮物含量过高。

43. √

44. × 正确答案：当污水沉降罐未及时排泥，导致底部积泥区存泥较多，接近或淹没出水口，使出水水质变差，悬浮物含量过高时，应缩短排泥周期，延长排泥时间。

45. √

46. √

47. × 正确答案：污水沉降罐停产放空时，为了避免中心筒严重变形，最后排放中心反应筒内的水。

48. √

49. √

50. × 正确答案：污水处理站的外输水罐出口阀门开度小或外输泵发生故障，都会造成外输水罐溢流或冒罐。

51. √

52. × 正确答案：污水处理站升压缓冲罐仪表故障，导致假液位，造成溢流或冒罐时，应先增大升压泵排量，降低液位，然后汇报值班干部，通知专业人员及时检修仪表故障。

53. √

54. √

55. × 正确答案：污水处理站收油操作过程中，收油泵抽空时，收油泵出口压力表压力归零，电流表数值降低。

56. × 正确答案：污水站收油操作过程中，收油泵发生抽空时，污油流量计无流量显示。

57. × 正确答案：污水处理站收油泵进液端密封不严或漏气，导致泵内进气，会造成收油泵抽空。

58. × 正确答案：污水处理站收油泵进口阀门、进口管线堵塞或过滤器堵塞等，造成收油泵抽空。

59. √

60. × 正确答案：污水处理站收油操作时，调整收油泵排量，使收油罐进液量与出液量趋于平衡，避免收油罐因进液量大于出液量而发生冒罐。

61. × 正确答案：污水处理站的回收水池发生冒顶时，应立即启动回收水泵，降低回收水池（罐）内液位，相应提高运行泵排量，降低储罐液位高度，保证储罐液位在正常范围内。

62. √

63. × 正确答案：污水处理站的横向流聚结除油器内部堵塞时，可造成憋压现象。

64. × 正确答案：污水处理站当横向流聚结除油器产生憋压时，联系上游岗位减少来水量，对设备进行排污，解决堵塞问题。

65. √

66. × 正确答案：污水处理站紫外线杀菌装置内有水渗出时，应先倒通旁通流程，再关闭紫外线杀菌装置前后的切断阀门，放空后对石英套管断裂、漏水处进行处理。

67. × 正确答案：污水站紫外线杀菌装置过滤器前后压差增大时，清除过滤器内的淤积物，维修、更换过滤器滤网。

68. × 正确答案：污水处理站的射流气浮装置喷嘴堵塞，会使该装置压力升高，产生憋压。

69. × 正确答案：污水处理站的射流气浮装置产生憋压时，调整稳压罐阀门开度，使压力降低。

70. × 正确答案：污水处理站加药系统中，当发生加药箱出口过滤器堵塞或损坏，应停运加药泵，清除加药箱出口过滤器杂物或更换过滤网。

71. √

72. √

73. × 正确答案：污水处理站日常生产中，配电盘长时间运行后，易产生零部件连接松动，元器件腐蚀老化等现象，应定期紧固零部件松动，打磨清除氧化层或更换元器件。

附录八 注水站

一、选择题

1.D 2.B 3.C 4.A 5.A 6.C 7.C 8.B
9.B 10.B 11.A 12.C 13.B 14.D 15.B 16.A
17.A 18.B 19.C 20.B 21.D 22.A 23.D 24.A
25.B 26.C 27.C 28.C 29.A 30.D 31.B 32.C
33.C 34.B 35.B 36.D 37.D 38.C 39.C 40.B
41.A 42.B 43.A 44.C 45.D 46.B 47.A 48.A
49.A 50.C 51.B 52.D 53.C 54.B 55.B 56.B
57.A 58.A 59.D 60.B 61.C 62.B 63.A 64.A
65.B 66.C 67.D 68.B 69.C 70.A 71.D 72.C
73.C 74.C 75.B 76.D 77.B 78.A 79.C 80.A
81.C 82.D 83.A 84.B 85.C 86.A 87.C 88.D
89.C 90.B 91.D 92.B 93.B 94.B 95.A 96.B
97.C 98.C 99.B 100.C 101.A 102.C 103.A 104.D
105.A 106.C 107.C 108.D 109.C 110.A 111.D 112.D
113.C 114.C 115.B 116.A 117.B 118.D 119.A 120.C
121.A 122.A 123.D 124.A 125.B 126.A 127.C 128.B
129.B 130.C 131.A 132.C 133.A 134.D 135.A 136.C
137.B 138.D 139.B 140.A 141.D 142.B 143.C 144.C
145.D 146.D 147.C 148.A 149.B 150.D 151.B 152.A
153.C 154.A 155.C 156.A 157.A 158.C 159.C 160.D
161.B 162.C 163.C 164.B 165.B 166.B 167.B 168.A
169.C 170.B 171.C 172.B 173.C 174.A 175.A 176.D
177.B 178.A 179.B 180.C 181.C 182.A 183.B 184.C

185.C 186.C 187.D 188.D 189.C 190.C 191.A 192.C
193.A 194.A 195.C 196.A 197.B 198.A 199.B 200.A
201.A 202.B 203.D 204.C 205.C 206.C 207.B 208.C
209.A 210.B 211.B 212.C 213.B 214.A

二、判断题

1.× 正确答案：高压离心式注水泵的供电系统要求：注水电动机必须具有电流速断保护，单相接地保护，过载荷保护和低电压保护。

2.√

3.× 正确答案：高压注水电动机控制设备接线错误是造成电动机不能启动的原因之一。

4.√

5.√

6.√

7.× 正确答案：启动高压注水电动机时，必须要有电工配合，分、合闸刀时操作人员应站在侧面，防止电弧光灼伤。

8.× 正确答案：高压注水电动机在装、卸接线柱紧固螺栓时，应使用扳手紧固，以免咬坏螺帽，或因上不紧造成运行时接触点烧坏。

9.× 正确答案：高压注水电动机缺相运转时，转数降低，电流相应增加，电动机发热，温度上升快。

10.√

11.× 正确答案：高压注水泵启动以后泵压高、电流低，说明了注水泵的负荷小。

12.√

13.√

14.× 正确答案：启动高压离心式注水泵前，按泵的旋转方向盘泵2~3圈,无发卡现象。

15.× 正确答案:启动高压离心式注水泵时,发现泵压、电流波动较大,压力低,声音异常时,应立即停泵查明原因。

16.× 正确答案:高压离心式注水泵上水不足,电动机转数不够会使泵启动后达不到额定压力。

17.× 正确答案:高压离心式注水泵叶轮流道堵塞时,容易造成泵压力不足。

18.× 正确答案:高压离心式注水泵出口阀门开得过小会使离心泵流量不够,达不到额定排量。

19. √

20. √

21. √

22. √

23. √

24.× 正确答案:高压离心式注水泵轴承发热的原因是轴承内润滑不良,油加得太多或太少而造成。

25. √

26.× 正确答案:高压离心式注水泵平衡管堵塞,应停泵检修。

27.× 正确答案:高压离心式注水泵停泵时,应先缓慢关闭泵的出口阀门,待电流降到空载电流时再按停止按钮。

28. √

29.× 正确答案:高压离心式注水泵密封填料压得过紧,会使离心泵转不动。

30. √

31. √

32.× 正确答案:造成高压离心式注水泵启泵后不上水,压力表无读数,吸入真空压力表有较高的负压的原因是来水管路

· 393 ·

不通。

33. √
34. √
35. √
36. × 正确答案：清洗高压离心式注水泵过滤器滤网时，不能用钢丝刷，要用毛刷或塑料刷来清洗干净过滤器及滤网的堵塞物。
37. × 正确答案：离心泵与管路联合工作时，只有一个工况点，且必须是泵的特性曲线与管路特性曲线的交点。
38. √
39. √
40. √
41. √
42. √
43. √
44. √
45. × 正确答案：高压离心式注水泵运转期间空气渗入泵内，应停泵后排除空气再启动。
46. × 正确答案：如果高压离心式注水泵的总扬程不够时，可以把泵串联运行。
47. × 正确答案：高压离心式注水泵平衡机构主要作用是平衡泵在运行中的轴向力。
48. × 正确答案：高压离心式注水泵启动后，整体发热，后部温度比前部略高，是由于启泵后出口阀门没打开造成的。
49. √
50. √
51. √
52. × 正确答案：高压离心式注水泵发生汽蚀现象可采取提

高吸入压力和逐渐提高泵压的措施。

53. × 正确答案：高压离心式注水泵启泵后，吸入压力低，泵压低，且波动、不出水，说明进口阀门没打开或闸板脱落。

54. √

55. × 正确答案：高压离心式注水泵平衡管堵塞，应停泵进行检修。

56. √

57. × 正确答案：高压离心式注水泵平衡部分的作用是平衡泵在运行中的轴向力。

58. √

59. √

60. √

61. √

62. × 正确答案：高压离心式注水泵密封圈与轴套配合太松或太紧会使机械密封轴向泄漏严重。

63. √

64. × 正确答案：高压离心式注水泵叶轮尺寸过大，是造成泵轴功率过高的原因之一。

65. √

66. × 正确答案：为保证高压离心式注水泵不发生汽蚀，其条件是：叶轮入口处的液流最低压力大于该温度下液体的饱和蒸气压力。

67. √

68. × 正确答案：高压离心式注水泵安装机械密封时，应按照先装动环后装静环顺序。

69. √

70. × 正确答案：拆卸机械密封过程中，如遇部件发生位移或变形时，不能盲目动手拆卸，应细心防止损坏其他部件。

71. × 正确答案：高压离心式注水泵机组找正时先调整高低，再调整左右，最后调整轴向偏差。

72. √

73. × 正确答案：当高压离心式注水泵吸入口处的液体压力降低到饱和蒸气压力时，液体就会发生汽化。

74. × 正确答案：听到高压离心式注水泵内有"噼噼啪啪"的爆炸声，同时机组振动，在这种情况下，立即停止机组运行。

75. √

76. √

77. × 正确答案：防止高压离心式注水泵汽蚀的方法是降低液体的输送温度，以降低液体的饱和蒸气压力。

78. √

79. √

80. √

81. × 正确答案：润滑油的主要作用有4种：润滑作用、冷却作用、密封作用和清洁作用。

82. × 正确答案：润滑油进水量大，轴瓦润滑不好，轴瓦温度升高。

83. √

84. √

85. × 正确答案：强制润滑是一种连续的压力润滑。

86. √

87. × 正确答案：注水泵机组润滑油系统中的分油压表应使用电接点压力表。

88. √

89. × 正确答案：注水泵运行时倒润滑油泵，必须先启动备用油泵，待压力达到规定值后，再停止原运行油泵。

90. √

附录 答 案

91.× 正确答案：注水泵运行时润滑油系统的总油压控制在 0.12～0.15MPa。

92.× 正确答案：温度低，润滑油中微小汽泡很多时，润滑油呈乳白色。

93. √

94. √

95.× 正确答案：润滑油进水量大，轴瓦温度升高，运行一段时间水不会自动消失。

96.× 正确答案：在润滑油添加剂中，有防锈添加剂。

97. √

98. √

99. √

100. √

101.× 正确答案：安装水平管道上的阀门，要垂直向上或水平安装，向下要倾斜 45°角。

102.× 正确答案：目前，阀门大多是根据压力和结构来分类的。

103. √

104.× 正确答案：截止阀的结构特点是操作可靠、关闭严密、易于调节流量。

105. √

106.× 正确答案：为了保证闸阀关闭严密，闸板和阀座之间必须进行研磨。

107. √

108.× 正确答案：阀门通过改变管道通道截面积来实现调节流量。

109. √

110. √

·397·

111. √

112. √

113. × 正确答案：柱塞泵一般应用于断块油田，且地层压力较高，注水量较小的地区注水。

114. × 正确答案：柱塞泵的动力端主要是由曲柄、连杆、十字头等组成。

115. √

116. × 正确答案：柱塞泵的冲次是指柱塞在缸内每分钟往复运动的次数。

117. √

118. √

119. × 正确答案：柱塞泵的连杆是将曲轴的旋转运动转变为柱塞往复运动的部件。

120. √

121. × 正确答案：当柱塞在吸入行程终了时，吸入阀处于开启状态，排出阀处于关闭状态。

122. × 正确答案：柱塞泵的密封填料漏失量应以滴状为宜。

123. × 正确答案：柱塞泵启动前，出口和入口管线上的任何阀门都应打开（放空阀除外）。

124. √

125. √

126. × 正确答案：柱塞泵运行时，吸入口与排出口是互相隔开不相通的。

127. × 正确答案：柱塞泵降低泵管压差的措施是：改变柱塞往复次数、柱塞直径和行程长度。

128. √

129. × 正确答案：柱塞泵泵腔内有空气会造成柱塞泵无液体排出。

130.× 正确答案：柱塞式注水泵润滑不良和机油压力及机油多少有关。

131. √

132. √

附录九 注聚站

一、选择题

1.A 2.C 3.C 4.C 5.B 6.C 7.B 8.A
9.D 10.B 11.C 12.D 13.C 14.B 15.A 16.C
17.D 18.A 19.C 20.B 21.C 22.C 23.B 24.D
25.B 26.A 27.C 28.B 29.C 30.C 31.B 32.A
33.B 34.C 35.D 36.C 37.A 38.D 39.D 40.B
41.C 42.B 43.A 44.C 45.B 46.D 47.A 48.B
49.A 50.A 51.D 52.C 53.B 54.D 55.B 56.A
57.D 58.A 59.C 60.B 61.C 62.A 63.D 64.C
65.B 66.B 67.A 68.B 69.C 70.C 71.D 72.B
73.C 74.A 75.B 76.D 77.B 78.A 79.B 80.C
81.B 82.B 83.A 84.C 85.B 86.A 87.D 88.C
89.D 90.C 91.A 92.D 93.C 94.D 95.C 96.B
97.B 98.D 99.A 100.B 101.C 102.A 103.A 104.B

二、判断题

1.√

2.√

3.× 正确答案：注聚泵曲轴间隙调整不合格、基础不牢、地脚螺栓松动，泵产生振动，导致噪声增大。

4.√

5.√

6.√

7.√

8.× 正确答案：注聚泵十字头与柱塞相连的方卡子松动，导致在运转过程中的动力端出现异响。

9.√

10.√

11.√

12.× 正确答案：机组安装质量差，电动机皮带轮与泵的皮带轮端面不在同一平面，导致注聚泵烧皮带泵停止运行。

13.√

14.× 正确答案：单井管线穿孔或井口放空阀门未关，会导致注聚单井压力突然下降。

15.√

16.× 正确答案：注入站由于母液储罐冒罐，造成泵房发生跑液，通知上游配制站，停止供液，降低储罐液位。

17.√

18.√

19.× 正确答案：注聚泵填加密封填料时切口错开120°~180°，这样会使密封填料密封性更好。

20.√

21.× 正确答案：注聚泵填料压盖偏斜，会导致密封填料漏失量过大。

22.× 正确答案：注聚泵运转时振动大，应使用防振压力表。

23.√

24.× 正确答案：注聚泵柱塞表面不光滑时，应用细砂纸打磨。

25.× 正确答案：注聚泵密封填料松紧度合适，泵漏失量控制在规定的范围内。

26.× 正确答案：注聚泵电动机变频出现故障，转速降低会导致注聚泵压力突然降低。

27. √

28. √

29. √

30. × 正确答案：注聚站母液储罐抽空后立即停运注聚泵，查找原因并处理。

31. × 正确答案：聚合物配制站来液突然减少，发现不及时导致注聚站母液储罐抽空。

32. √

33. × 正确答案：注聚站母液储罐出现人孔部位泄漏时，必须通过倒流程，排空罐内液体方可进行处理。

34. √

35. √

36. √

37. × 正确答案：注聚泵提高频率会使泵的排量提高。

38. × 正确答案：注聚泵泵阀密封面磨损严重，间隙过大，导致注聚泵流量过低。

39. √

40. √

41. √

42. × 正确答案：注聚泵进口软管固定端密封不好，将软管取下，重新缠绕密封带并安装固定注聚泵进口软管。

43. × 正确答案：注聚泵上安全阀定压低于规定压力会造成安全阀提前开启。

44. √

45. × 正确答案：注聚泵安全阀弹簧松弛会导致安全阀提前开启。

46. × 正确答案：注聚泵安全阀整定压力设置过高，高于规定压力值会导致安全阀不动作。

47. √

48. × 正确答案：阀瓣被脏物黏住或阀门通道被堵塞造成安全阀无法动作。

49. √

50. √

51. × 正确答案：注聚泵安全阀弹簧松弛或断裂导致的安全阀密封不严，要检查更换弹簧。

52. √

53. × 正确答案：注聚井油层窜槽时可进行验窜，封窜措施。

54. √

55. × 正确答案：注聚井配水器注入通道孔眼刺大时，可通过测试调配处理。

56. × 正确答案：注聚井压力下降，注入量上升的地面原因有地面设备影响，如流量计、压力表计数不准，地面管线刺漏等。

57. × 正确答案：注聚井井筒管柱堵塞，可进行反洗井解堵。

58. √

59. √

60. × 正确答案：注聚站母液来液管线穿孔事故，会造成来液管线压力下降快，储罐液位低。

61. √

62. × 正确答案：注聚站自控系统失灵后，应联系自动控制厂家进行维修。

63. √

64. × 正确答案：注聚站站内母液管线穿孔事故发生后，立即汇报值班干部，投入现场查找漏点并进行控制。

65. √

66. × 正确答案：注聚站双电源停电后，自控系统无法实现

· 403 ·

自控。

67. √

68. √

69. √

70. √